断裂控藏机制及其研究方法

吕延防　付　广　著

科学出版社

北　京

内 容 简 介

　　本书是作者长期科研实践的总结。全书共九章，其内容主要包括：断裂系统划分及油源断层和输导断层的厘定，断裂控制烃源岩形成发育作用机制及其研究方法，断裂控制储层形成与分布机制及其研究方法，断裂破坏盖层封闭机制及其研究方法，断层伴生圈闭形成机制及其研究方法，断裂控制油气运移机制及其研究方法，断砂配置侧向分流运移油气机制及其研究方法，断裂控制油气聚集机制及其研究方法，断裂再活动破坏油气藏机制及其研究方法。本书以断裂控藏机制为基础，以统计分析为手段，以实例分析为依据，以研究方法为核心，总结了国内外有关断裂控藏研究的实践，系统阐述了断裂控藏的研究思路、方法、步骤、应用实践及其效果，是一部实用性很强的断裂控藏研究的专门著作。

　　此书可作为从事石油天然气地质勘探与开发的科研、技术人员以及有关大专院校师生的参考书。

图书在版编目(CIP)数据

断裂控藏机制及其研究方法/吕延防，付广著．—北京：科学出版社，2021.3
ISBN 978-7-03-067500-2

Ⅰ．①断…　Ⅱ．①吕…　②付…　Ⅲ．①断块油气藏–石油天然气地质–研究　Ⅳ．①P618.130.2

中国版本图书馆 CIP 数据核字（2021）第 266383 号

责任编辑：焦　健　张梦雪／责任校对：王　瑞
责任印制：吴兆东／封面设计：北京图阅盛世

科学出版社 出版
北京东黄城根北街 16 号
邮政编码：100717
http://www.sciencep.com

北京建宏印刷有限公司 印刷
科学出版社发行　各地新华书店经销

*

2021 年 3 月第　一　版　　开本：787×1092　1/16
2021 年 3 月第一次印刷　　印张：20 1/2
字数：480 000

定价：278.00 元
（如有印装质量问题，我社负责调换）

前　言

随着油气勘探的深入，人们对断裂在砂泥岩含油气盆地中对油气成藏控制作用的认识也在不断深入。断裂不仅对油气成藏起到了输导和遮挡的作用，而且还对源岩发育及演化、储层形成及分布和圈闭形成与分布起着控制作用，造成砂泥岩含油气盆地中油气藏的空间分布不仅在剖面上受到断裂的控制，而且在平面上也受到断裂的控制，使断裂成为砂泥岩含油气盆地油气成藏的重要主控因素。正确认识砂泥岩含油气盆地中断裂对油气成藏控制作用机制，建立一套全面、系统的断裂对油气成藏控制作用的研究方法，对于正确认识油气分布规律和指导油气勘探均具有重要意义。

由于断层型油气勘探的需要，近几年断裂对油气成藏控制机理的研究越来越受到人们重视，认识也越来越深入，研究方法越来越多，研究成果越来越接近地下的实际情况，为正确认识砂泥岩含油气盆地油气分布规律和指导油气勘探起到了重要作用。然而，由于人们认识水平和研究手段的局限，加上断裂形成与演化地质条件复杂性的影响，至今砂泥岩含油气盆地中断裂对油气成藏的控制作用机制阐述得还不够清楚，尚存在许多悬而未决的问题，如：①断裂控制源岩形成与分布的机制是什么？如何研究？②断裂控制储层形成与分布的机制是什么？如何研究？③断裂控制圈闭形成与分布的机制是什么？如何研究？④断裂控制油气运移机制是什么？如何研究？⑤断砂配置控制油气侧向分流运移机制是什么？如何研究？⑥断裂控制油气聚集机制是什么？如何研究？⑦断裂再活动控制油气藏破坏和再形成机制是什么？如何研究？这些问题也制约了其研究方法，不是考虑的因素不准确就是考虑的因素不全面，难以准确地反映断裂对油气成藏作用的机制，还不能满足油田生产实际的要求，可能影响了油气勘探的成功率。因此，开展砂泥岩层系中断裂对油气成藏控制作用机制及其研究方法研究，对于正确认识油气分布规律和指导油气勘探均具有重要意义和实用价值。

本书是作者在多年从事断裂对油气成藏控制作用研究的基础上，结合我国砂泥岩含油气盆地大量断裂对油气成藏控制作用应用实例研究成果的总结，在断裂系统划分及油源断裂和输导断裂厘定的基础上，从断裂控制烃源岩形成发育作用机制及研究方法、断裂控制储层形成与分布机制及研究方法、断裂破坏盖层封闭机制及研究方法、断裂伴生圈闭形成机制及研究方法、断裂控制油气运移机制及研究方法、断砂配置侧向分流运移油气机制及研究方法、断裂控制油气聚集机制及研究方法、断裂再活动破坏油气藏机制及研究方法8个方面阐述砂泥岩层系中断裂对油气成藏控制作用机制及研究方法。与国内外同类研究相比，本书具有以下特点：

（1）本书全面系统地阐述了断裂控制烃源岩形成与分布、断裂控制储层形成与分布、断裂破坏盖层封闭与分布、断裂控制圈闭形成与分布、断裂控制油气运移与分布、断裂控制油气聚集与分布、断裂再活动破坏油气藏与分布，以此为依据，建立了相应的研究方法，并以实例进行验证。

（2）本书不仅研究了断裂对油气藏形成的贡献作用，而且研究了断裂对油气藏的破坏作用。

（3）本书不仅阐述了断裂对油气藏形成与破坏的控制作用，而且预测出断裂控制油气成藏的有利部位和断裂破坏油气藏的主要部位，指导油气勘探方向更加明确。

（4）本书建立了一系列断裂控制作用的定量性评价指标，如断裂伴生裂缝连通所需的最小活动速率、砂体连通所需的最小砂地比、断盖配置封油气所需的最小断接厚度和断层侧向封闭油气所需的最小断层岩泥质含量等，可直接用于指导油气勘探预测，油气勘探实用性更强。

本书全面、系统、深入地探讨了砂泥岩含油气盆地断裂对油气成藏控制作用的理论与方法，不仅有助于完善我国陆相石油地质理论，而且对指导砂泥岩含油气盆地断层型油气勘探与开发具有重要实用价值，可作为高等院校本科生和研究生教学的参考书，也可以作为该研究领域研究人员的参考资料。

本书的前言由吕延防和付广编写；第1章由王海学和吕延防编写；第2章由袁伟、王浩然和刘峻桥编写；第3章由巩磊和王浩然编写；第4章由付广、吕延防、胡欣蕾和付志新编写；第5章由刘峻桥编写；第6章由付广、王浩然和付志新编写；第7章由付广编写；第8章由付广、吕延防和胡欣蕾编写；第9章由付广、吕延防、胡欣蕾和付志新编写；全书由吕延防和付广统稿。

本书所用资料和取得的一些主要研究成果与认识得到了有关油田科研项目的大力支持和帮助，同时本书在理论及方法形成及编写过程中，得到了很多前辈与同事以及在校的博士研究生和硕士研究生的大力帮助，作者在此表示衷心感谢！

由于作者理论水平有限以及目前对断裂对油气成藏控制作用研究的深度和广度的局限，本书中难免有不妥之处，还望广大读者提出宝贵意见。

作　者

2020 年 9 月 21 日

目　　录

第1章　断裂系统划分及油源断层和输导断层的厘定

我国裂陷盆地普遍经历多期构造变动，多以正断层为基本构造要素，即正断层形成演化控制着裂陷盆地的演化规律。因此，断裂具有多方位、多组合样式、多期、多性质叠合特征。油气勘探实践表明：断裂相关油气藏的油气的运聚、保存并非和发育的所有断裂都有关系，往往与油气成藏特定地质条件相匹配的特定时期活动的断裂才与油气有密切关系，即不同类型（性质、方位等）断层对油气成藏的作用存在明显差异。因此，引入"系统论"观点，提出断裂系统的概念，建立了"六步法则"（构造层划分及活动时期→几何学特征→应力场变形特征→变形时期及构造演化史→断裂变形机制→变形叠加关系及断裂系统划分）划分断裂系统的方法，进而分析不同断裂系统对油气成藏的控制作用。

1.1　断裂几何学特征

断裂几何学特征是运动学特征的响应结果，主要是从静态上分析断裂的断穿层位、断裂面（带）形态、断距分布、组合样式、走向和倾向方位、延伸长度、断裂密度等，既体现出断层的静态特征，又可以论证运动学过程的可靠性。

1.1.1　构造层划分

断裂的发育层次往往与盆地的构造层息息相关。构造层的概念是 20 世纪 40 年代苏联地质学家最早提出来的，张文佑（1959）最早将此概念引入中国大地构造学的研究中。构造层是地质演化过程中在一定的构造单元里、一定的构造时期内形成的、具有一定的构造变形特征的地层组合。它在时间上代表地球演化历史中一定的构造时期，在空间上代表某一构造事件所影响的范围。各个构造层之间的分界面通常为明显的沉积间断，呈现为区域性地层角度不整合接触关系，因而相邻的两个区域性地层角度不整合之间的地层构造组合，就是一个构造层。不同的构造层在构造变形的类型、样式、强度、构造应力方向和构造体系等方面，都具有完全不同的特征（万天丰，2004）。从区域地震剖面解释可以得到，冀中凹陷发育 3 个重要的不整合面，即 Tg、T$_5$ 和 T$_2$，依据不整合面反映的构造层次，在剖面上划分为 3 个构造层次，自下而上分别为孔店组到沙三段构成的断陷构造层、沙二段到东营组构成的断拗构造层、馆陶组至现今构成的拗陷构造层（图 1.1）。

不同断层体系间衔接性较好，主要由贯穿性长期发育的断裂沟通。但因不同构造层断裂体系的变形时期及变形性质不同，断裂的几何学特征存在一定差异。

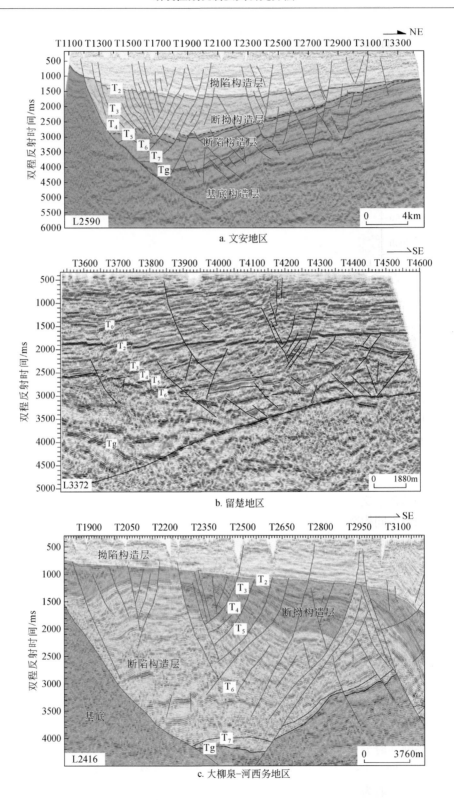

a. 文安地区

b. 留楚地区

c. 大柳泉-河西务地区

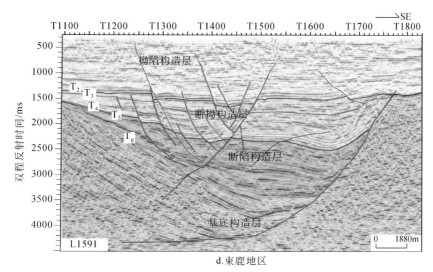

图 1.1　冀中拗陷各地区典型剖面构造层次

1.1.2　断层几何学特征

断层几何学特征主要包括断层走向、断裂密度、断层规模、断层组合样式及密集带分布、断层分段性等，本节以渤海湾盆地冀中拗陷留楚、文安、大柳泉-河西务和束鹿地区断层为例分别阐述。

1. 断层走向

冀中拗陷留楚、文安、大柳泉-河西务和束鹿地区断层走向自下而上总体变化不大，断陷、断拗、拗陷不同构造层断裂走向差异不明显，以 NE 向为主，断陷构造层受成盆前基底断裂多方位走向影响，在基底层面上表现为多方位断裂共存，发育 EW 向和 NWW 向断层；断拗-拗陷构造层断裂走向区域上以 NEE 向为主，局部出现 EW 向断层（束鹿地区）（图 1.2），反映了不同时期断裂变形的区域应力场性质存在差异和构造变形叠加的结果。

2. 断裂密度

断裂密度是指每平方千米范围内断裂的条数，间接反映了构造变形的强弱。将各反射层断裂平面分布图网格化，统计每个网格断裂条数，计算断裂的面密度，从统计结果来看，冀中拗陷整体断层密度表现为东营组最大，且有向上、向下逐渐减小的特征，间接反映了应力场转变的信息。在文安地区，断陷期断裂密度一般为 0.25 ～ 0.275 条/km²，断拗期断裂密度一般为 0.345 ～ 0.446 条/km²，拗陷期断裂密度一般为 0.42 条/km²。在大柳泉-河西务地区，拗陷期断裂密度一般为 0.58 条/km²，断陷期断裂密度一般为 0.15 ～ 1.05 条/km²，断拗期断裂密度一般为 0.72 ～ 0.84 条/km²。在留楚地区，断陷期断裂密度一般为 0.24 ～ 0.26 条/km²，断拗期断裂密度一般为 0.24 ～ 0.36 条/km²，拗陷期断裂密度一般为 0.30 条/km²；在束鹿地区，断陷期断裂密度一般为 0.58 条/km²，断拗期断裂密度一般为 1.05 ～ 1.22 条/km²，拗陷

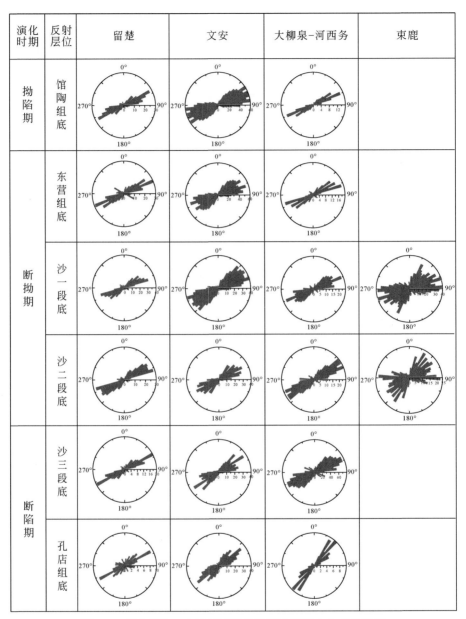

图 1.2　冀中拗陷 4 个地区不同构造层次断层走向变化规律

期断裂密度一般为 1.07 条/km²（图 1.3）。

3. 断层规模

断层规模主要包括断距和延伸长度，一般来说，断层规模越大，反映断层活动强度越大。从 4 个地区断层规模的变化规律可以看出：一是断层规模越大，断层数量越小；二是越往浅层，小规模断层发育数量越多。间接反映了应力场的变化，表现出多期断裂活动的性质。

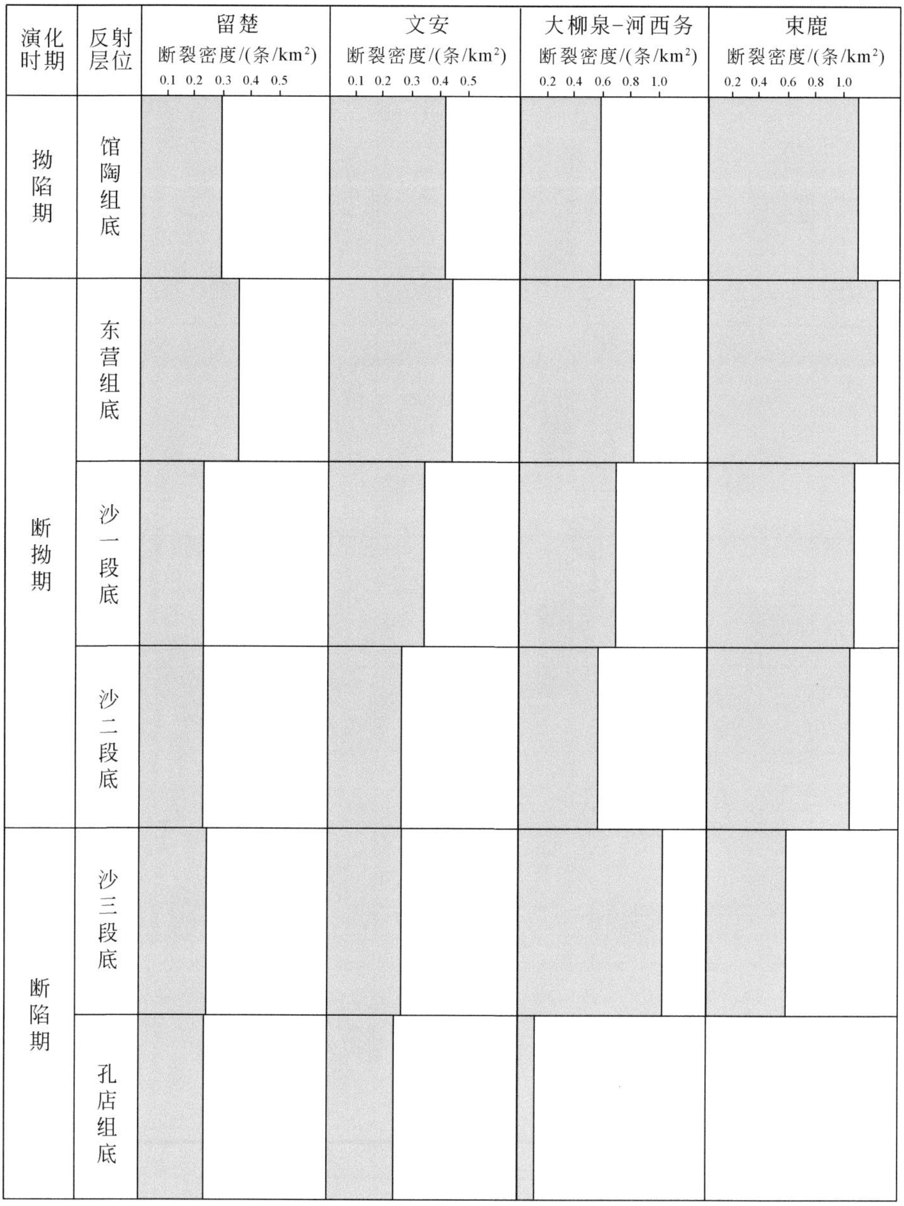

演化时期	反射层位	留楚 断裂密度/(条/km²) 0.1 0.2 0.3 0.4 0.5	文安 断裂密度/(条/km²) 0.1 0.2 0.3 0.4 0.5	大柳泉-河西务 断裂密度/(条/km²) 0.2 0.4 0.6 0.8 1.0	束鹿 断裂密度/(条/km²) 0.2 0.4 0.6 0.8 1.0
拗陷期	馆陶组底				
断拗期	东营组底				
	沙一段底				
	沙二段底				
断陷期	沙三段底				
	孔店组底				

图 1.3　冀中拗陷 4 个地区不同层面断裂密度变化规律图

文安地区的统计结果显示：孔店组底和沙三段底代表断陷层断裂的规模，其中断距一般为 0～200m，500m 以上的也占有一定比例，延伸长度一般为 1～4km，5km 以上的断裂也占较高比例；沙二段底—东营组底代表断拗层断裂的规模，其中断距一般为 0～100m，延伸长度一般为 1～3km，大于 5km 的断裂从沙二段底至东营组底比例逐渐减小；馆陶组底至现今代表拗陷层断裂的规模，其中文安地区断距为 0～100m，延伸长度为 1～3km（图 1.4，图 1.5）。

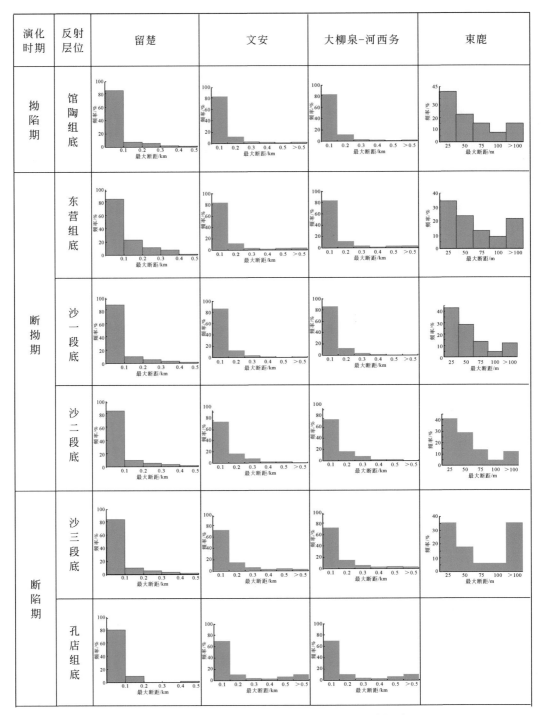

图 1.4　冀中拗陷 4 个地区不同构造层断距分布规律

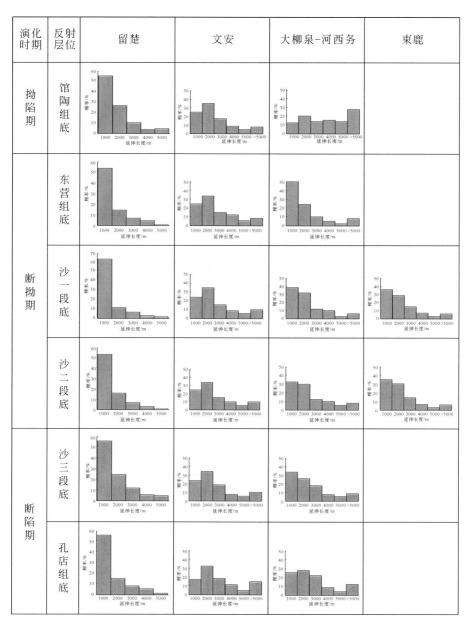

图 1.5　冀中拗陷 4 个地区不同构造层断裂延伸长度分布规律

大柳泉–河西务地区的统计结果显示：孔店组底和沙三段底代表断陷层断裂的规模，断距一般为 0 ~ 200m，500m 以上的也占有一定比例，延伸长度一般为 1 ~ 4km，5km 以上的断裂也占较高比例；沙二段底—东营组底代表断拗层断裂的规模，断距一般为 0 ~ 100m，500m 以上的也占有一定比例，延伸长度一般为 1 ~ 3km，5km 以上的断裂比例较低；馆陶组底至现今代表拗陷层断裂的规模，断距为 0 ~ 100m，延伸长度为 1 ~ 3km。表明自下而上断裂规模逐渐减小，反映应力衰减的过程且晚期构造变形强度相对减小（图 1.4，图 1.5）。

留楚地区的统计结果显示：孔店组底和沙三段底代表断陷层断裂的规模，其中断距一般为 0 ~ 200m，500m 以上的也占有一定比例，延伸长度一般为 1 ~ 4km，5km 以上的断裂也占较高比例；沙二段底—东营组底代表断拗层断裂的规模，其中断距一般为 0 ~ 200m，延伸长度一般为 1 ~ 3km，大于 5km 的断裂从沙二段底至东营组底比例逐渐减小；馆陶组底至现今代表拗陷层断裂的规模，其中留楚地区断距为 0 ~ 100m，延伸长度为 1 ~ 2km。表明自下而上断裂规模逐渐减小，反映应力衰减的过程且晚期构造变形强度相对减小（图 1.4，图 1.5）。

束鹿地区的统计结果显示：沙三段底代表断陷层断裂的规模，其中断距一般为 0 ~ 25m，100m 以上的也占有一定比例，延伸长度一般为 0 ~ 1km，2km 以上的断裂也占较高比例；沙二段底—东营组底代表断拗层断裂的规模，其中断距一般为 0 ~ 25m，延伸长度一般为 0 ~ 1km，2km 以上的断裂也占较高比例；馆陶组底至现今代表拗陷层断裂的规模，其中断距为 0 ~ 25m。表明自下而上断裂规模逐渐减小，反映应力衰减的过程且晚期构造变形强度相对减小（图 1.4，图 1.5）。

4. 断层组合样式及密集带分布

断层组合样式包括平面样式和剖面样式，冀中拗陷 4 个地区下、中、上断层体系间既有差异又有联系，其间主要由贯穿性的长期活动断裂沟通，从而使下部断层系控制着上部断层系的展布方位。断层组合样式和密集带发育特征可以间接反映区域应力场作用的类型和变化，如似花状构造反映扭动应力场作用，也反映了先存构造影响下应力场发生了转变。从剖面上看（图 1.6 ~ 图 1.8），上部断层系主要由长期发育的断裂和晚期次级断裂构成负花状和 X 形共轭组合，平面上以羽状组合和平行式组合为主。为了追溯油气富集规律与负花状断裂控制的断块分布规律的关系，从平面上对剖面的负花状断裂进行了搜索，发现平面上呈密集带的分布特征。断裂密集带指剖面上多条断层以地堑式、y 字形、反 y 字形或似花状组合方式密集发育，平面上小规模断层以平行带状、雁行式紧密排列组成断裂带。这些密集带多方位且成因多样。通过地震剖面追踪对比解释，文安共划分出 59 个断裂密集带，走向以 NE—NNE 向为主，局部小型密集带为近 EW 向（图 1.9）；束鹿主要有 6 个断裂密集带（图 1.10）；大柳泉上部 4 个，下部 6 个（图 1.11）；留楚根据整体负花状的组合，共划出 7 条密集带，左阶式分布（图 1.12）。整体沙一段应力场开始从 NW 向转变为 SN 向，从而导致晚期形成大量似花状构造样式。

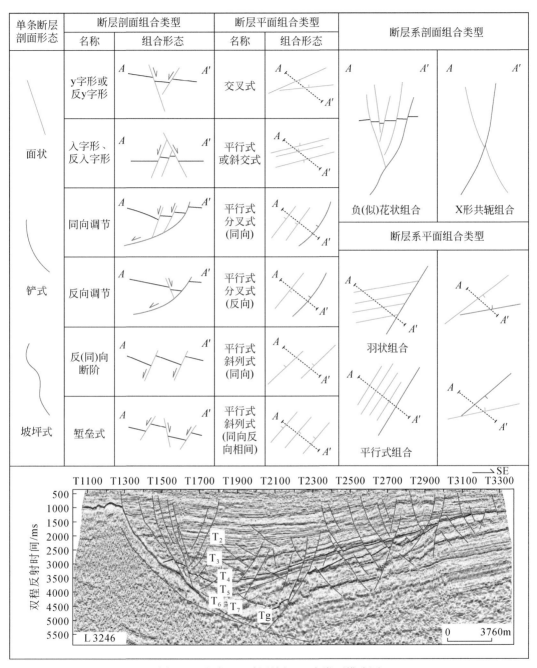

图 1.6　文安地区断裂剖面组合类型模式图

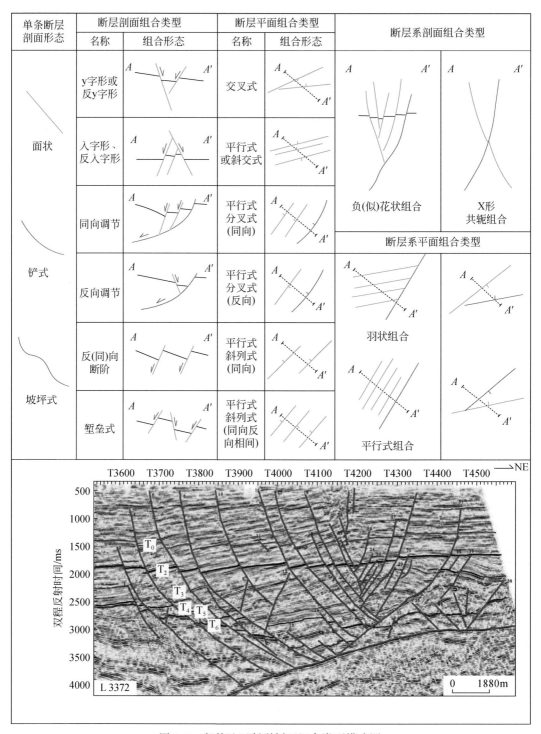

图 1.7　留楚地区断裂剖面组合类型模式图

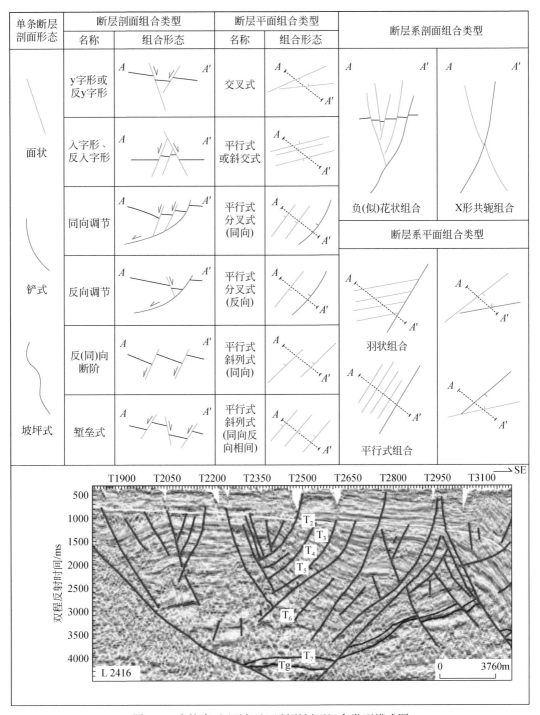

图 1.8　大柳泉-河西务地区断裂剖面组合类型模式图

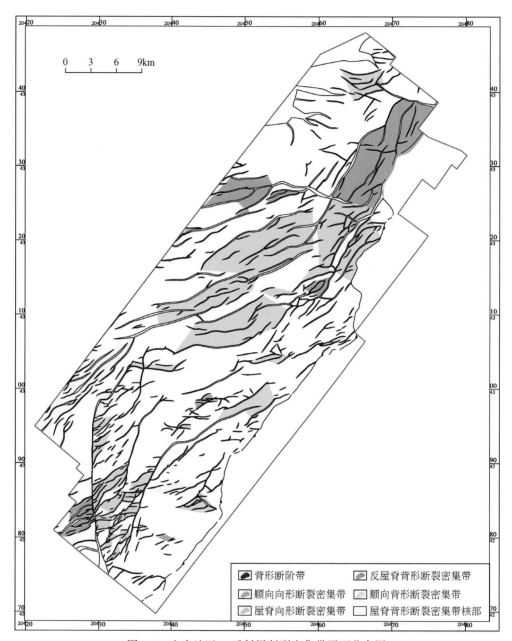

图1.9 文安地区 T_4 反射层断裂密集带平面分布图

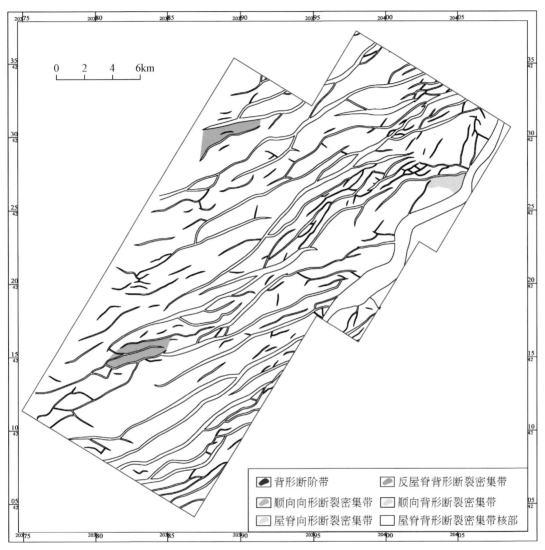

图 1.10　留楚地区 T_3 反射层断裂密集带平面分布图

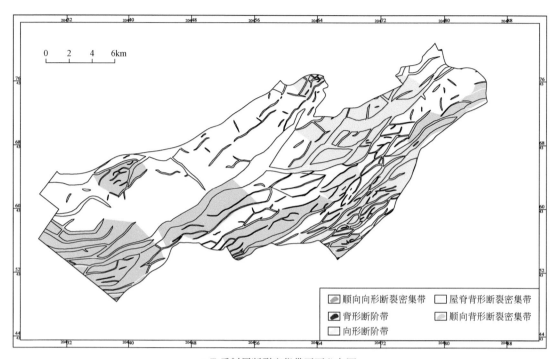

a. T₆反射层断裂密集带平面分布图

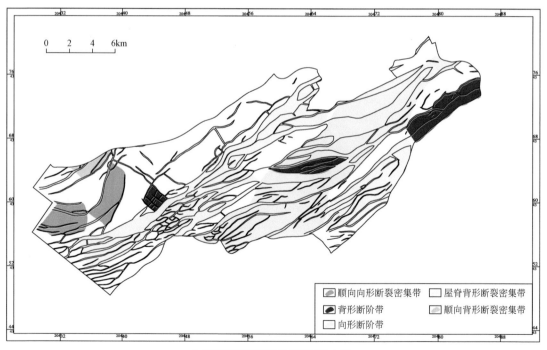

b. T²₆反射层断裂密集带平面分布图

图 1.11　大柳泉–河西务地区断裂密集带平面分布图

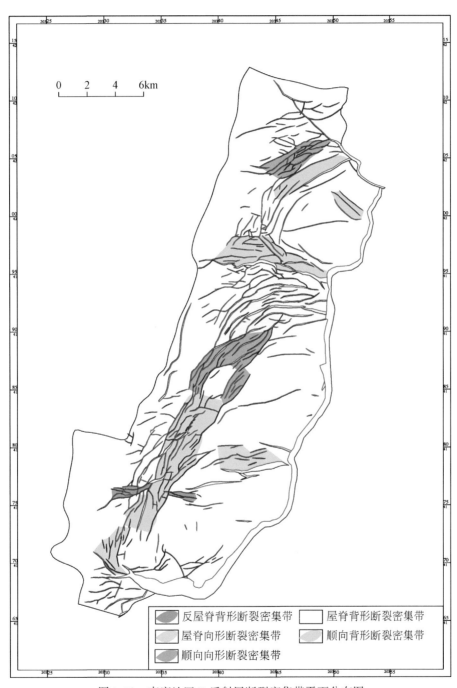

图 1.12　束鹿地区 T_4 反射层断裂密集带平面分布图

　　断裂密集带普遍与断层组合样式密切相关，不同组合样式形成不同类型的断裂密集带，按照断裂密集带内地层倾斜方向和密集带两侧的地层倾向组合关系可将断裂密集带划分为 8 种类型，如图 1.13 所示。分别为顺向背形断裂密集带、反向背形断裂密集带、屋脊背形断裂密集带、反屋脊背形断裂密集带、顺向向形断裂密集带、反向向形断裂密集带、屋脊向形断裂密集带和反屋脊向形断裂密集带。由图 1.9 和图 1.13 可以看出，这 8 种断裂密集带在每个地区特征不同，文安地区断裂密集带为顺向背形断裂密集带，主要分布在研究区的中部及南部，其次为顺向向形断裂密集带，位于研究的北部；留楚地区断裂密集带主要为屋脊背形断裂密集带，在研究区中部，呈北东-南西向的线状分布；大柳泉-河西务地区主要为屋脊背形断裂密集带和向形断阶带，屋脊背形断裂密集带和向形断阶带两者相互平行，前者主要发育在旧州断裂部位，或者主要发育在旧州断裂以东；束鹿地区主要为顺向背形断裂密集带，在研究区的中南部及北部，其次为屋脊背形断裂密集带，主要分布在研究区的中北部。由以上研究成果可知，研究区内断裂密集带主要为背形断裂密集带，其次为向形断裂密集带和断阶带。

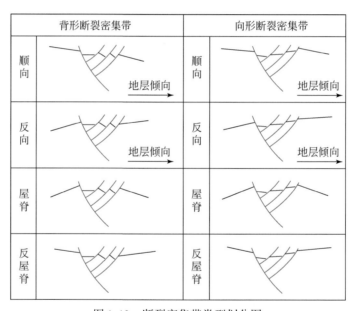

图 1.13　断裂密集带类型划分图

　　由冀中拗陷 4 个研究区内断裂密集带与油气分布的关系可以看出（图 1.14 ~ 图 1.17），油气分布与断裂带的关系较为密切，特别是背形断裂密集带。对 4 个地区断裂密集带油气的统计结果可知，4 个地区中均以背形断裂密集带控油，特别是留楚地区均为屋脊背形断裂密集带控油（图 1.15）；文安地区均为背形断裂密集带控油，但以顺向背形断裂密集带控油为主（图 1.14）；大柳泉-河西务地区控制油气分布的断裂密集带类型相对较多，但也以旧州断裂附近的屋脊背形断裂密集带控油为主，此外还有断阶带控油，而部分顺向向形断裂密集带内也有油气分布，主要是由于大柳泉-河西务地区的油气主要为源内或源区附近短距离侧向运移成藏（图 1.16）；束鹿地区也存在顺向向形断裂密集带控油的特征，主要发育在深洼部位，以源内成藏为主（图 1.17）。

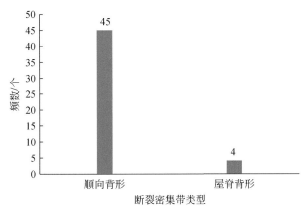

图 1.14　文安地区沙一段油气与断裂密集带分布关系图

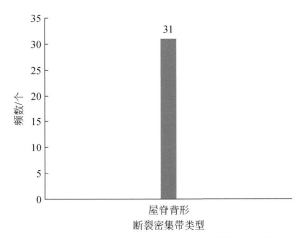

图 1.15　留楚地区东一段油气与断裂密集带分布关系图

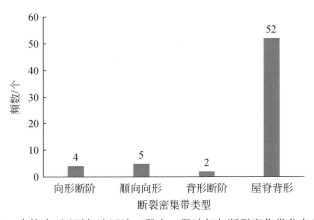

图 1.16　大柳泉–河西务地区沙三段中亚段油气与断裂密集带分布关系图

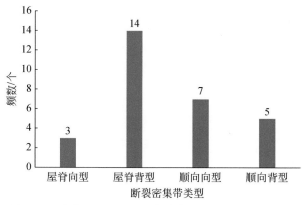

图 1.17　束鹿地区沙一段油气与断裂密集带分布关系图

5. 断层分段性

断层分段生长是断层演化的重要机制之一，是指最初孤立分布的小断层随着断裂逐渐活动，最终连接成大断裂的过程，即断裂的形成演化经历了孤立阶段—软连接阶段—硬连接阶段 3 个阶段（Peacock and Sanderson，1994；Soliva and Benedicto，2004；Soliva et al.，2008；王海学等，2013）。目前，判断断层分段性最有效的方法之一是断距–距离曲线方法，是指沿着断裂走向观察断距的变化情况，其低值区即断层分段生长连接的位置（Peacock，1991；Peacock and Sanderson，1994；Acocella et al.，2000；Peacock，2002；王海学等，2014a）。

从束鹿凹陷不同地区典型断层的断距–距离曲线来看（图 1.18，图 1.19），断层存在断距低值区，指示断层均为多段连接的结果；如西曹固构造带 F2 断层，发育 1 个分段生长点，表示该条断层为两条断层分段生长连接的产物（图 1.18）。而高邑地区 F4 断层的断距–距离曲线整体表现为不对称椭圆形态，不存在断距低值区，因此，这条断层为孤立生长断层（图 1.19）。

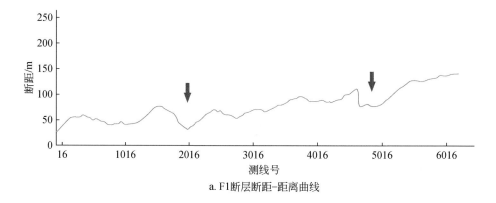

a. F1断层断距–距离曲线

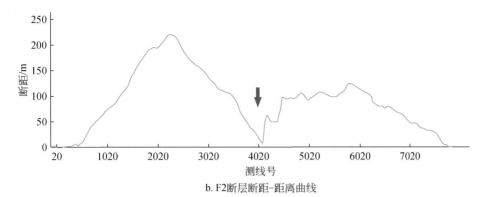

b. F2断层断距-距离曲线

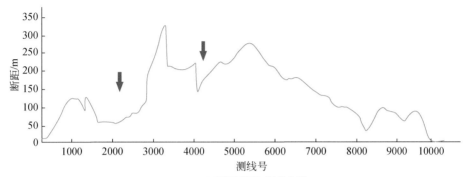

c. F3断层断距-距离曲线

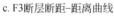

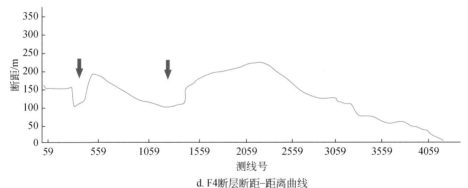

d. F4断层断距-距离曲线

图 1.18　西曹固构造带控圈断层断距-距离曲线

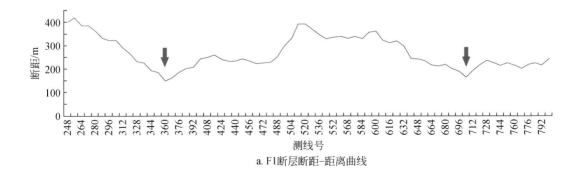

a. F1断层断距-距离曲线

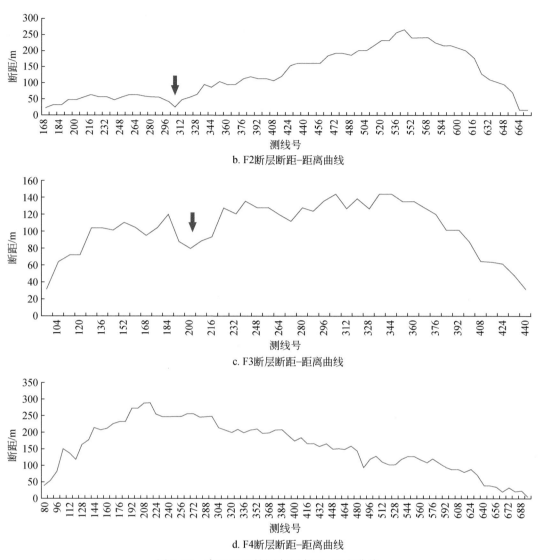

b. F2断层断距–距离曲线

c. F3断层断距–距离曲线

d. F4断层断距–距离曲线

图1.19　高邑地区控圈断层断距–距离曲线

1.2　断裂活动期次及形成演化历史

断裂几何学和运动学研究是相辅相成的，断裂活动期次厘定是运动学分析的重要过程，在断层几何学特征研究的基础上，厘定不同构造层断裂活动期次，通过构造演化史恢复断裂的形成演化过程，从而为断裂系统划分提供基础。

断裂生长指数和断裂活动速率常用来标定断裂的活动强度，确定断裂活动的期次。此外，剖面的伸展量等参数也可以从侧面反映断裂的主要活动时期。但每种方法均存在片面性（赵密福等，2000），因此需要综合使用这些方法才能准确标定断裂形成和活动时期。

1.2.1　断裂生长指数

断裂生长指数剖面反映的断裂形成活动时期：断裂生长指数的概念自 1963 年由 Thorsen 提出以来，在国内外生长断层的研究中得到了较为广泛的应用，定义为上盘厚度与下盘厚度之比，即断裂生长指数 = 上盘厚度/下盘厚度。对正断层而言，当断裂生长指数为 1 时，说明断裂两盘厚度相等，断裂在该时期不活动；当断裂生长指数大于 1 时，说明断裂在该时期活动，且断裂生长指数越大，断裂活动越强烈。

在冀中拗陷 4 个研究区选择 4 条测线编制断裂生长指数剖面（图 1.20 ~ 图 1.23），从

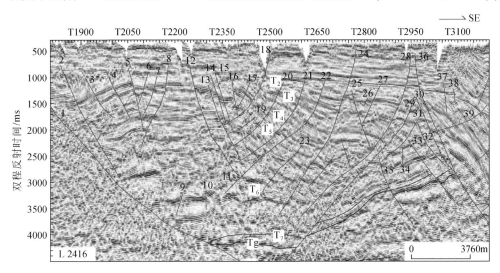

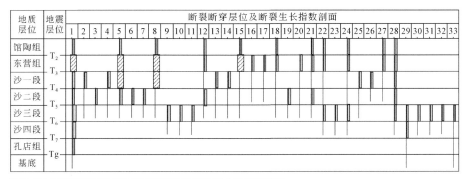

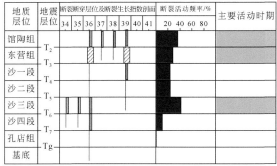

图 1.20　大柳泉–河西务地区断裂生长指数剖面图

同生断裂生长指数的统计规律可以看出：①断陷期，沙三段时期强烈活动，主干边界断裂持续活动，主干边界断裂活动伴生部分次级断裂形成；②断拗期，断裂在沙二段时期活动弱，主要在东营组时期活动强烈，尤其是先期主干边界断裂复活；③拗陷期，馆陶组时期强烈活动，除了主干断裂持续活动外，还新生大量次级断裂。综合断裂生长指数剖面可知，断裂的强活动时期分别为沙三段沉积时期、东营组沉积时期、馆陶组沉积时期。

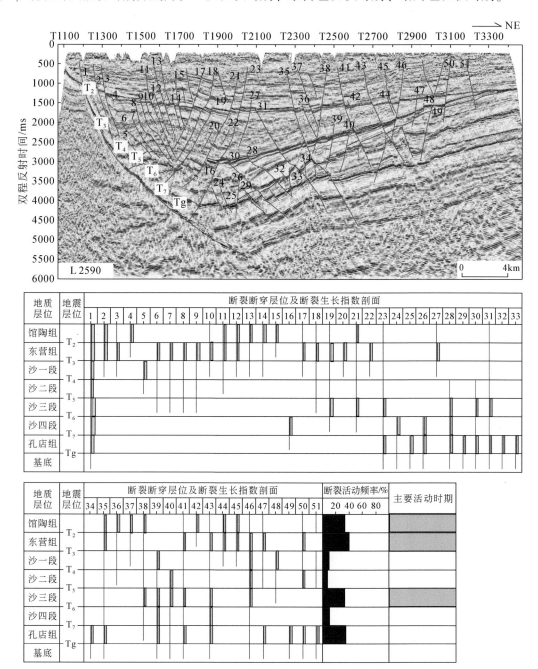

图 1.21　文安地区断裂生长指数剖面图

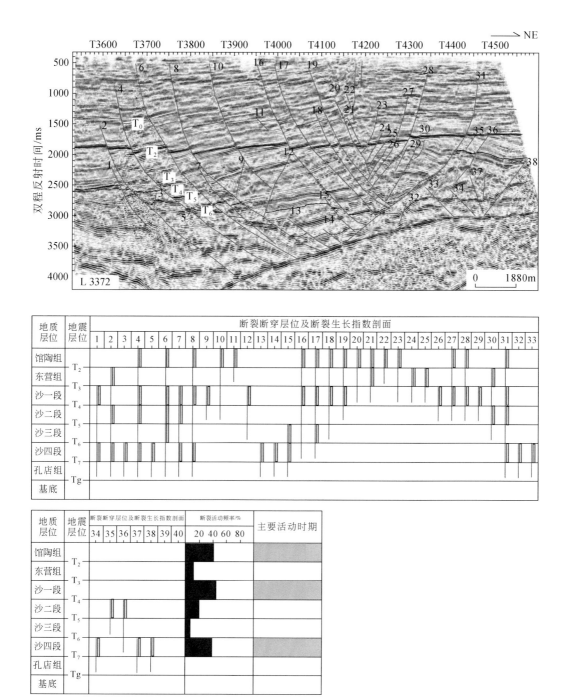

图 1.22 留楚地区断裂生长指数剖面图

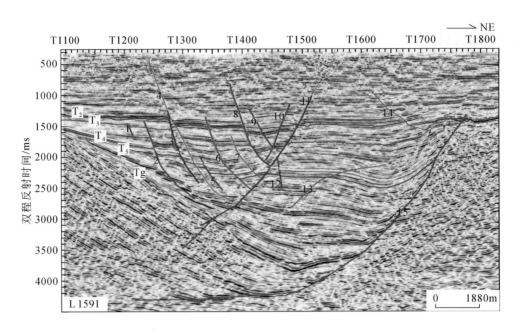

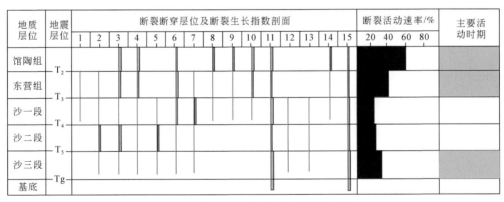

图 1.23　束鹿地区断裂生长指数剖面图

1.2.2　埋深–断距曲线

　　研究区内断裂的穿层性有着较大差异，活动强烈的断裂由凹陷基底活动至近地表，断裂活动较弱的断裂可能只在某个时期活动之后便不再活动。为了准确地判断断裂的活动期次，首先以活动持续时期较长、穿层较多的断裂进行断裂活动性研究。从地震剖面及其埋深–断距曲线特征可以看出（图 1.24），断层 F3 在 2000ms 处的地震强反射层存在着地层的牵引褶皱变形，而从统计出来的埋深–断距曲线中，一共可以识别两个断距峰值区，断距最大值出现在东营组底界面，在沙一段存在着明显的断距低值区，而沙三段断距再次出现了一个断距高值区；断裂生长指数在沙三段的下部及沙一段上部趋近于 1，其他部位的断裂生长指数大于 1 且小于 1.5（图 1.25）。综合上述地质条件，我们将断层 F3 分为两期构造活动及两个埋藏期：①在沙三段下部，断层处于相对静止的埋藏期阶段，在这个时期地层稳定沉积；②第一次埋藏期之后，地层的沉积开始伴随着断层活动，因此，沙三段上部到沙一段这段时期为断层活动期；③随后沙一段上部又经历了一个短暂的埋藏期；④东营组—馆陶组为断层的第二个活动时期。

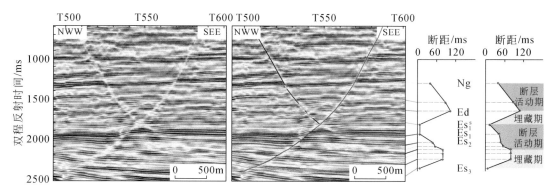

图 1.24　地震剖面及其埋深-断距曲线图

从地震剖面可以看出，断层 F3 在单一剖面上有多期活动的特点，同样该断裂在沿断裂走向的不同剖面里也有同样的多期活动特征，断裂在沙一段存在着相对的断距低值区（图 1.25）。通过埋深-断距曲线和断裂生长指数联合研究（图 1.26），认为研究区主要具有 3 个活动期次。

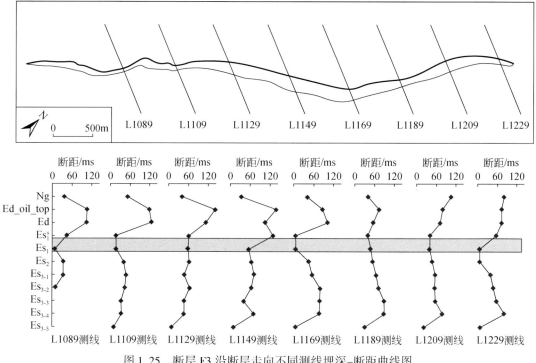

图 1.25　断层 F3 沿断层走向不同测线埋深-断距曲线图

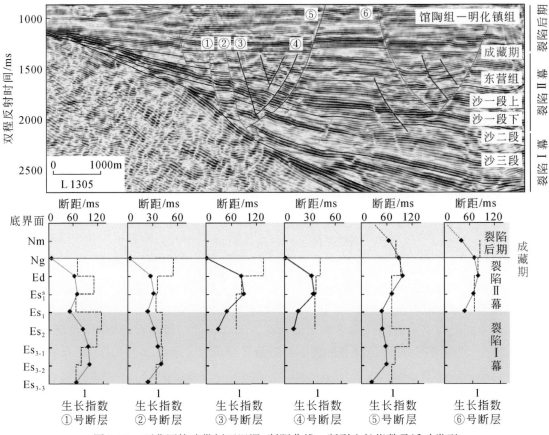

图 1.26　西曹固构造带剖面埋深–断距曲线、断裂生长指数及活动类型

1.2.3　构造发育史剖面

　　构造发育史是反映断裂活动期次、形成演化历史的重要手段，利用反演法，在考虑地层去压实校正下采用层拉平技术可对横切区域构造走向的典型地质构造剖面进行复原，从而恢复断裂的形成演化历史，厘定断裂的强活动时期。从构造发育史剖面反映的断裂形成演化过程来看，由于区域构造的控制作用，冀中拗陷 4 个研究区内断裂的演化历程相似，均具有 3 期构造演化的特征，分别为沙三段沉积时期、东营组沉积末期和馆陶组沉积时期（图 1.27 ~ 图 1.30），但在每个研究区区块内断裂活动强度又有差异性，大柳泉–河西务地区断裂在前 2 期活动中强度较大，而在晚期（馆陶组沉积时期）强度相对较弱，且在东营组沉积末期大柳泉–河西务和留楚 2 个塌陷背斜内不整合特征更为明显（图 1.28,图 1.29）。

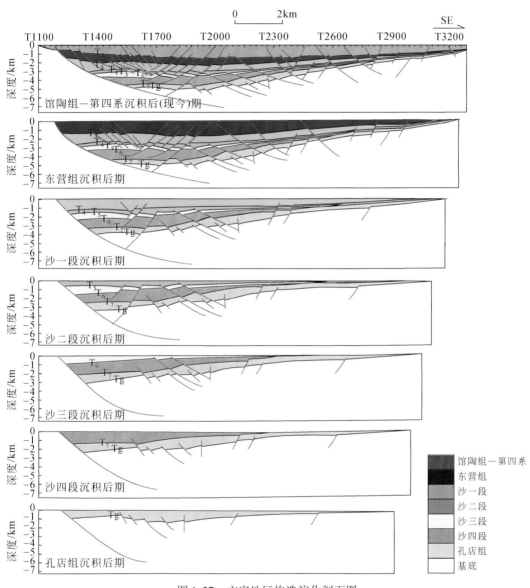

图 1.27　文安地区构造演化剖面图

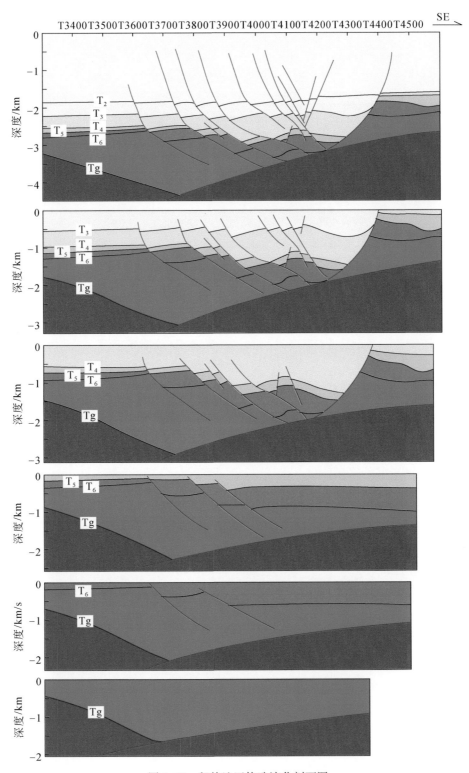

图 1.28　留楚地区构造演化剖面图

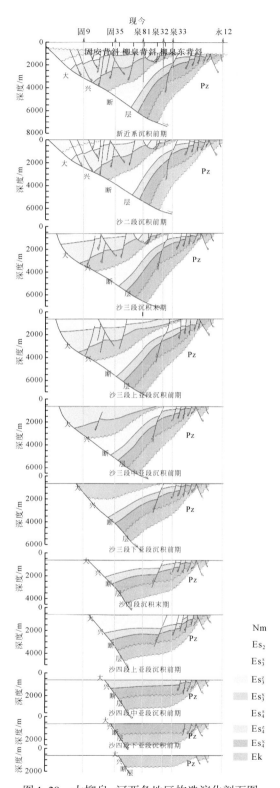

图 1.29　大柳泉–河西务地区构造演化剖面图

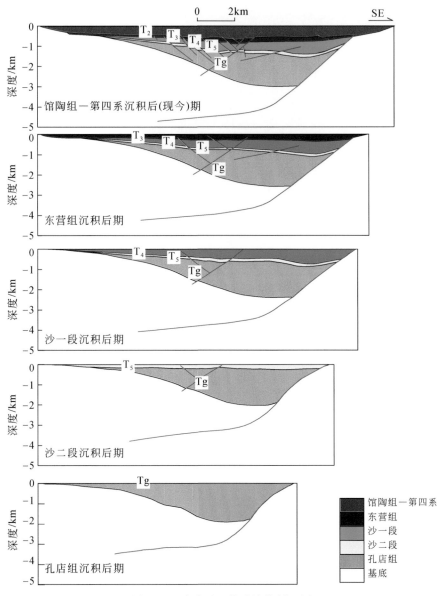

图 1.30　束鹿地区构造演化剖面图

1.3　断裂系统划分和油源断层–输导断层厘定

　　断裂系统是指具有相似的几何学特征、相同的成因机制、相似的演化历史，并在同一运移期具有相同控藏作用的一组断裂。其基础是断裂几何学和运动学特征，主要依据断裂变形的期次、变形的性质和穿层性来划分断裂系统，结合油气来源、油气成藏期和断裂系统研究，进一步探讨不同类型断裂系统在油气成藏中的作用。

1.3.1　断裂系统划分及分布规律

1. 断裂系统划分的基本原则

对渤海湾盆地断裂几何学特征、断裂形成演化过程和变形机制的研究表明，断裂主要经历了"三期三性质"变形，即沙二段和沙三段断陷盆地时期的伸展变形，沙一段—东一段断拗盆地时期的走滑伸展变形，以及馆陶组—明化镇组以来拗陷盆地时期的张扭变形，断裂的强变形时期分别对应于沙二段和沙三段时期、东一段时期和明化镇组上段以来时期。据此可将断裂系统划分为 6 种类型（图 1.31）：早期伸展断裂系统（Ⅰ 型）、中期走

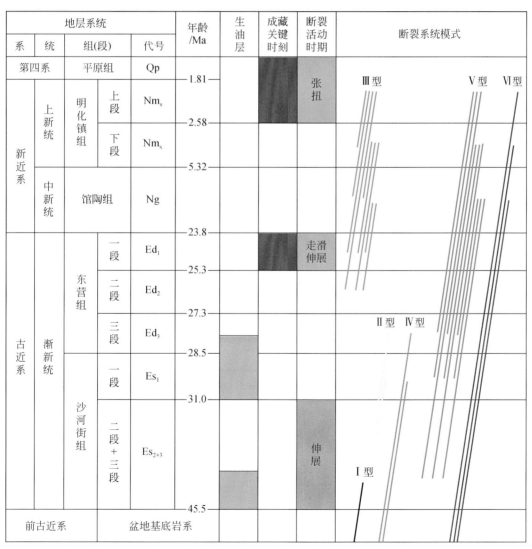

图 1.31　不同断裂系统划分依据及其贯穿层位模式图

滑伸展断裂系统（Ⅱ型）、晚期张扭断裂系统（Ⅲ型）、早期伸展–中期走滑伸展断裂系统（Ⅳ型）、中期走滑伸展–晚期张扭断裂系统（Ⅴ型）、早期伸展–中期走滑伸展–晚期张扭断裂系统（Ⅵ型）。Ⅵ型断裂系统为长期发育的断裂，主要为控凹控带的主干断裂，是连接Ⅰ型断裂系统和Ⅲ型断裂系统的桥梁和纽带。

2. 典型地区断裂系统划分及分布规律

文安地区沙二段底部主要发育晚期张扭断裂系统（Ⅲ型）和中期走滑伸展断裂系统（Ⅱ型），这两种类型主要分布在文安地区南部，早期伸展–中期走滑伸展断裂系统（Ⅳ型）也占有一定比例；馆陶组底部主要发育晚期张扭断裂系统（Ⅲ型）和早期伸展–中期走滑伸展–晚期张扭断裂系统（Ⅵ型），其中Ⅲ型主要分布在陡坡带和缓坡带，Ⅵ型主要分布在文安地区北部（图1.32）。

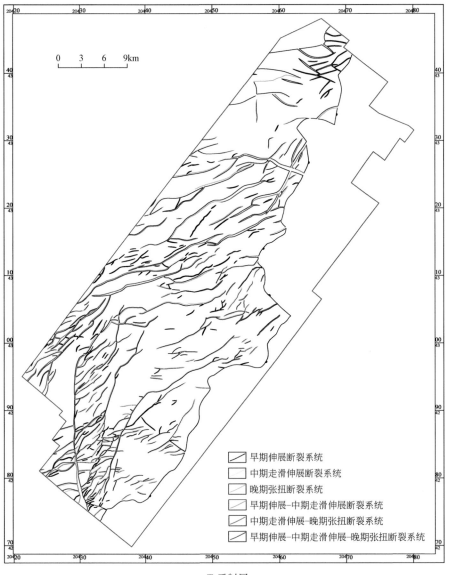

a. T₅反射层

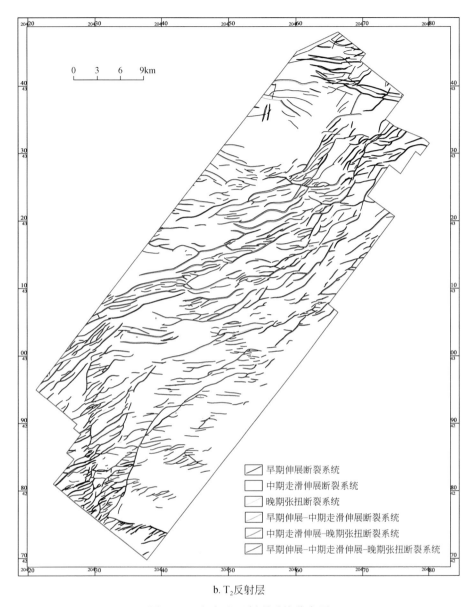

b. T₂反射层

图 1.32　文安地区断裂系统分布图

　　大柳泉-河西务地区沙三段底部主要发育早期伸展断裂系统（Ⅰ型）和早期伸展-中期走滑伸展断裂系统（Ⅳ型），还存在较少的早期伸展-中期走滑伸展-晚期张扭断裂系统（Ⅵ型）和中期走滑伸展-晚期张扭断裂系统（Ⅴ型）。明化镇组底部主要发育晚期张扭断裂系统（Ⅲ型）和中期走滑伸展-晚期张扭断裂系统（Ⅴ型），还有极少的早期伸展-中期走滑伸展-晚期张扭断裂系统（Ⅵ型）（图 1.33）。

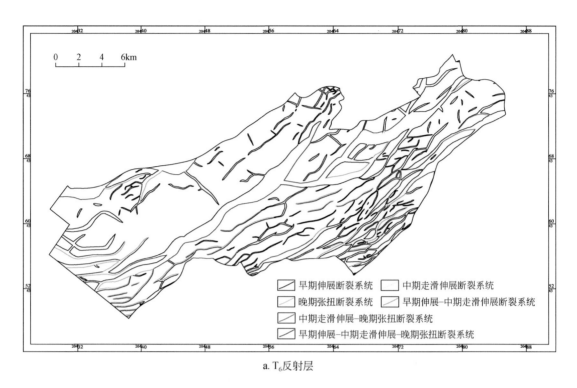

a. T_6 反射层

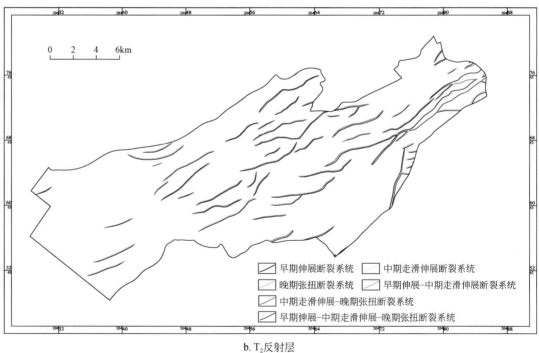

b. T_2 反射层

图 1.33　留楚地区断裂系统分布图

留楚地区沙三段底部主要发育早期伸展断裂系统（Ⅰ型）和早期伸展–中期走滑伸展断裂系统（Ⅳ型），还发育部分早期伸展–中期走滑伸展–晚期张扭断裂系统（Ⅵ型）。明化镇组底部主要发育晚期张扭断裂系统（Ⅲ型）和中期走滑伸展–晚期张扭断裂系统（Ⅴ型），还有一部分发育早期伸展–中期走滑伸展–晚期张扭断裂系统（Ⅵ型）（图1.34）。

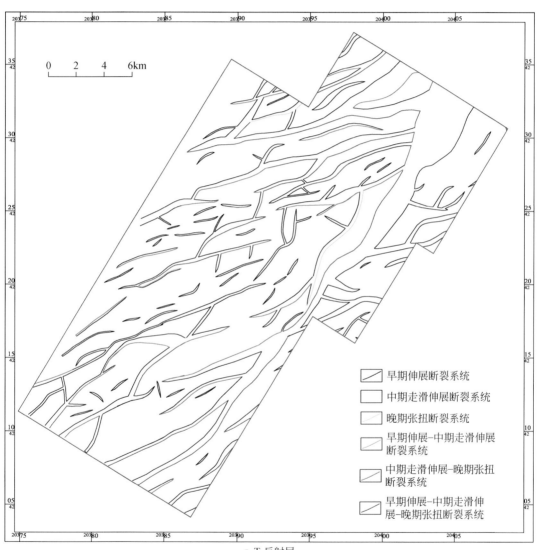

a. T₆反射层

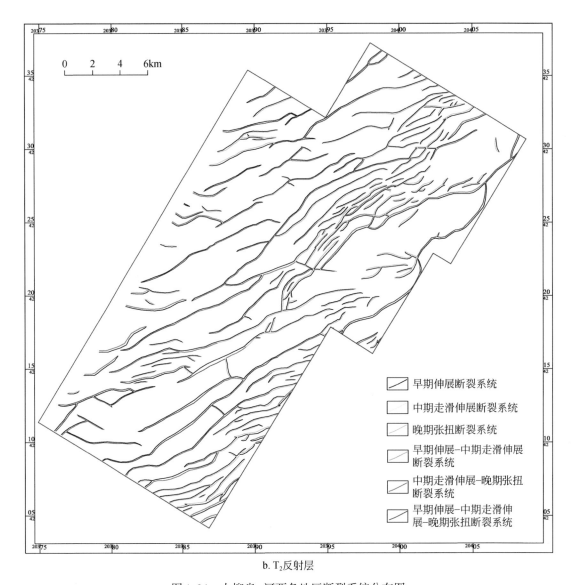

b. T₂反射层

图 1.34　大柳泉–河西务地区断裂系统分布图

束鹿地区沙二段底部主要发育中期走滑伸展断裂系统（Ⅱ型）和中期走滑伸展–晚期张扭断裂系统（Ⅴ型），还发育部分晚期张扭断裂系统（Ⅲ型）早期伸展–中期走滑伸展断裂系统（Ⅳ型）以及少数早期伸展–中期走滑伸展–晚期张扭断裂系统（Ⅵ型）。沙一段底部主要发育中期走滑伸展断裂系统（Ⅱ型）和中期走滑伸展–晚期张扭断裂系统（Ⅴ型），还发育部分晚期张扭断裂系统（Ⅲ型）和早期伸展–中期走滑伸展断裂系统（Ⅳ型），以及少数早期伸展–中期走滑伸展–晚期张扭断裂系统（Ⅵ型）（图 1.35）。

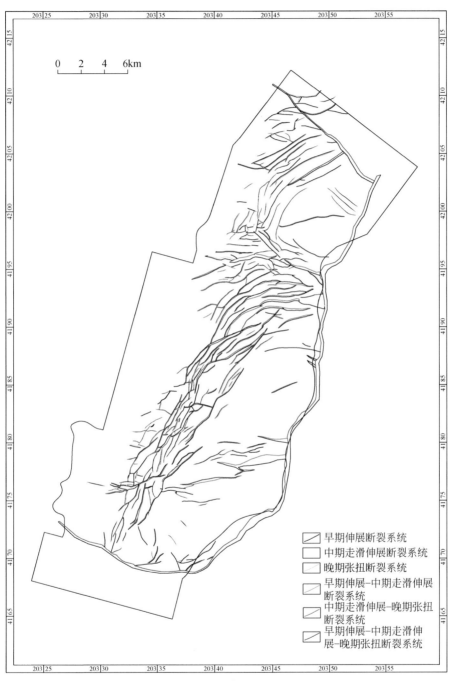

早期伸展断裂系统

中期走滑伸展断裂系统

晚期张扭断裂系统

早期伸展-中期走滑伸展断裂系统

中期走滑伸展-晚期张扭断裂系统

早期伸展-中期走滑伸展-晚期张扭断裂系统

a. T₄反射层

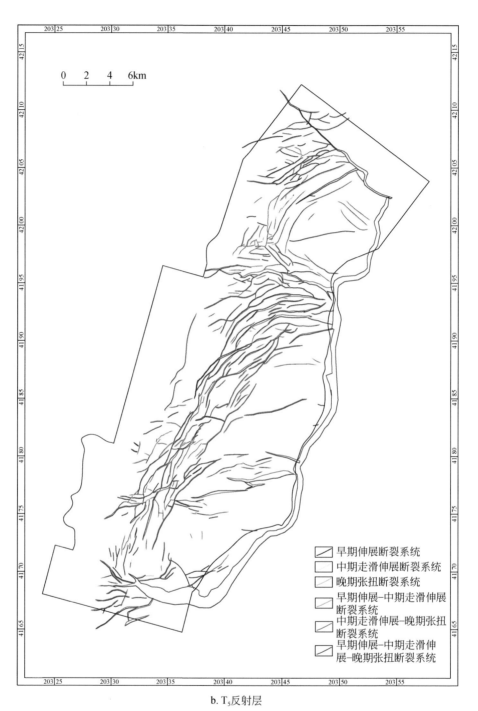

b. T_5反射层

图 1.35　束鹿地区断裂系统分布图

　　从冀中拗陷 4 个地区内断裂系统的发育特征可知，不同地区断裂系统的发育程度差异明显，总体上均是以Ⅱ型、Ⅲ型和Ⅴ型断裂系统为主，体现了断裂中期走滑和晚期张扭在断裂活动演化过程中的重要作用。但大柳泉–河西务地区断裂系统以Ⅰ型和Ⅳ型为主，这体现了大柳泉–河西务地区断裂以早期活动断裂为主，其次为早中期活动断裂，晚期断裂活动较弱。而对于文安地区晚期断裂活动较强，断裂系统以Ⅲ型为主，代表断裂中期活动的Ⅱ型断裂次之（图1.36）。

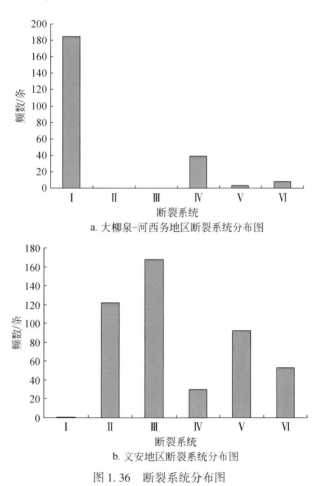

a. 大柳泉–河西务地区断裂系统分布图

b. 文安地区断裂系统分布图

图1.36　断裂系统分布图

1.3.2　断裂活动规律、烃源岩和油气成藏期配置关系

在断裂系统划分的基础上，依据断裂活动时期与烃源岩大量生排烃期的关系，结合断层与烃源岩、油气藏、圈闭之间的关系，将断裂在油气成藏中的作用分为三种类型：油源断裂（是指成藏关键时刻活动并连接烃源岩层与储层的断裂）、调整断裂（是指具备油源断裂的特征且后期发生再活动调整古油气藏的断裂）和遮挡断裂（是指成藏关键时刻不活动的断裂）。

渤海湾盆地流体包裹体均一温度、沉积埋藏史、热史和生烃史研究证实，成藏关键时刻主要有两个时期，分别是东营组沉积时期和馆陶组沉积末期至现今。区域内主要发育两套烃源岩层，分别是沙三段烃源岩和沙一段烃源岩。从西曹固地区沙三段烃源岩、断裂活动性和油气成藏期配置关系可以看出，不同类型的断裂系统表现出明显的控藏作用差异性（图 1.37）。

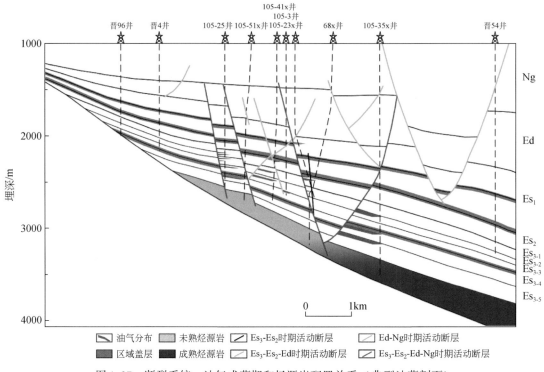

图 1.37　断裂系统、油气成藏期和烃源岩配置关系（典型油藏剖面）

　　不同类型的断层控藏作用存在明显差异：①油源断裂主要评价沿断裂垂向优势运移通道，决定油气垂向运移路径；②遮挡断裂主要评价断层侧向封闭性，明确断层圈闭的富集程度；③调整断裂主要评价垂向封闭性，落实油气纵向富集层位（图 1.38）。

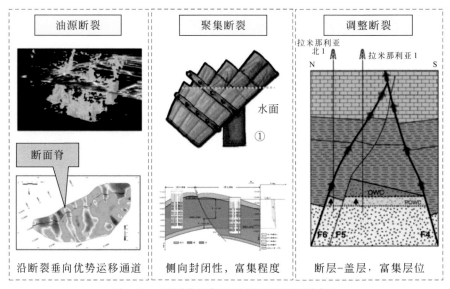

图 1.38　不同类型断层系统的石油地质意义

1.3.3　油源断裂和输导断裂厘定

围绕断裂变形期次及断裂形成演化过程可以划分多套断裂系统，由于研究区凹陷的垂向含油层系众多，在烃源岩生排烃演化历史研究的基础上，结合全区每个含油气层位中断裂系统构成，可以为确定每个含油气层位的油源断裂类型提供依据。

通过文安地区各反射层油源断裂的平面分布可以看出，文安地区主要存在三套油源断裂：沟通一套（沙一段或沙三段）源岩的油源断裂和沟通两套（沙一段下和沙三段）源岩的油源断裂，以沟通沙三段源岩的油源断裂为主（图 1.39）。

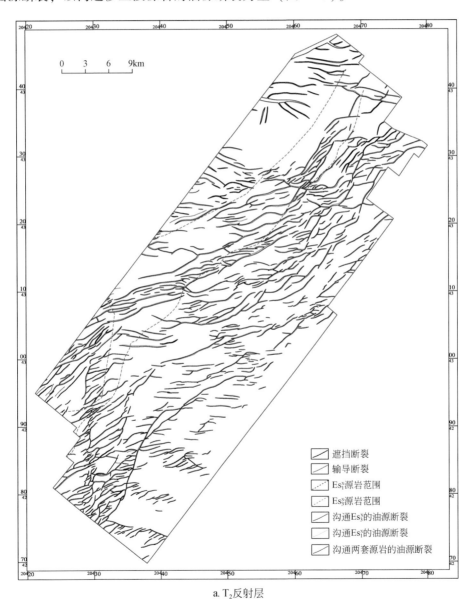

a. T_2反射层

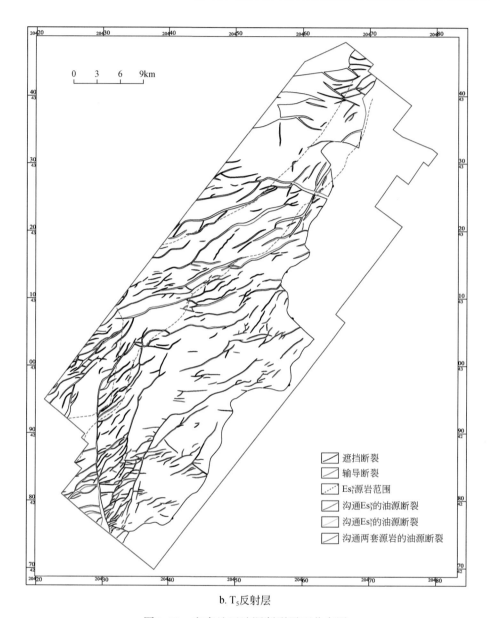

b. T₅反射层

图 1.39　文安地区油源断裂平面分布图

　　通过留楚地区各反射层油源断裂的平面分布可以看出，留楚地区主要存在两套油源断裂：沟通一套（沙一段下）源岩的油源断裂和沟通两套（沙一段下和沙三段）源岩的油源断裂，以沟通沙一段下和沙三段两套源岩的油源断裂为主（图 1.40）。

　　通过大柳泉-河西务地区各反射层油源断裂的平面分布可以看出，大柳泉-河西务地区主要存在两套油源断裂：沟通一套（沙三段下）源岩的油源断裂和早期沟通两套（沙三段下和沙四段上）源岩的油源断裂，以早期沟通两套（沙三段下和沙四段上）源岩的油源断裂为主（图 1.41）。

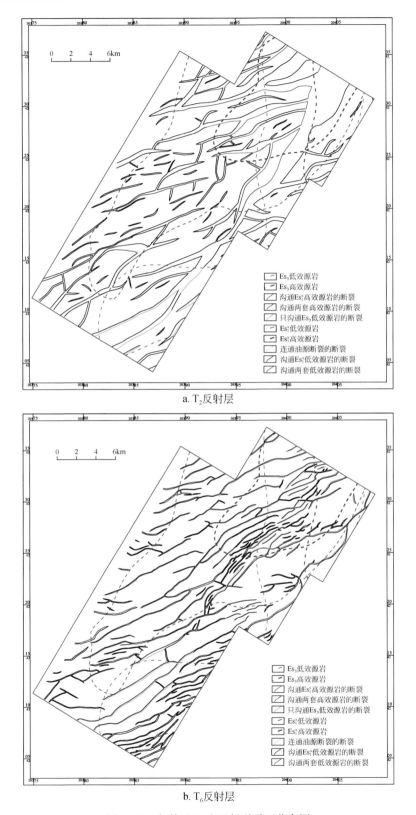

a. T_2 反射层

b. T_6 反射层

图 1.40　留楚地区油源断裂平面分布图

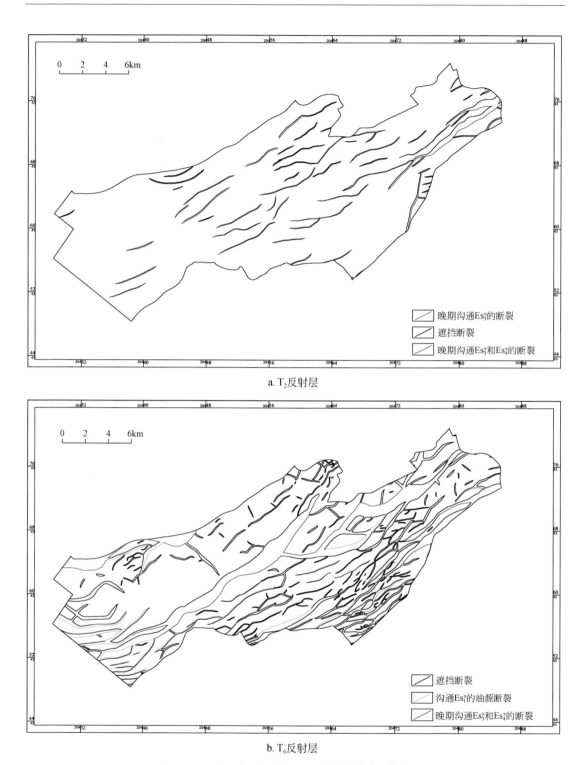

a. T₂反射层

b. T₆反射层

图 1.41　大柳泉–河西务地区油源断裂平面分布图

通过束鹿地区各反射层油源断裂的平面分布可以看出，束鹿地区主要存在四套油源断裂：以沟通一套（沙三段或沙一段）源岩的高效油源断裂和沟通一套（沙三段或沙一段）源岩的低效油源断裂为主（图 1.42）。

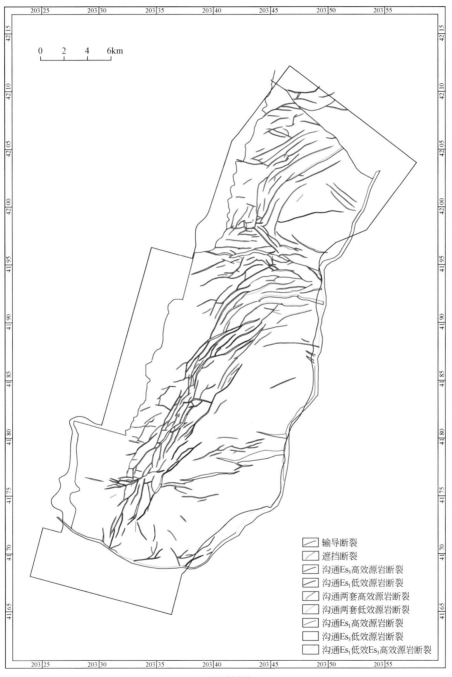

输导断裂
遮挡断裂
沟通 Es_1 高效源岩断裂
沟通 Es_1 低效源岩断裂
沟通两套高效源岩断裂
沟通两套低效源岩断裂
沟通 Es_3 高效源岩断裂
沟通 Es_3 低效源岩断裂
沟通 Es_1 低效 Es_3 高效源岩断裂

a. T_4 反射层

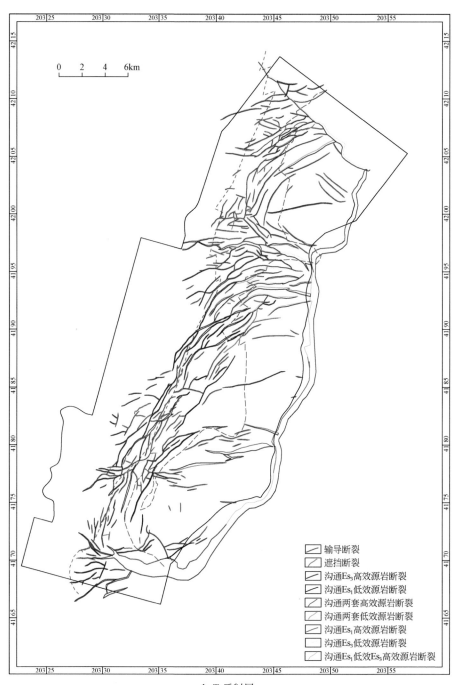

图例:

输导断裂
遮挡断裂
沟通Es₃高效源岩断裂
沟通Es₁低效源岩断裂
沟通两套高效源岩断裂
沟通两套低效源岩断裂
沟通Es₁高效源岩断裂
沟通Es₁低效源岩断裂
沟通Es₁低效Es₃高效源岩断裂

b. T₅反射层

图 1.42　束鹿地区油源断裂平面分布图

　　通过 4 个研究区油源断裂的对比情况可知，文安地区为 4 个研究区的源外斜坡。油源断裂仅分布在文安地区的西部边缘部位，断裂在该部位向下延伸较深，由于沙三段烃源岩有效范围较沙一段烃源岩的有效范围大，断裂类型以沟通深部的沙三段的油源断裂为主，其次为沟通沙一段及沙三段两套烃源岩的油源断裂，仅沟通沙一段的油源断裂较少（图 1.43）。除文安地区外其他 3 个地区均位于源内，因此，按照烃源岩生烃能力的强弱可将烃源岩分为高效和低效两类烃源岩，进一步将油源断裂归纳为仅沟通一套烃源岩的单源高效油源断裂和单源低效油源断裂，以及沟通两套烃源岩的双源高效油源断裂和双源低效油源断裂 3 种类型。留楚地区内烃源岩发育在研究区的东北大部分区域内，高效烃源岩分布在研究区的东北部，沙三段高效烃源岩范围较小，沙一段相对较大，油源断裂以单源低效油源断裂为主，其次为单源高效断裂，发育的双源高效油断裂和双源低效油源断裂相对较少（图 1.44）。大柳泉 – 河西务构造是以单源高效油源断裂为主，其次为单源低效油源断裂（图 1.45）；此外，在束鹿地区也具有相同特征（图 1.46）。

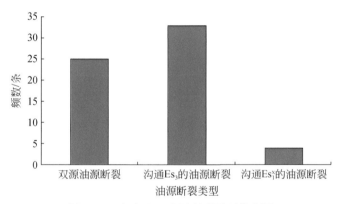

图 1.43　文安地区油源断裂类型分布图

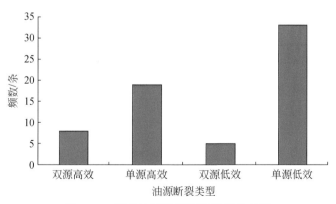

图 1.44　留楚地区油源断裂类型分布图

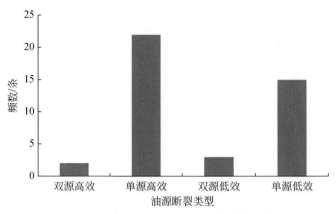

图 1.45　大柳泉–河西务地区油源断裂类型分布图

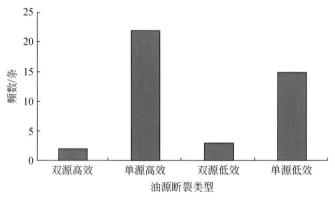

图 1.46　束鹿地区油源断裂类型分布图

第2章 断裂控制烃源岩形成发育作用机制及研究方法

中国大陆位于欧亚板块、印度板块和太平洋板块交汇地带，欧亚板块与印度板块碰撞接触，太平洋板块俯冲至欧亚板块之下，这一特定的构造位置和应力状态决定了在中国中-新生代盆地中断裂活动的普遍性。这种普遍性既体现在断裂可以出现在盆地的不同位置和不同深度，又体现在断裂可以具有不同的规模和不同的性质。这些断裂与油气成藏关系密切，控制了盆地的形成和演化，决定了烃源岩的分布，形成了油气运移的通道，制约着圈闭的产生，最终控制了油气藏的形成、保存和分布（罗群，2010）。

2.1 断裂控制烃源岩形成与发育的作用机制

我国独特的大地构造位置和区域地质演化历史，决定了断裂作用及其对沉积、地层的控制作用，进而对烃源岩的形成和分布产生了影响（表2.1）。在了解了我国东部裂谷系中松辽、渤海湾、江汉及南海等几个含油气盆地的断裂与沉积、温压场的关系后，认为深大断裂控制了沉积体系及沉积相的展布，从而控制了烃源岩的分布。张功成（2000）在研究渤海海域构造格局与富生烃凹陷分布时发现，凹陷的生烃能力和它与区域性大断裂的空间关系有关；富生烃凹陷主要发育在郯庐断裂及沧东断裂带沿线，如郯庐断裂以西的辽中凹陷、渤中凹陷是"大而肥"的富生烃凹陷，黄河口凹陷是"小而肥"的凹陷，沧东断裂下降盘的歧口凹陷也是富生烃凹陷。罗群（2002，2010）在总结前人研究成果的基础上提出"断裂控烃"这个概念，即认为"断裂是控制油气生成、运移、聚集、保存和分布的根本原因"，而对烃类物质（油气）的生成、运移、聚集、保存和分布有重要控制作用的断裂叫控烃断裂。依据断裂对烃类物质生成、运移、聚集、保存和分布各环节的控制作用，将控烃断裂分为8种基本类型，即控源断裂、油源断裂、控圈断裂、遮挡断裂、改向断裂、破坏断裂、调整断裂和桥梁断裂。其中，对烃源岩的形成、分布和演化具有重要控制作用的断裂为控源断裂（图2.1）。控源断裂主要为盆地内分区或控凹（洼）的二级、三级断裂。

表 2.1 各大油田内断裂对烃源岩的影响情况统计（白宝玲，2008）

序号	油气田名称	对烃源岩的影响程度	序号	油气田名称	对烃源岩的影响程度
1	萨尔图	★	6	北大港	★★★
2	朝阳沟	★	7	任丘	★★★
3	兴隆台	★★★	8	胜坨	★★★
4	高升	★★★	9	东辛	★★★
5	曙光-欢喜岭	★★	10	孤岛	★★★

序号	油气田名称	对烃源岩的影响程度	序号	油气田名称	对烃源岩的影响程度
11	埕岛	★★	15	克拉玛依	★★
12	濮城	★★★	16	丘陵–鄯善	★★
13	文留	★★	17	绥中 36-1	★★★
14	双河	★★★	18	流花 11-1	★★★

★★★表示绝对控制；★★表示明显控制；★表示一定控制

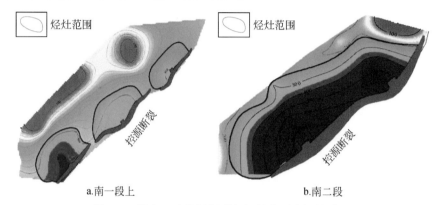

a.南一段上　　　　　　　　　　　　　　b.南二段

图 2.1　塔南凹陷控源断裂与烃灶范围之间的关系

　　在盆地形成的初期或者早期，断裂活动比较发育，具有强烈的同沉积活动特征，如果物源充足，由于欠饱和沉积，则会在下盘形成比较厚的且富含有机质的细粒沉积物——烃源岩层，其规模以及演化程度在一定意义上受断裂的影响（白宝玲，2008）。在盆地格架形成后，由于断裂和其他构造活动改变了盆地原有的几何形态和构造格局，沉积中心发生迁移以至于原来的沉积体系和沉积相态发生了改变，从而对烃源岩的形成和分布产生一定的影响。不同的构造相导致了不同的沉积相，而不同的沉积相又使烃源岩具有不同的地球化学特征（如有机质的丰度和类型）。

　　因此，断裂对烃源岩形成与分布的控制主要体现在两个方面：一是断裂对烃源岩分布的控制，其主要原因是断裂作用控制了沉降–沉积中心的分布；二是断裂对烃源岩厚度的控制，这主要与断层的断距或落差有关。

1. 断裂对烃源岩分布的控制

　　断裂的强烈活动会造成盆地基底的快速沉降，从而控制盆地或凹陷的形成和演化，这些断裂又可以叫作控盆（凹）断裂或边界断裂。虽然针对盆地和凹陷的研究尺度不同，但对盆地和凹陷形成、演化控制要素的研究基本一致。边界断裂对盆地基底沉降的控制主要体现在断裂对盆地或凹陷的分布范围、沉积中心和沉降中心的控制，最终表现为对沉积充填和水体深度的控制。边界断裂的产状和沉降量不同，会导致沉积充填和水体深度的显著差异（图 2.2），从而导致烃源岩的分布也表现出差异。较陡的边界断裂，容易形成较深的沉积环境，如东非裂谷西支边界断裂下盘的深湖环境就是由较陡的边界断裂快速沉降而形成的，这种沉积环境通常有利于烃源岩的形成，并且烃源岩紧靠边界断裂分布；相反，如果边界断裂较为平缓，则常充填河流相、冲积相等粗碎屑岩，如东非裂谷东支肯尼亚地区，这种沉积环境则不利于烃源岩的发育（姜雪等，2010）。

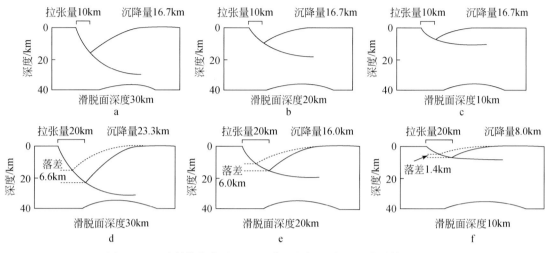

图 2.2　凹陷结构与拉张量、沉降量之间的关系（姜雪等，2010）

受盆地基底断裂的影响，盆地在某一时期的构造特征决定了沉积相带的平面分布。单断式"箕状"断陷是中国许多陆相断陷盆地的特征，它一边为深断裂，一边为平缓的斜坡。在深断裂一侧，同一沉积相带往往要比斜坡一侧窄，同时相变也较快。因而，烃源岩的平面分布特征也相应地表现为向断裂一侧偏移（许世红等，2007）。柴永波等（2015）对渤海海域几个凹陷的研究发现，烃源岩的分布明显受到断裂分布的控制：古近系各层的主力烃源岩几乎都沿断裂呈条带状分布，尤其是在窄长型的湖盆之中；而在宽泛型的湖盆中，紧邻断裂处的烃源岩往往也发育得更好。

2. 断裂对烃源岩厚度的控制

断裂活动除了影响基底的沉降速率之外，对基底沉降的幅度也有控制作用，这可以影响沉积地层的厚度。基底的沉降幅度主要反映在断层落差或断距上，一般来说，断层落差或断距越大，沉积地层的厚度越大。柴永波等（2015）在研究渤海海域断裂对烃源岩的控制作用时发现，断裂落差（或断距）与暗色泥岩厚度总体上表现为正相关关系（图 2.3）。断裂落差越大，沉积的暗色泥岩越厚；断裂落差越小，沉积的暗色泥岩越薄。

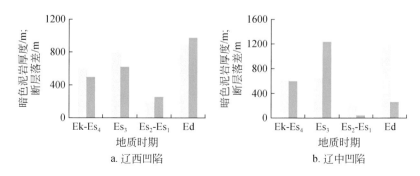

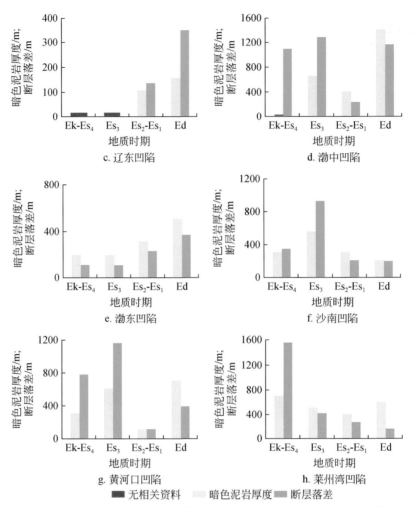

图 2.3　渤海海域各凹陷不同层段断层落差与暗色泥岩厚度对比图（柴永波等，2015）

2.2　断裂控制烃源岩形成与发育的研究方法

　　虽然针对盆地和洼陷的研究尺度不同，但对盆地和洼陷形成、演化控制要素的研究基本一致（余海波等，2018）。断裂的生长演化控制了洼陷的形态和烃源岩的分布。在裂陷盆地中，断裂的生长演化普遍具有分段性。大型分段连接的控洼断裂系统对洼槽的形成具有控制作用，断层的生长过程和产生的累积位移，控制了洼槽的演化，也是构造沉降和沉积中心发育的首要控制因素（付晓飞等，2015）。在断裂生长演化的不同时期，洼陷的沉降-沉积中心会发生迁移，从而导致不同地区洼陷形成演化的差异和烃源岩分布的差异。

　　综合洼槽主干边界断裂的位移模式、断层生长伴生的构造特征、盆地的沉积充填模型、洼槽内层序界面特征及沉积中心迁移规律，可以把洼槽的演化迁移模式划分为 7 种类型：①孤立断层控制的洼槽两端固定模式；②孤立断层控制的洼槽单向扩展模式；③孤立断层控制的洼槽双向扩展模式；④孤立断层分段活动控制多洼槽差异发展模式；⑤分段生长断层控制多洼槽先快速合并再差异发展模式；⑥分段生长断层控制多洼槽同时发展模式；⑦分段生长断层差异活动多洼槽不同时发展联合模式（付晓飞等，2015）。不同的演化模式下，沉降-沉积中心的分布位置具有较大差异，从而使得烃源岩的分布也具有各自的特征。

由此可见，烃源岩的分布与洼槽的沉降-沉积中心密切相关，而烃源岩的厚度则与断裂的落差（断距）具有较好的正相关性（柴永波等，2015）（图2.3）。沉降中心与断距主要受控于断裂的生长演化，因此，通过研究断裂的分段生长特征及演化规律来分析烃源岩的分布是研究断裂控烃的重要方法之一，而关于断裂的分段生长特征及演化规律研究即关于断裂转换带的研究。

前人的大量研究表明，断裂普遍是由分散的孤立断裂逐渐生长延伸，彼此靠近叠覆乃至破裂相互连通，最终共同组合形成的。正是因为断裂普遍经历过分段生长的过程，所以断裂通常发育转换带。通过综合整理前人的研究成果可知，断裂转换带就是一定的区带范围，所谓的"断裂转换"即初始的两条断裂之间应变和位移的传递或转换以保持守恒，最终相互连通形成同一条断裂的过程，因此可以将断裂转换带简单定义为断裂伸展位移诱导出的调节性构造变形。

断裂转换带的形成演化可以划分为趋近阶段、软连接阶段和硬连接阶段，通过总结前人经验（王海学等，2014），结合大量研究实例可以确定断裂转换带演化阶段的划分标准（图2.4）。当两条孤立断裂并未叠覆时，需要考虑两条断裂的长度之和（L）与断裂间距（S）之间的比例，当 L/S 小于 8 时，两条断裂之间还未相互作用，故尚不能称之为断裂转换带；当 L/S 大于或等于 8 且两条孤立断裂并未叠覆时，两条断裂之间开始相互作用，此时处于断裂转换带的趋近阶段。当两条孤立断裂开始叠覆之后，需要考虑两条孤立断裂叠覆区段中间即断裂转换带部位的位移之和（D）与断裂间距（S）之间的比例。当 D/S 小于 1 时，断裂转换带处于软连接阶段，两条孤立断裂相互叠覆并相互作用影响，在断裂转换带部位开始发生破裂，逐渐连通两条孤立断裂；当 D/S 大于或等于 1 时，断裂转换带处于硬连接阶段，两条孤立断裂已经彻底连通形成一条统一的断裂。

基于断裂转换带的形成演化过程，可以根据断裂发育特征有效识别断裂转换带，其中主要采用断距-长度曲线法、断面断距等值线法和断面埋深等值线法三种方法进行断裂转换带的综合识别。

断距-长度曲线法是基于断裂的形成演化机制，孤立断裂在形成过程中，其位移随着断裂长度的增长而增长，二者呈正比例关系。而在孤立断裂相互作用形成转换带的过程中，断裂长度的彼此叠覆而导致断裂位移相互传递转化，从而在断裂转换带部位会形成断裂断距-长度曲线上的低值突变区，可以依此进行断裂转换带的识别。以冀中拗陷文安斜坡构造带中的 F6 断裂为例，在平面上垂直断裂方向从测线 L2374 到 L2710 等间距地选取一系列测线，然后在每条测线剖面上分别获取 F6 断裂与 Tg、T_7、T_6、T_5、T_4、T_3 和 T_2 等地震反射界面相交点的坐标和地震波双程反射时间，再通过时深转换公式求得每条测线剖面上断裂在相应层位的埋深和断距，从而制作 F6 断裂的断距-长度曲线

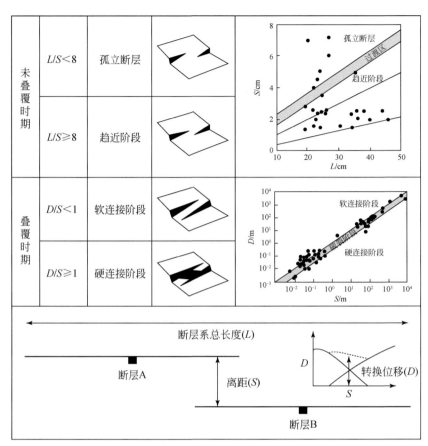

图2.4 断裂转换带演化阶段划分标准

图, 如图2.5所示, 由图中可以看出, F6断裂在沿走向方向上不同部位的断距值高低起伏不定, 而从中可以看出两个明显的低值突变区, 即图中红线所示L2454和L2582两条测线位置, 从而可以将这两个位置确定为F6断裂转换带发育部位, 再在断裂平面图上进行标示。

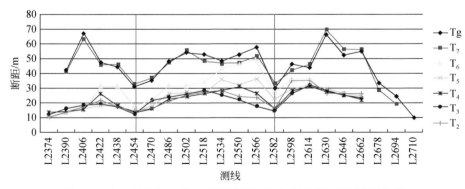

图2.5 文安斜坡构造带F6断裂断距–长度曲线法识别断裂转换带

　　断面断距等值线法也是基于断裂的形成演化机制、识别断裂转换带的一种方法。同样以文安斜坡构造带 F6 断裂为例，通过从测线 L2374 到 L2710 等间距地选取一系列测线，分别获取 F6 断裂与 Tg、T_7、T_6、T_5、T_4、T_3 和 T_2 等地震反射界面相交点的坐标和地震波双程反射时间，再通过时深转换公式求得各相交点的埋深，进而计算各相交点的断裂断距，再结合各相交点的空间位置坐标最终整理制成 F6 断裂断面断距等值线图，由图 2.6 中可以看出，在 F6 断裂断面的不同部位断距值差异性较强，这也符合断裂在不同部位和不同层位上的活动差异性特征，而在 L2454 和 L2582 两条测线位置，F6 断裂断面上断距呈现为两个低值区域，这是当初两条孤立断裂在彼此叠覆沟通的过程中，断距相互传递导致断裂转换带部位断距相对较小，由此可以确定 L2454 和 L2582 两条测线位置为 F6 断裂转换带发育部位。

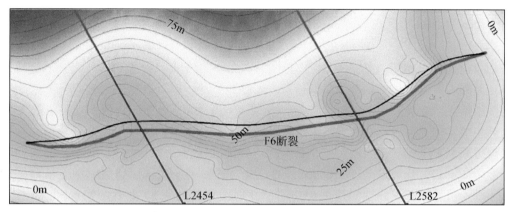

图 2.6　文安斜坡构造带 F6 断裂断面断距等值线法识别断裂转换带

　　断面埋深等值线法与断面断距等值线法在原理上相似，还是以文安斜坡构造带 F6 断裂为例，同样从测线 L2374 到 L2710 等间距地选取一系列测线，分别获取 F6 断裂与 Tg、T_7、T_6、T_5、T_4、T_3 和 T_2 等地震反射界面相交点的坐标和地震波双程反射时间，再通过时深转换公式求得各相交点的埋深，再结合各个相交点的空间位置坐标，最终整理制成 F6 断裂断面埋深等值线图，如图 2.7 所示，由图中可以看出，F6 断裂断面的不同部位埋

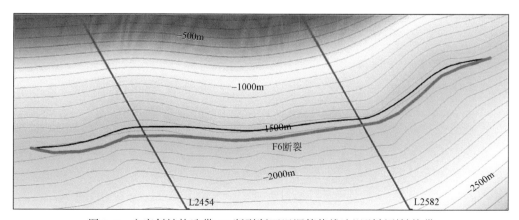

图 2.7　文安斜坡构造带 F6 断裂断面埋深等值线法识别断裂转换带

深存在一定起伏变化，这也符合断裂断面的形态特征，而在 L2454 和 L2582 两条测线位置，F6 断裂断面埋深呈现为两个明显的相对高值区，这是当初两条孤立断裂彼此叠覆沟通的过程中，断距相互传递导致断裂转换带部位断距相对较小，而每个层位界面处的断面埋深都相应较大，因此在断面埋深等值线图上呈现隆起的脊状通道，据此也可以确定 L2454 和 L2582 两条测线位置为 F6 断裂转换带发育部位。

在断裂转换带识别的基础上，还需要将其恢复到古地质历史时期，因为断裂转换带控砂作用并不是发生在现今，而是在砂体沉积发育时期。所以要研究断裂转换带控砂作用，就必须进行断裂古转换带恢复，即对现今的断裂转换带进行逐层回剥，分析其在不同沉积时期的形态特征，从而确定不同沉积时期断裂转换带的演化阶段，分析断裂转换带形成演化历史。只有当砂体沉积发育时期断裂转换带已经开始形成，其才能起到控砂作用。

断裂古转换带是在古地质历史时期断裂形成演化过程中的断裂转换带，是相对现今而言的，所以其分布位置与现今大致相同，并且其处于断裂转换带不同演化阶段内，所以其类型划分也与现今相同，可以参考现今断裂转换带进行分析。

目前断裂古转换带的恢复主要通过最大断距相减法，即沿断裂走向方向从下部所有层位断距中依次减去某一选定层位内的最大断距，从而得到该选定层位沉积时期断裂在各层位的断距值，借此可以反映断裂的形态特征以及断裂转换带的演化阶段。这是按照断裂的生长规律而制定的方法，当断距减小时断裂延伸长度也会相应减小，符合断裂的实际生长过程。以文安斜坡构造带 F6 断裂为例，通过此方法将其断距依次逐层回剥至东营组沉积末期、沙一段沉积初期和沙二段沉积初期，分别得到各时期 F6 断裂的断距–长度曲线图（图 2.8 ~ 图 2.10）。之所以选择将 F6 断裂的断距–长度曲线回剥至这三个时期是因为沙一段沉积时期和沙二段沉积时期为文安斜坡构造带的主要储层发育时期，而东营组沉积末期为文安斜坡构造带的主要油气成藏期，因此重点研究关键时期 F6 断裂转换带的演化阶段，并确定其形成演化历史。

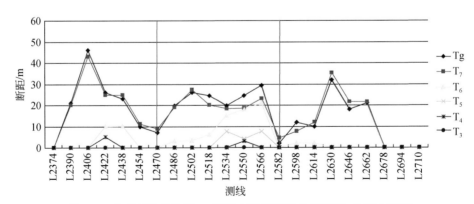

图 2.8　文安斜坡构造带 F6 断裂东营组沉积末期断距–长度曲线图

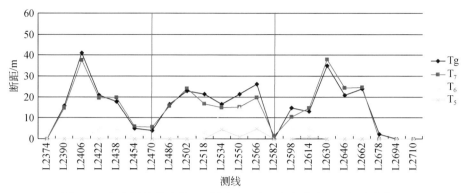

图 2.9　文安斜坡构造带 F6 断裂沙一段沉积初期断距–长度曲线图

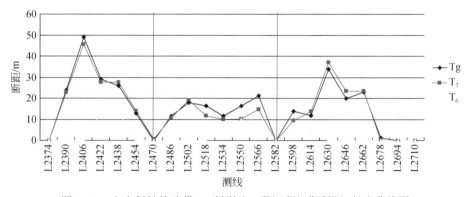

图 2.10　文安斜坡构造带 F6 断裂沙二段沉积初期断距–长度曲线图

由图 2.9 和图 2.10 中可以看出，F6 断裂转换带在沙一段—沙二段沉积时期处于趋近阶段—软连接阶段，现今识别出的 2 个断裂转换带在该沉积时期的位置略有变化但变化不大；由图 2.8 中可以看出，F6 断裂转换带在东营组沉积末期已经处于软连接阶段—硬连接阶段，2 个断裂转换带已基本成形。综合其他沉积时期 F6 断裂的断距–长度曲线图，通过分析总结可以确定其断裂转换带的形成演化历史。在沙河街组沉积时期之前为分段的孤立断裂，相互之间尚无作用，转换带还没有开始形成；在沙三段沉积时期，分段的孤立断裂相互延伸靠近尚未发生叠覆，2 个断裂转换带开始形成，处于趋近阶段；在沙二段沉积时期和沙一段沉积时期，分段的孤立断裂相互叠覆，2 个断裂转换带处于软连接阶段，同时开始发育大量次生裂缝沟通分段断裂；在东营组沉积时期，2 个断裂转换带部位逐渐完全破裂，处于硬连接阶段，分段孤立断裂彼此连通并最终形成现今的 F6 断裂。

2.3　研　究　实　例

1. 海拉尔–塔木察格盆地塔南东次凹

付晓飞等（2015）以海拉尔–塔木察格盆地塔南东次凹为对象，研究了断裂生长演化对洼槽演化和烃源岩分布的控制。

海拉尔-塔木察格盆地塔南东次凹自下而上发育了上侏罗统—下白垩统铜钵庙组、下白垩统南屯组、大磨拐河组、伊敏组和古近系青元岗组地层，主要经历了残留盆地阶段（铜钵庙组）、初始裂陷阶段（南屯组一段中部、下部）、强烈裂陷阶段（南屯组一段上部和南屯组二段）、断-拗转化阶段（大磨拐河组—伊敏组）和拗陷阶段（青元岗组）5 期构造演化。南屯组一段上部和南屯组二段沉积时期为强烈断陷期，边界断裂 TN1 和 TN2 活动强烈，两条断裂的长度都大于 20km，中间被一个转换斜坡分开为南北 2 个洼槽。这 2 个洼槽的演化属于典型的分段生长断层控制多洼槽同时发展模式。

利用"三图（位移-距离曲线图、断层面断距等值线图和断层面埋深等值线图）一线（平行于断裂走向地震剖面线）"法和"最大断距相减法"恢复了 TN1 和 TN2 断裂的分段生长演化特征。

强烈裂陷初期（南屯组一段上时期），（南部）TN1 断裂带为 3 条孤立断层，每段长度小于 11km，形成 3 个小型洼槽（D1、D2 和 D3）（图 2.11a），沉降中心靠近断层，同沉积的地层单元受限于洼槽，洼槽长轴方向地层厚度由边缘向中心增大，短轴方向靠近断裂增厚（图 2.11a）。洼槽之间发育两个横向背斜（H_A 和 H_B），沉积了较薄的地层。强烈裂陷后期（南二屯组段时期），孤立断层段的位移增加，并且侧向传播，3 条断层发生了连接。先存的 3 个孤立的洼槽发生了"合并"，形成了较统一的沉降中心（D1′），横向背斜 HA 消失，横向背斜 HB 继续发育（图 2.11b）。

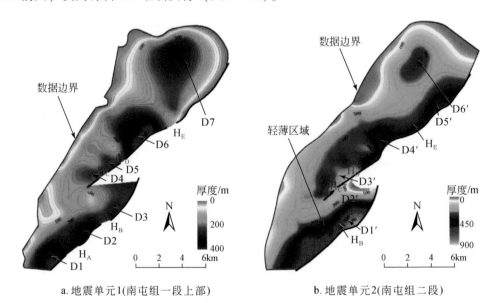

a. 地震单元1(南屯组一段上部)　　　　　　b. 地震单元2(南屯组二段)

图 2.11　塔南东次凹洼槽分布（付晓飞等，2015）

强烈裂陷初期，（北部）TN2 断裂带为 4 条孤立断层，形成 4 个孤立的小型洼槽（D4、D5、D6 和 D7），其中 D4、D5、D6 的沉降中心靠近断层，但是 D7 沉降中心远离控陷断层，洼槽之间发育 3 个横向背斜（H_C、H_D 和 H_E）（图 2.11a）。强烈裂陷后期，孤立断层段的位移增加，4 条断层发生了连接，形成了较统一的沉降中心（D3′），横向背斜

（H_C、H_D 和 H_E）仍有残留，先期不受断层控制的沉降中心依然存在（图 2.11b）。

洼槽的演化控制了烃源岩的分布，强烈裂陷初期，断层控制形成多个小的洼槽，烃源岩厚度也呈"坨状"分布，厚度大的区域对应断层活动段（图 2.12a）。强烈裂陷后期伴随洼槽联合，形成较为统一的沉降-沉积中心，烃源岩也大面积分布，且厚度变化均匀（图 2.12b）。

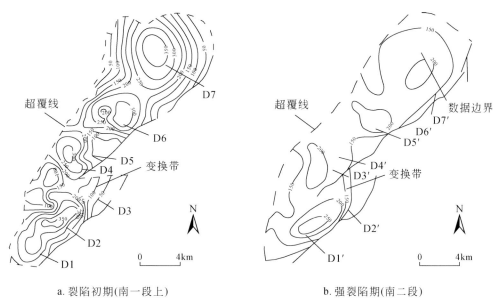

a. 裂陷初期(南一段上)　　　　　　　　b. 强裂陷期(南二段)

图 2.12　塔南东次凹烃源岩分布（付晓飞等，2015）

2. 渤海湾盆地歧口凹陷

歧口凹陷是渤海湾盆地黄骅拗陷最主要的生油气凹陷之一，也是渤海湾盆地重要的富油气凹陷（于学敏等，2011）。根据岩石学和古生物学特征，歧口凹陷古近系分为沙河街组和东营组。在早渐新世沙三段沉积时期，湖盆进入初始断陷发展期，并在渐新世中期（沙二段、沙一段沉积时期）稳定发展为开阔湖盆，到渐新世末期断陷活动减弱，湖盆开始萎缩，整体由断陷向拗陷转变，其中在沙三段、沙一段沉积时期，湖盆断陷活动强烈，尤其以沙三段沉积时期最为强烈，盆地沉积速率较快，发育了半深湖-深湖相的富有机质暗色泥页岩，这使得沙三段及沙一段（尤其是沙三段）成为研究区重要的烃源岩（何建华等，2016）。

歧口凹陷在平面上可分为 5 个次级凹陷，即歧口主凹、板桥次凹、歧北次凹、歧南次凹和北塘次凹。沙三段沉积期洼槽的演化和沉降-沉积中心的分布与断裂的生长演化密切相关。例如，沧东断层控制了板桥次凹的发育，滨海断层和港东断层控制了歧北次凹的发育，而南大港断层则控制了歧南次凹的发育（图 2.13）。在这些次级凹陷中，可以明显看到沉积中心的分布基本都紧靠主干断裂，说明沉积中心的发育受到了断裂的控制。

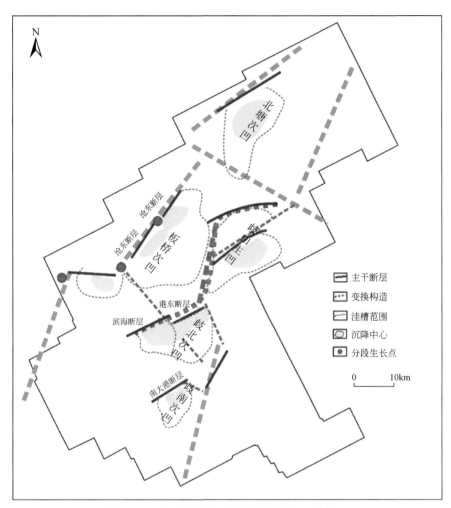

图 2.13　歧口凹陷沙三段主干断裂与洼槽分布

　　沧东断裂具有分段生长的特征,其在沙三段沉积期的早期为多个单独发育的断层,之后则逐渐生长、连接,形成统一的大断裂。板桥次凹为沧东断裂中段分段连接控制的 2 个次级洼槽合并而成,各自具有单独的沉积中心(图 2.14)。南部的沉降-沉积中心离沧东断裂的距离较远,这可能是受到东南方向大张坨断裂的影响;北部的沉降-沉积中心则离沧东断裂的距离更近,并且具有更大的沉降幅度,说明它可能受沧东断裂的影响更大。沿着洼槽的长轴方向,地层厚度由边缘向中心增大;短轴方向靠近断裂增厚(尤其是在北部的沉积中心)。在这两个沉积中心之间,是断裂的分段连接生长点,该处控制了横向背斜的发育,沉积地层的厚度相对较薄(图 2.14)。

　　断裂的生长演化控制了洼槽沉积中心的发育,而沉积中心的分布则控制了烃源岩的分布。歧口凹陷沙三段沉积期沉积中心的分布与沙三段有效烃源岩的分布具有非常好的相关性(图 2.15)。例如,在歧北次凹,沉积中心紧邻滨海断裂和港东断裂发育,而沙三段有效烃源岩在歧北次凹非常发育,厚度最大的地方也离断裂的距离较近,沉积中心与有效烃

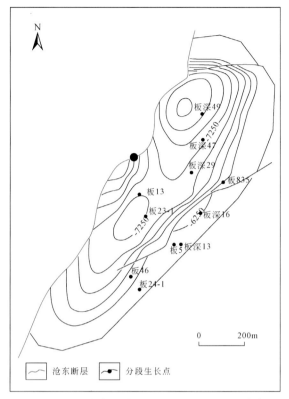

图 2.14 沧东断层分段生长点与沉积中心分布

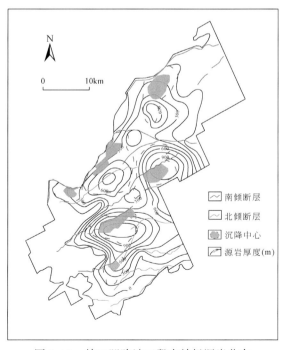

图 2.15 歧口凹陷沙三段有效烃源岩分布

源岩厚度的高值区吻合性较好。类似的情况还出现在歧口主凹和歧南次凹。在歧口主凹，有效烃源岩厚度的高值区与歧中断裂控制的沉积中心重合；在歧南次凹，有效烃源岩厚度的高值区与南大港断裂控制的沉积中心重合。此外，也存在着沉积中心与有效烃源岩厚度的高值区吻合性不好的情况，如板桥次凹和北塘次凹。这说明有效烃源岩的发育除了受断裂发育的控制之外，还可能受到其他因素的影响。

第3章 断裂控制储层形成与分布机制及研究方法

3.1 断裂转换带控砂机制及研究方法

3.1.1 断裂转换带控砂机制

前人研究表明，断裂普遍是由分散的孤立小断裂逐渐生长延伸，彼此靠近叠覆乃至破裂相互连通，最终共同组合形成的。正是由于断裂普遍经历过分段生长的过程，因此断裂通常发育转换带，而断裂转换带对砂体发育及其分布有着重要控制作用（Fossen，2010；王海学等，2013）。

在地质历史时期中，水体流动受控于流体势原理，即往往由流体势能高值区向低值区流动。因此，当物源水体向盆地内搬运沉积物时，往往会优先选择由高势区向低势区流动的优势通道，而断裂转换带部位是断裂分段生长过程中的连接部位，断裂位移被吸收传递，因此断裂转换带部位的断距相对更小，在地质历史时期中地势相对更低，也就会形成水体从高势区流向低势区的优势通道，是河流进入盆地或凹陷的入口，从而可以控制河流携带砂体沉积物的卸载展布，使得断裂转换带部位成为砂体发育部位。

断裂转换带的形成演化普遍经历趋近阶段、软连接阶段和硬连接阶段，在此过程中也伴随着水流变迁，如图3.1所示，当断裂转换带开始形成，处于趋近阶段时，断裂转换带

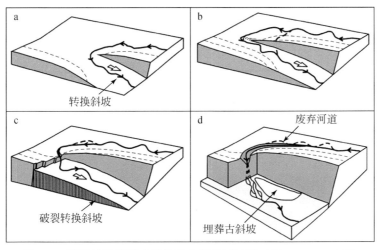

图 3.1 断裂转换带形成演化及水流变迁过程（据 Fossen，2010）

部位会逐渐形成转换斜坡构造，且该部位也是构造低势区，因此可以控制物源水体的流动方向及路径（图 3.1a）；随着断裂相互叠覆程度加大，到了软连接阶段，断裂转换带部位所发育的转换斜坡及伴生褶皱会进一步改变水流路径（图 3.1b）；当断裂之间开始出现破裂，断裂转换带由软连接阶段向硬连接阶段演化时，断裂转换带部位所发育的转换斜坡也发生破裂，若断距大于水流下切速度则会出现水流坠落（图 3.1c）；当断裂之间完全破裂相互连通之后，断裂转换带达到硬连接阶段，转换斜坡被掩埋，但物源水流路径基本不变，断裂转换带部位依然作为低势区控制砂体沉积发育（图 3.1d）。

在断裂转换带演化阶段划分的基础上，可进一步按照断裂组合模式划分断裂转换带类型，其中趋近阶段断裂转换带可以细分为同向型、对向型和背向型；软连接阶段断裂转换带包括叠覆型和平行型，均可再细分为同向型、对向型和背向型；硬连接阶段断裂转换带包括连通型、伸展型和共线型，均可再细分为同向型、对向型和背向型（图 3.2）。

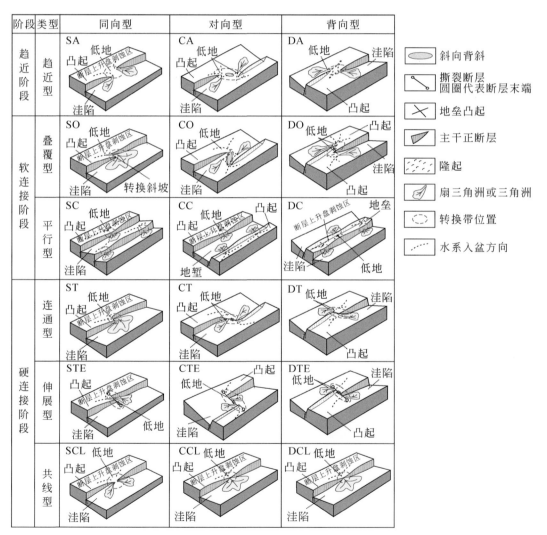

图 3.2　断裂转换带类型划分及其控砂模式图（据王海学，2013，修改）

不同类型的断裂转换带在平面和剖面上的形态特征各不相同，其控制砂体沉积发育的模式也存在多种变化（图 3.2）。趋近阶段断裂转换带各种类型均会在断裂末端发育一定规模的扇三角洲或三角洲砂体沉积，不过其中同向型发育砂体沉积方向相同，而对向型和背向型发育砂体沉积方向相反。软连接阶段叠覆型断裂转换带中，同向型通常发育转换斜坡控制扇三角洲或三角洲砂体沉积，而对向型和背向型则在断裂末端控制砂体相反方向沉积发育；软连接阶段平行型断裂转换带中，各种类型断裂转换带均会在低势区发育一定规模的扇三角洲或三角洲砂体沉积，其中同向型发育砂体沉积方向相同，而对向型和背向型发育砂体沉积方向相对或相反。硬连接阶段连通型断裂转换带中，同向型在古转换斜坡残留低势区控制扇三角洲或三角洲砂体沉积，而对向型和背向型则在断裂连通末端控制砂体相反方向沉积发育；硬连接阶段伸展型断裂转换带中，同向型中古转换斜坡部位发育横向断裂，从而限制扇三角洲或三角洲砂体沉积规模，而对向型和背向型同样发育横向断裂，限制断裂连通末端所控制的砂体相反方向沉积规模；硬连接阶段共线型断裂转换带中，同向型在断裂连接末端低势区限制扇三角洲或三角洲砂体沉积规模，而对向型和背向型则基本相同，均在断裂连接末端低势区控制扇三角洲或三角洲砂体相对大范围沉积发育。

3.1.2　断裂转换带控砂研究方法

根据前面可知，断裂转换带具有明显控制砂体发育的作用，因此，只要确定砂体沉积发育阶段的断裂转换带部位，即可确定砂体发育部位。首先需要确定现今断裂转换带的发育部位，即断裂转换带识别；然后还需要确定断裂转换带在砂体沉积发育阶段已经开始形成，即断裂古转换带恢复。关于断裂转换带识别及断裂古转换带恢复的内容，前面已有阐述，详见 2.2 节，在此不再重复。

3.1.3　应用实例

1. 实例一

以冀中拗陷饶阳凹陷留楚构造带为例，油气主要富集在东二段和东三段层位内。留楚构造带研究区内以河流相（曲流河、辫状河）为主，沉积砂体呈条带状分布。以东二段为例，其主要发育曲流河相沉积类型，包括河道亚相和边滩微相，孔隙度和渗透率均较好。

通过选取留楚构造带内的 13 条主干断裂分别进行转换带的识别和古恢复，共识别出 25 个断裂转换带部位，并且通过古恢复可以得知各断裂转换带在东营组沉积时期均已开始形成，即可确定留楚构造带内的 13 条主干断裂在东二段沉积时期发育有 25 个断裂转换带部位，再将留楚构造带东二段沉积相展布分别与断裂转换带分布相结合（图 3.3），从中可以看出，东二段发育大量条带状河道砂以及大面积连片分布的河间砂，在古地质时期沉积过程中河道部位沉积砂体的数量与物性都要好于河间部位。在留楚构造带东二段层位内有 19 个断裂转换带均发育在河道砂沉积区域之内或边部，对河道砂沉积的控制率达到76%；除此之外，其余几个断裂转换带也都发育在河道砂沉积区域的附近，可见断裂转换带部位与河道砂沉积有着良好的匹配关系。

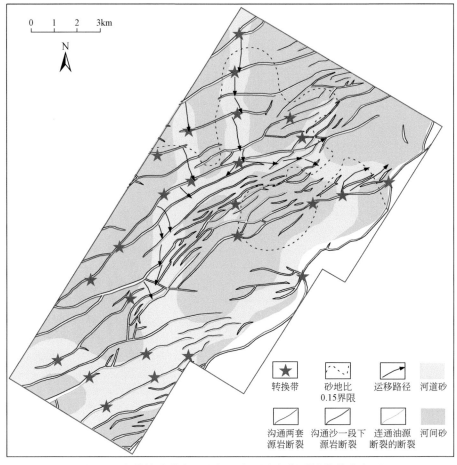

图 3.3 留楚构造带东二段沉积相展布与断裂转换带分布图

由于留楚构造带内河道砂体呈条带状展布，因此不同区域内砂体的沉积厚度也存在着很强的不均一性，为综合定量地反映这种不均一性，本书选取了砂地比进行表征，即根据大量钻井内的岩性剖面，提取出其中的砂岩岩性段长度，再将其加和之后与该沉积层位段的厚度做比较，求取其比例作为砂地比。通过统计留楚构造带东二段的砂地比数据并制作成等值线分布图，如图 3.4 所示，再将 13 条主干断裂及其 25 个转换带部位叠覆在上面，可以看出其中大多数断裂及其转换带与砂地比高值区有着很好的匹配关系。通过进一步分析后可以得出，留楚构造带东二段沉积地层内砂地比相对较高，其中有 19 个断裂转换带集中分布在砂地比大于 0.1 的区域内，且最高值达到 0.51，如图 3.4 所示。

2. 实例二

以冀中拗陷霸县凹陷文安斜坡构造带为例，其主要含油层位为沙河街组，而沙河街组沉积相类型主要为辫状河三角洲和扇三角洲，分布面积广泛，沉积的砂体呈大面积连片分布。其中主力含油层位为沙一段和沙二段，以沙一段为例，其中主要发育辫状河三角洲相

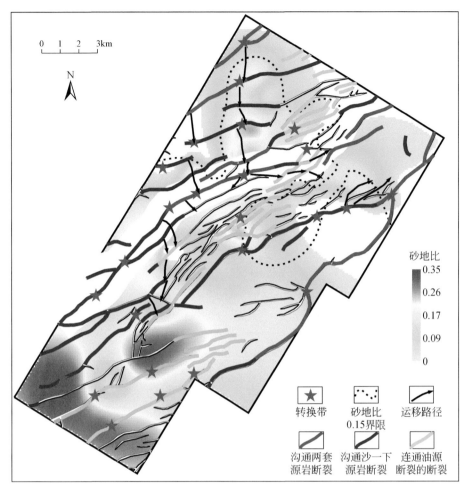

图 3.4　留楚构造带东二段砂地比展布与断裂转换带分布图

沉积类型，包括平原亚相和前缘亚相，进而可以细分为分流河道微相、分流河口坝微相和水下分支河道微相。

　　在文安斜坡构造带内，通过选取史各庄鼻状构造带中的 16 条主干断裂进行转换带的识别和古恢复，共识别出 32 个断裂转换带部位，并且通过古恢复可以得知各断裂转换带在沙河街组沉积时期均已开始形成，其中大多数断裂转换带在沙河街组沉积时期处于趋近阶段，在东营组沉积时期处于软连接阶段，而在馆陶组沉积时期达到硬连接阶段。将 16 条主干断裂及其 32 个转换带部位与沙一段沉积相图相叠合，如图 3.5 所示，可以看出绝大多数的断裂转换带部位均发育河道相、三角洲前缘亚相或三角洲平原亚相，有利于物性优良的砂岩储层形成，也能为油气运移提供很好的输导通道。通过统计之后可以发现，在沙一段沉积相中 32 个转换带部位中有 20 个转换带是位于河道之上的，另有 5 个转换带是位于河道附近的，即 78% 的转换带是与河道流向相匹配的。通过以上统计分析可以看出，断裂转换带发育部位大多是河道流经的位置，而沙河街组沉积时期断裂转换带处于由趋近阶段向软连接阶段演化的过程中，断裂转换带部位地势较低，对河流流向有着明显的控制作用，河道大多穿过转换带部位进行展布，进而卸载物源发育三角洲相沉积，从而说明断裂转换带对物源方向及砂体的大面积展布有着重要的控制作用。

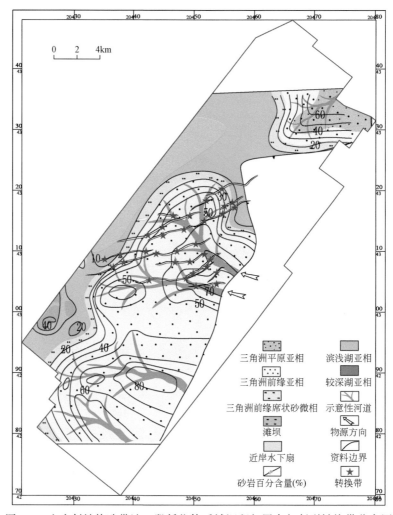

图 3.5　文安斜坡构造带沙一段低位体系域沉积相展布与断裂转换带分布图

　　在研究断裂转换带控制砂体平面展布之后，还可以从剖面角度进行对比阐述。通过选取断裂转换带部位的苏 68 井、文 20 井、文 62 井和文 102 井制作连井剖面，再选取与这些井位相邻的非断裂转换带部位（位于断裂转换带部位的间隔中间）的文 60 井、文 63 井、文 12 井和苏 71 井制作连井剖面，从而利用断裂转换带部位的连井剖面和其相邻的非断裂转换带部位的连井剖面对沙一段的砂体连通性进行了对比，可以看出断裂转换带部位的连井剖面中沙一段呈砂泥薄互层相沉积，发育了大量薄的砂岩层，且其相互连通性较好；而反观非断裂转换带部位的连井剖面，虽然其井位均位于断裂转换带部位的间隔中间，但其与断裂转换带部位的沙一段的砂体连通性却明显不同，首先其发育的泥岩层要明显大于砂岩层，而薄的砂岩层数量也明显更少，且相互连通性较差，大多呈砂岩上倾尖灭或下倾尖灭形态。

虽然文安斜坡构造带内沉积砂体大面积分布，但不同部位沉积砂体的发育程度各不相同，通过统计文安斜坡构造带沙一段内的砂地比数据并制作成等值线分布图，如图 3.6 所示，再将 16 条主干断裂及其 32 个转换带部位叠覆在上面，进行分析后可以得出，文安斜坡构造带沙一段沉积地层相对较厚，但其中单独砂岩层却较薄，砂泥互层更为常见，整体砂地比相对偏小，介于 0.04 ~ 0.38，其中大多数断裂转换带部位的砂地比大于 0.1，只有 7 个断裂转换带部位的砂地比小于 0.1。由此可见，断裂转换带部位的砂地比相对较高，对沉积砂体的发育程度控制作用明显。

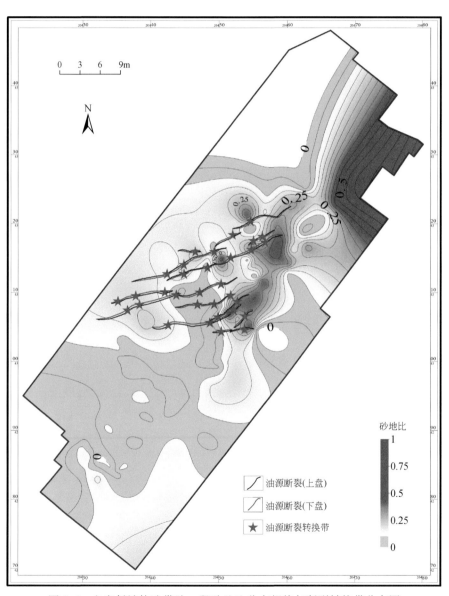

图 3.6　文安斜坡构造带沙一段砂地比分布规律与断裂转换带分布图

3.2　断裂控制伴生裂缝形成机制及研究方法

3.2.1　断裂带内部结构及伴生裂缝形成机制

经过 30 多年的发展，人们普遍认识到断裂带具有二元结构，即包括断层核及其周围的破碎带（图 3.7）。断层核一般由断层泥、断层角砾岩、碎裂岩或超碎裂岩（或它们的组合）组成，断裂带可能包含一个单一的断层核，也可能包含在地层之间分支、汇合和连接、夹带的块体或破碎原岩透镜体。破碎带一般由尺度不一的裂缝、变形带和次级断层组成。应变可能均匀分布在断层核上，也可能高度局限于离散滑动面上（Seebeck et al., 2014）。

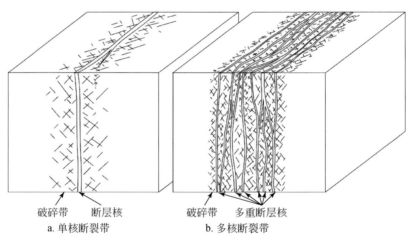

图 3.7　典型断裂带内部结构（据 Seebeck et al., 2014）

断裂带结构取决于变形深度、母岩特征、构造环境（如走滑、伸展或挤压）、位移量和流体流动。例如，低孔隙度岩石中的断层通常有一个由裂缝主导的破碎带包围的细粒断层核。相反，粗粒、高孔隙度岩石中的断裂带通常是由低孔隙度变形带的形成以及高渗透滑动面的成核和扩展而形成。

破碎带包含一系列不同规模的裂缝，从颗粒级微裂缝到宏观裂缝，这些裂缝和碎裂岩可以调节较小的剪切位移。在大位移断层端部也是变形复杂区。断层端部周围宏观变形的方式可能包括马尾状构造、翼裂纹和同向或反向的次级断层。在低孔隙度岩石或低有效应力条件下，破碎带由膨胀型裂缝组成，而高孔隙度岩石通常在其破碎带中发育挤压构造，如砂岩中的压实带或碎裂变形带。

对破碎带的定量研究，通常是确定裂缝密度与距断层核距离之间的函数关系。对于低孔隙度岩石，宏观裂缝和微观裂缝通常显示出随着距离断层核的距离增大呈指数下降（图 3.8）。这种关系与断裂力学模型预测的断层端部应力衰减有关。高孔隙度砂岩中以变形带为主的破碎带中的微裂缝，由于变形带断裂作用和以裂缝为主的断裂作用的不同微观力学机制，可能没有显示出断层周围微裂缝密度的明显变化。尽管如此，在破碎带主要由变形带控制的情况下，高孔隙度砂岩中的变形带密度可能呈指数级下降，但至少在某些情况下，一旦破碎带已经发育，就会发生断层局部化。最大的微裂隙密度常常直接与断层核相邻，它取决于岩石类型，一般与断层位移无关。

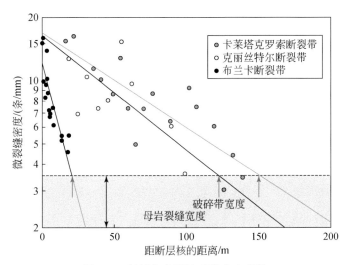

图 3.8　断层伴生裂缝系统分布规律

通常断层的萌生发生在诸如冷却节理、岩脉或构造节理等先存软弱面上。随着断层核的发展，渐进破碎导致了更广泛的断层核的发展。断层破碎带的生长及其与断层位移之间的比例关系是一个重要的课题，因为断层周围的破碎带可能提供具有经济意义上的流体流动路径，在准静态断层发育或动态断裂过程中起到能量汇聚的作用。Mitchell 和 Faulkner（2009）研究了同一花岗闪长岩基中发育的断层在近五个数量级位移量上的宏观和微观裂缝密度确定的破碎带宽度。破碎带宽度随断层位移而变化，但在位移较高时（几百米位移），破碎带宽度随位移的增长而降低（图 3.9）。Luca 等（2006）在西西里岛的高孔隙

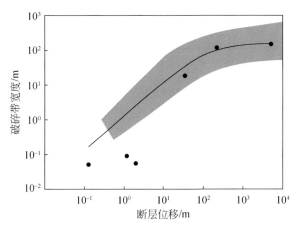

图 3.9　破碎带宽度与断层位移关系（据 Mitchell and Faulkner, 2009）

度碳酸盐岩层序中发现，位移为 1~5m 时，裂缝破碎带宽度的增长速率也出现了类似的下降。然而，在这种情况下，1~5m 的位移与碎裂断层岩的形成一致，碎裂断层岩的形成可能受这些岩石中层理的规模控制，而这些层理的规模大小是相同的。

　　许多作者试图将断层周围的裂缝破碎和破碎带宽度与断层形成的力学机制联系起来。这些研究特别有吸引力，如果理解了基础物理，可以对任何已知原岩力学性质的断层进行破碎带性质的预测。图 3.10 总结了断层周围裂缝破碎带产生的主要过程（Wilson et al., 2003；Blenkinsop, 2008；Mitchell and Faulkner, 2009）。拉伸破碎的强度可能与断层端部周围的滑动分布或伸展转换带的应力释放有关。一般来说，各种类型的模型都具有可预测的裂缝数量和方向。然而，许多预测的裂缝方向非常相似，很难区分它们。最新研究的结论也证实断层周围的断裂破碎是由多种过程累积而成的。

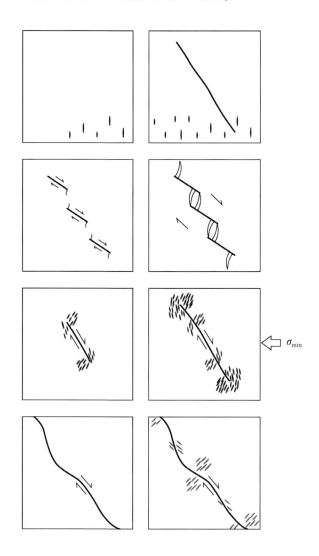

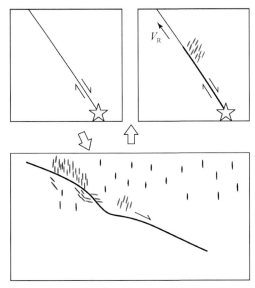

图 3.10　断层破碎带形成演化过程示意图

3.2.2　断层伴生裂缝系统分布规律

断层是控制储层裂缝发育的重要因素，它主要是通过控制不同构造部位的局部应力分布来控制裂缝的发育程度。断层对裂缝的控制作用主要体现在两个方面：一是对裂缝产状的影响；二是对裂缝发育程度的控制作用。

1. 断层伴生裂缝产状特征

根据不同构造部位裂缝产状统计，在断裂附近，裂缝十分发育，且方位复杂，几乎各个方向具有裂缝发育；远离断裂，裂缝发育程度变差，裂缝组系也相对减少（图 3.11），说明断裂控制了裂缝方位的复杂性。这种控制作用在大型断裂附近尤为明显，如大庆油田徐家围子地区徐中断裂为大型右旋走滑断裂，根据右旋走滑应变椭圆可知（图 3.12），与右旋走滑断裂主位移带（PDZ）相伴生的构造要素主要包括 R 剪切破裂（主位移带运动诱导的一对共轭剪切破裂之一，剪切位移性质与主位移带一致，破裂面与主位移带夹角相当于岩石内摩擦角的一半）、R′剪切破裂（主位移带运动诱导的一对共轭剪切破裂中的另一个破裂面，与 R 破裂共轭）、P 剪切破裂（一组剪切位移方向与主位移带一致的剪切破裂，与 R 剪切破裂相对于主位移带对称分布，与主位移带相交夹角相当于岩石内摩擦角的一半）和 T 破裂（剪切应力作用产生的局部张性破裂，走向与走滑应变椭圆中的局部伸展方向垂直）。通过对比单井裂缝走向与徐中断裂伴生构造走向发现（图 3.13），在徐中断裂附近，裂缝走向的优势方位与右旋走滑断裂伴生构造的方位具有很好的一致性，远离徐中断裂，这种控制作用减弱，说明徐中断裂对裂缝方位具有重要影响。断裂不仅控制了裂缝的走向，对裂缝的倾角也有重要影响，远离断层，以中、高角度裂缝为主，断裂附近，还发育低角度裂缝（图 3.14）。

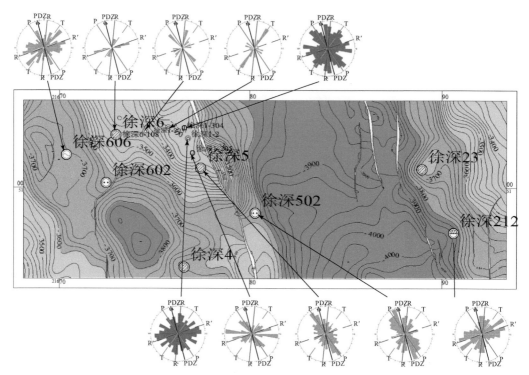

图 3.11　断层伴生裂缝产状特征

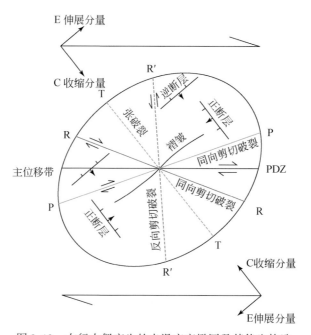

图 3.12　右行力偶产生的走滑应变椭圆及其伴生构造

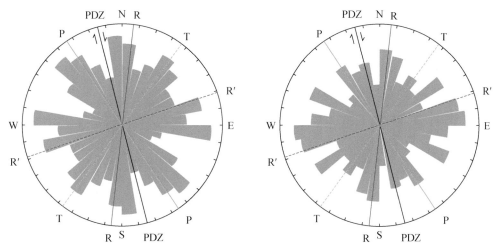

图 3.13　裂缝走向与走滑断裂伴生构造走向匹配关系

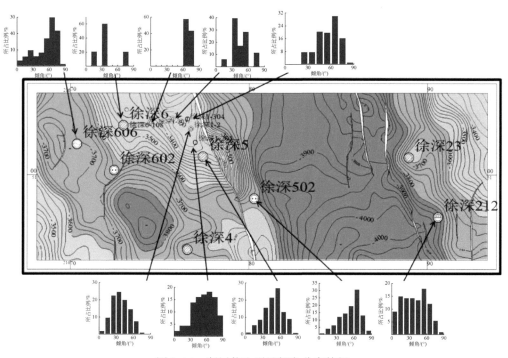

图 3.14　断层伴生裂缝倾角分布特征

2. 断层伴生裂缝发育特征

根据岩心裂缝观察统计和成像测井裂缝解释，在单井上，无论在断层的上盘还是在断层的下盘附近裂缝均十分发育；随着距断层距离的增大，裂缝的线密度明显降低（图 3.15），裂缝的线密度随着距断层距离的增加呈负指数函数递减的趋势。这是由于断层活动形成应力扰动作用造成的，沿断裂带一般具有明显的应力集中现象，从而使其裂缝明显发育。在平面上，断裂附近，裂缝发育井段多，裂缝密度大；远离断层，裂缝发育井段少，裂缝密度小。根据统计还发现，不同类型断裂系统对裂缝发育程度的控制程度有所差异（图 3.15），其中徐中断裂系统控制的裂缝发育带范围最大，可达 1600m，最高裂缝线密度值也是最大的，其次是徐东断裂系统和北北东向伸展断裂系统，它们控制的裂缝发育带宽度分别为 1000m 和 700m，而东西向调节断层控制的裂缝发育带范围不明显。通过对比不同尺度气源断裂与非气源断裂附近裂缝发育程度发现，在气源断裂附近裂缝密度明显大于非气源断裂（图 3.16），这与起源断裂后期再次活动有关。

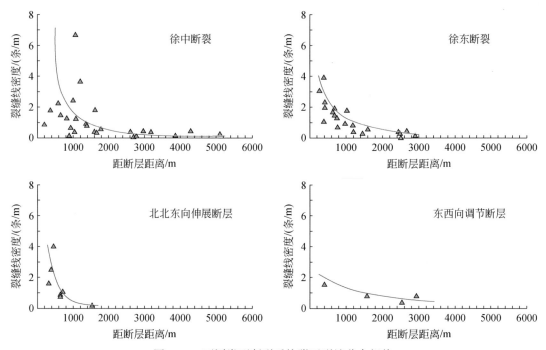

图 3.15　不同类型断裂系统附近裂缝分布规律

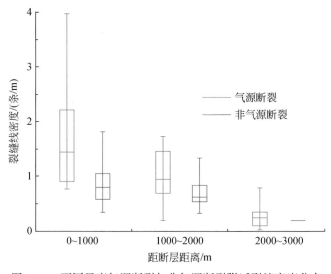

图 3.16　不同尺度气源断裂与非气源断裂附近裂缝密度分布

3. 断层伴生裂缝带宽度特征

破碎带发育大量的裂缝，且随着离断层核距离增加，裂缝密度越来越小。定量表征破碎带宽度，对预测裂缝的分布具有十分重要的指导意义。根据大量统计结果，断层伴生裂缝的最大长度与断层长度呈幂律关系：

$$m_{\text{fl}} = 0.54 \cdot p_{\text{fl}} 0.95, \quad R^2 = 0.79 \tag{3.1}$$

式中，m_{fl} 为最大裂缝长度；p_{fl} 为断层长度。

平均 $m_{\text{fl}}/p_{\text{fl}}$（最大裂缝长度/断层长度）值为 0.403，说明破碎带最大裂缝长度的平均值为断层长度的 40% 左右。断层面与其断裂带内相关裂缝的夹角平均为 38° 左右，利用该角度（α）并结合最大裂缝长度（m_{fl}），就可以通过下式来计算最大破碎带宽度（WDZ_{max}）：

$$\text{WDZ}_{\text{max}} = m_{\text{fl}} \cdot \sin\alpha \tag{3.2}$$

式中，WDZ_{max} 为最大破碎带宽度；α 为断层与裂缝夹角。

利用该方法并结合岩心和成像测井统计资料，对破碎带宽度进行预测，根据预测结果，通过对比破碎带内部、边缘及外部的裂缝线密度发现（图 3.17），在破碎带内部的裂缝线密度最大，主要分布在 0.97~2.31 条/m，最大可达 6.74 条/m；其次是在破碎带边缘，裂缝线密度主要分布在 0.86~0.99 条/m，平均为 0.92 条/m；而在破碎带外部，裂缝线密度一般小于 0.73 条/m，这说明预测结果是可信的。

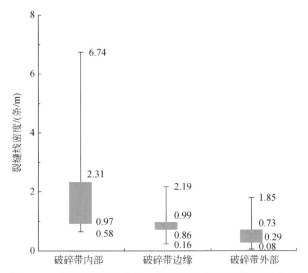

图 3.17　断层破碎带内部、边缘及外部裂缝线密度分布

3.2.3　断层伴生裂缝系统定量预测方法及应用

1. 断层伴生裂缝系统定量预测方法

1）断层伴生裂缝数量预测

利用分形几何学的方法来预测裂缝数量分布是目前较为成熟，也是最为流行的一种方法（Gauthier and Lake，1993；Maerten et al.，2006；Ortega et al.，2006；Jafari and

Babadagli，2012；Strijker et al.，2012）。分形几何学（Fractal Geometry）产生于20世纪70年代末80年代初，是一门以非规则集合形态为研究对象的新兴学科。自然界中许多事物与过程都显示出分形特征，该理论对于精确描述复杂结构以及定量化揭示其中的规律性具有独特的优势。许多研究都证明断裂和裂缝具有分形特征，且发现岩石破裂过程同样具有自相似性。由于断裂、亚分辨率断层、裂缝、微裂缝以及微裂纹多为统一的构造应力场背景下形成的，只是它们的破裂程度和相对位移量不同，同样具有相似性。自20世纪80年代以来，地质学家应用容量维数、信息维数和关联维数等分析了断裂系统和裂缝的分形特征（饶华等，2009；巩磊等，2012）。

图3.18为King（1983）提出的断层的基本分形模型，与野外观察到的结果是相一致的。在这个模型中，断层的几何形态在三维空间是有限的，在断层中间部位，断层面的位移最大，向断层的两个端部，断层面的位移逐渐减小，在断层端部，位移为0（King，1983）。King（1983）指出，岩石调节应变梯度的能力决定了断层的最大位移和长度，并因此决定了这两个参数的比值。前人已经提出了断层长度和最大位移之间的几种关系（King，1983）。这些关系决定了断层的自相似生长模型，来调节断层的变形梯度：

$$D = b_1 \times L^{C_1} \tag{3.3}$$

式中，D 为最大位移；L 为断层长度；b_1 为常数；C_1 为幂指数，表征双对数坐标中长度和位移线性关系的斜率。

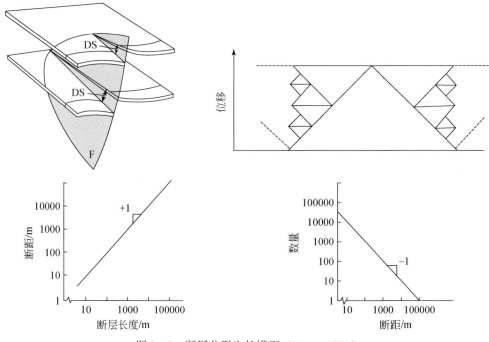

图3.18　断层分形生长模型（King，1983）

此外，还建立了断层尺度幂律分布模型：

该模型预测了断层尺寸和大于该尺寸断层数量之间的相应关系。

$$N_L = b_2 \times S^{-C_2} \tag{3.4}$$

式中，N_L 为大于 S 的断层（或）数量；b_2 为常数；S 为尺寸（长度或最大位移）；C_2 为幂指数，表征双对数坐标中频率和尺寸之间线性关系的斜率（图 3.18d）。

对于自相似性断层图形，C_2 等于分形维数。King 的模型的 C_2 值为 1，但是研究发现，不同地区的 C_2 不同（Gauthier and Lake，1993）。C_2 值的变化同样与式（3.1）中提到的取样效应有关。

受到地震分辨率的影响，部分小尺度断层是不能被有效识别的，或者是不能准确确定其最大断距和长度，造成小断距断层的数量就会被低估，从而使得断层尺寸（断层长度或最大断距）频率分布曲线的左侧出现下凹的形态；而受到边界效应的影响，部分大尺度断层延伸超过研究区边界，造成测量到的断层参数要小于其真实值，这使得断层尺寸频率分布曲线右侧也出现下凹的形态，只有在曲线的中段为直线段，使得根据地震资料获得的断层尺寸频率分布往往呈现服从对数正态分布的假象（图 3.19）。但是根据大量不同尺度下断层尺寸频率分布研究可知，在很宽的尺度范围内，断层尺寸频率分布都是服从幂律分布的，如 Odling

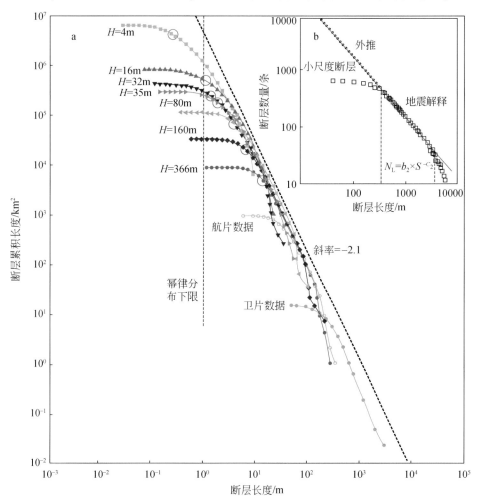

图 3.19　不同分辨率下单位面积上断层迹线长度分布

图中 H 为观察断层的高度，高度越大分辨率越低；单条曲线服从对数正态分布，整体服从幂律分布，
虚线为所有数据的最佳幂律分布拟合曲线（稍微向右偏移，以便清楚观察原始数据），其斜率为 -2.1

（1997）利用不同的分辨率对挪威西部砂岩中的断层构造进行研究（图 3.19a），虽然在单一分辨率下，断层迹线长度呈对数正态分布，但整体仍然服从幂律分布，并且各个分辨率及所有数据的 b_2 值几乎相等，因此，可以利用地震资料获得的断层尺寸频率分布的中间直线段来进行拟合，从而利用式（3.4）来预测小尺度断层的数量（图 3.19b）。

2）三维地质力学模拟

A. 基本原理

有限元方法是一种计算结构变形和应力分布的成熟方法，它是一种近似求解一般连续问题的数值求解方法（曾联波等，2001）。其基本思路是将一个连续的地质体离散成有限个连续的单元，单元之间以节点相连，每个单元内赋予实际的岩石力学参数，根据边界受力条件和节点的平衡条件，建立并求解以节点位移或单元内应力为未知量，以总体刚度矩阵为系数联合方程组，用构造插值函数求得每个节点上的位移，进而计算每个单元内的应力和应变的近似值。假设每个单元内部是均质的，由于单元划分得足够多，足够小，因而全部单元的组合，可以模拟形状、载荷和边界条件都很复杂的实际地质体。随着单元数量的增多，单元划分得越微小，越接近于实际的地质体，它越能逐步趋于真实解。

对于受载的弹性体，其变形可以用体内各点的位移矢量 $[u]$ 表示：

$$[u] = (u \quad v \quad w)^{\mathrm{T}} \tag{3.5}$$

式中，

$$u = u(x, y, z)$$
$$v = v(x, y, z)$$
$$w = w(x, y, z)$$

表示该点沿三个方向的位移分量，它们是 X、Y、Z 的函数。弹性体的应力状态可用体内各点的应力矢量 $[\sigma]$ 表示：

$$[\sigma] = (\sigma_x \quad \sigma_y \quad \sigma_z \quad \tau_{xy} \quad \tau_{yz} \quad \tau_{zx})^{\mathrm{T}} \tag{3.6}$$

弹性体的应变状态可以用体内各点的应变矢量 $[\varepsilon]$ 来表示：

$$[\varepsilon] = (\varepsilon_x \quad \varepsilon_y \quad \varepsilon_z \quad \gamma_{xy} \quad \gamma_{yz} \quad \gamma_{zx})^{\mathrm{T}} \tag{3.7}$$

对处于平衡状态的受载弹性物体内，应变与位移、应力与外力之间存在一定的关系，称为弹性力学的基本方程，加上给定的边界条件，就构成了求解弹性力学问题的基础。在实际计算中，通过求解弹性力学的基本方程，可以得到地质体中每个有限单元的最大主应力、中间主应力和最小主应力的方向和大小。

计算出应力场后，在每一个单元上获得应力为

$$[\sigma] = \begin{bmatrix} \sigma_x & \sigma_{xy} & \sigma_{xz} \\ \sigma_{yx} & \sigma_y & \sigma_{yz} \\ \sigma_{zx} & \sigma_{zy} & \sigma_z \end{bmatrix} \tag{3.8}$$

通过正交相似变换，可将实矩阵简为一个对角矩阵，其对角元是矩阵 $[\sigma]$ 的三个特征值：

$$P[\sigma]P^{-1} = \begin{bmatrix} \lambda_1 & & 0 \\ & \lambda_2 & \\ 0 & & \lambda_3 \end{bmatrix} \rightarrow \begin{bmatrix} \sigma_1 & & 0 \\ & \sigma_2 & \\ 0 & & \sigma_3 \end{bmatrix} \tag{3.9}$$

这三个特征值就是三个主应力值，它们所对应的特征值向量分别为三个主应力方向的余弦。

B. 数值模拟模型的建立及应力场模拟

地质模型是整个数值模拟的基础和前提，它直接决定力学模型和数学模型的合理选取。地质模型主要包括地质隔离体与断层的选取、边界条件与反演标准的确定等方面。地质模型是在综合研究地质规律的基础上提出的，然后利用地震、测井和钻井资料，根据平衡剖面的原理恢复古构造发育史剖面，建立模拟的地质隔离体。同时，在综合分析区域及局部应力场纵向演化史的基础上，根据各井点资料，确定地质体的初步边界条件，提出反演标准。

力学模型是数值模拟的关键，应在地质模型的基础上建立，它包括地质体力学性质确定、受力加载方式及约束方式、薄油层处理和岩石物理参数确定等。地质体力学性质的确定即确定地质体的力学特征及其支配的微分方程，包括将地质体视为弹性体、弹塑性体还是黏弹性体处理，地质体变形是大变形还是小变形问题等。

由岩石力学试验表明，岩石总体特性表现为脆性，破裂后具有明显的应力下降，故将地质体按弹性体处理，用板壳模型的线弹性理论计算。由于储层砂砾岩厚度随着沉积作用而变化，使储层的岩石力学参数也随之变化，因此，根据沉积带中砂砾岩所占百分比，用加权平均法求得不同砂砾厚度带的岩石力学参数。在相同砂岩厚度带内，储层定义为同一材料属性，而不同砂岩厚度带之间则黏合在一起，整体作为一个非均质体。

为了反映沉积造成的复杂非均质地质体，而又使形状复杂处网格不过于粗糙，需要较小的单元尺寸，故采用自由网格的划分方法，网格的大小利用系统默认的几个等级控制，每一个等级都已设定其后的参数值，共有十级，级数越高越粗糙。应用不同级别控制模型的网格划分，从结果分析来看，采用第 3 级的效果较好，能自行进行最佳网格化，使同一种材料的网格处理比较均匀。在重点区域的复杂处，网格划分较密集，而其他地区的网格划分相对较大。

数学模型是构造应力场与储层构造裂缝定量预测实施的手段，它主要包括根据力学模型所确定的数值计算方法，根据地质模型和力学模型来确定。对于有限元方法，最主要的是根据地质模型和力学模型确定单元类型、组合单元划分的原则、断层与薄气层的处理以及具体实施方案，并选用合适的有限元计算程序和编制相应的配套程序，建立实际岩石破裂准则来进行应力场和岩石破裂的计算，并经多次反演后对地质模型和力学模型重新进行修正、补充和完善，直到符合各项地质反演标准和气田实际地质情况。

在建立上述合理地质模型、力学模型和数学模型的基础上，根据各单元内所赋予的实际岩石力学参数和边界受力条件，运用有限元数值模拟技术，对断裂活动期的构造应力场分布进行计算。

3) 断层伴生裂缝产状及发育位置定量预测

通过上述三维地质力学模拟，就可以计算出目的层在主要断裂期的构造应力场分布，然后结合三轴岩石力学实验建立的破裂准则就可以对断层伴生裂缝的产状和发育位置进行预测。根据库伦剪切破裂准则（图 3.20），断层伴生裂缝与最大主应力的夹角（θ）为

$$\theta = 45° - \frac{\varphi}{2} \tag{3.10}$$

式中，φ 为岩石的内摩擦角，通过三轴岩石力学实验获得。

岩石发生破裂的概率与最大剪应力面上的剪切应力有关，最大库伦剪切应力越大，说明形成小尺度断层的概率越大，其计算公式为

$$\text{MCSS} = \left(\frac{(\sigma_1 - \sigma_3)}{2} \sqrt{1 + \mu^2} \right) - \mu \left(\frac{\sigma_1 + \sigma_3}{2} \right) \tag{3.11}$$

式中，MCSS 为最大库伦剪切应力；σ_1 为最大主应力；σ_3 为最小主应力；μ 为岩石内摩擦系数。

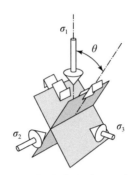

图 3.20　裂缝方位与主应力关系（库伦破裂准则）

三维地质力学模拟给出了断层伴生裂缝的产状和密度的约束条件，井资料也可以提供一些断层伴生裂缝分布的控制条件，但是断层伴生裂缝的准确位置是未知的。为此，提出了利用标值点法进行断层伴生裂缝定量预测的方法。具体流程是：①根据地震资料对每一条断层几何学特征进行解释；②建立研究区断层分形生长模型；③利用式（3.4）计算断层伴生裂缝的数量和长度，利用式（3.3）确定断层伴生裂缝的断距；④根据模拟的应力场方位和岩石力学参数确定断层伴生裂缝方位，根据 MCSS 分布，确定断层伴生裂缝位置。

2. 实例分析

以渤中某油田为例，利用上述方法对断层伴生裂缝系统进行定量预测，并分析断层伴生裂缝系统对产能、注水开发效果和剩余油分布的影响。该油田位于黄河口凹陷的中央隆起带，为 NE 向断背斜构造，主要发育有 NE-SW 向和近 EW 向两组断裂系统，主要产油层段为东营组和沙河街组。由于研究区地震资料分辨率较低，且埋藏深度大，断层识别困难，尤其是对断层伴生裂缝系统的识别缺乏有效手段，造成研究区注采井网不完善、油井利用率低、剩余油分布规律不明确等问题。为此，基于分形几何理论和三维地质力学模拟，分别对断层伴生裂缝系统数量和发育位置进行了定量预测，并分析了断层伴生裂缝系统对注水开发和剩余油分布的影响，对指导油田综合调整实施具有重要意义，还可为油藏数值模拟研究提供可靠的地质依据，更好的指导井位优化、调整。

首先利用研究区三维地震资料，对每一条断层的几何学特征进行精细解释。根据断层

产状、切割关系以及断穿层位，研究区断层可分为 NE-SW 向和近 EW 向两组断层系统。根据三维地震资料解释结果，对每条断层的断层长度和最大断距进行统计，并分别建立了不同断裂系统断层长度和最大断距的分形生长模型 [断层长度-累积频率图（图 3.21）和最大断距-累积频率图（图 3.22）]，从图中可以看出，在双对数坐标中，断层长度-累积频率分布图比最大断距-累积频率图在中间部位具有更好的线性关系，这是由于在断距统计过程中相对误差较大造成的，因此最终选择断层长度来建立断层分形生长模型（图 3.23）。由图 3.23 可知，断层长度的累积频率分布仅在中间部分显示出幂律分布（在双对数坐标中为线性），这条直线的偏差主要出现在最小和最大尺度的断层处，这些偏差一般分别是由于分辨率限制和研究区统计范围的有限性造成的。因此，需要定义两个截断来适合最佳频率线，小的截断必须与地震的最小分辨率相匹配，大的截断更难去确定，因为它与累计图和延伸至目标区以外的断层的大小的综合影响有关，因此，就简单的设置到曲线的偏离直线的点（图 3.23）。根据建立的分形生长模型可以对不同尺度的断层/裂缝数量进行预测（表 3.1，表 3.2），并可预测每条裂缝的长度（表 3.3，表 3.4）。由不同断裂系统断层长度和最大断距统计分析可知（图 3.24，图 3.25），两组断裂系统的最大断距和断层长度之间均呈较好的线性关系，其相关系数分别为 0.8990 和 0.9225，因此根据断层长度和最大断距之间的关系，可以对断层断距进行定量预测。

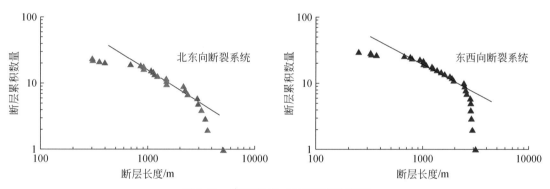

图 3.21　断层长度-累积频率分布图

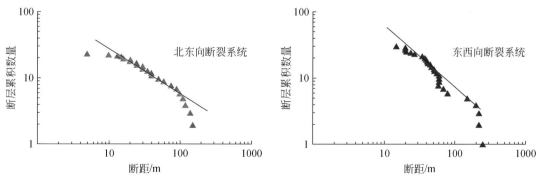

图 3.22　最大断距-累积频率分布图

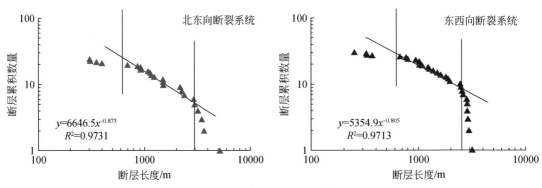

图 3.23　断层分形生长模型

表 3.1　北东向断裂伴生裂缝数量预测

裂缝长度/m	裂缝数量/条	裂缝位移/m
500～450	3	15.1～13.5
450～400	3	13.5～12.0
400～350	4	12.0～10.4
350～300	6	10.4～8.8
300～250	8	8.8～7.2
250～200	12	7.2～5.6
200～150	18	5.6～4.0

表 3.2　近东西向断裂伴生裂缝数量预测

裂缝长度/m	裂缝数量/条	裂缝位移/m
500～450	4	17.6～15.9
450～400	4	15.9～14.2
400～350	4	14.2～12.5
350～300	7	12.5～10.8
300～250	8	10.8～9.1
250～200	13	9.1～7.4
200～150	19	7.4～5.7

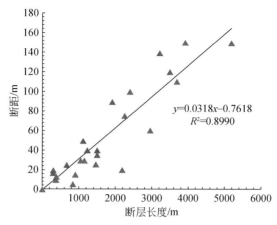

图 3.24　北东向断裂系统断层长度与最大断距关系图

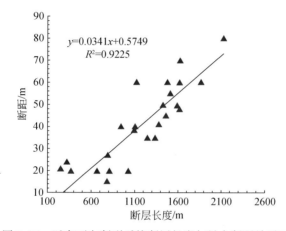

图 3.25　近东西向断裂系统断层长度与最大断距关系图

表 3.3　北东向断裂系统伴生裂缝参数预测

第 N 条裂缝	预测裂缝长度/m	预测裂缝位移/m	第 N 条裂缝	预测裂缝长度/m	预测裂缝位移/m
20	773.4	23.8	30	486.0	14.7
21	731.3	22.5	31	468.1	14.1
22	693.4	21.3	32	451.4	13.6
23	659.0	20.2	33	435.8	13.1
24	627.6	19.2	34	421.1	12.6
25	598.9	18.3	35	407.4	12.2
26	572.6	17.4	36	394.4	11.8
27	548.4	16.7	37	382.3	11.4
28	526.0	16.0	38	370.8	11.0
29	505.3	15.3	39	359.9	10.7

续表

第 N 条裂缝	预测裂缝长度/m	预测裂缝位移/m	第 N 条裂缝	预测裂缝长度/m	预测裂缝位移/m
40	349.6	10.4	64	204.1	5.7
41	339.8	10.0	65	200.5	5.6
42	330.6	9.8	66	197.0	5.5
43	321.8	9.5	67	193.6	5.4
44	313.4	9.2	68	190.4	5.3
45	305.5	9.0	69	187.2	5.2
46	297.9	8.7	70	184.2	5.1
47	290.6	8.5	71	181.2	5.0
48	283.7	8.3	72	178.3	4.9
49	277.1	8.0	73	175.5	4.8
50	270.7	7.8	74	172.8	4.7
51	264.7	7.7	75	170.2	4.6
52	258.8	7.5	76	167.6	4.6
53	253.3	7.3	77	165.1	4.5
54	247.9	7.1	78	162.7	4.4
55	242.7	7.0	79	160.3	4.3
56	237.8	6.8	80	158.0	4.3
57	233.0	6.6	81	155.8	4.2
58	228.4	6.5	82	153.6	4.1
59	224.0	6.4	83	151.5	4.1
60	219.7	6.2	84	149.4	4.0
61	215.6	6.1	85	147.4	3.9
62	211.6	6.0	86	145.5	3.9
63	207.8	5.8	87	143.6	3.8

表 3.4　近东西断裂系统伴生裂缝参数预测

第 N 条裂缝	预测裂缝长度/m	预测裂缝位移/m	第 N 条裂缝	预测裂缝长度/m	预测裂缝位移/m
27	714.3	24.9	35	517.5	18.2
28	682.8	23.9	36	499.7	17.6
29	653.7	22.9	37	483.0	17.0
30	626.7	21.9	38	467.2	16.5
31	601.7	21.1	39	452.4	16.0
32	578.4	20.3	40	438.4	15.5
33	556.7	19.6	41	425.1	15.1
34	536.5	18.9	42	412.6	14.6

续表

第 N 条裂缝	预测裂缝长度/m	预测裂缝位移/m	第 N 条裂缝	预测裂缝长度/m	预测裂缝位移/m
43	400.7	14.2	69	222.7	8.2
44	389.4	13.9	70	218.7	8.0
45	378.7	13.5	71	214.9	7.9
46	368.5	13.1	72	211.2	7.8
47	358.8	12.8	73	207.6	7.7
48	349.5	12.5	74	204.2	7.5
49	340.7	12.2	75	200.8	7.4
50	332.3	11.9	76	197.5	7.3
51	324.2	11.6	77	194.3	7.2
52	316.5	11.4	78	191.2	7.1
53	309.1	11.1	79	188.2	7.0
54	302.0	10.9	80	185.3	6.9
55	295.2	10.6	81	182.5	6.8
56	288.6	10.4	82	179.7	6.7
57	282.3	10.2	83	177.0	6.6
58	276.3	10.0	84	174.4	6.5
59	270.5	9.8	85	171.9	6.4
60	264.9	9.6	86	169.4	6.4
61	259.5	9.4	87	167.0	6.3
62	254.3	9.2	88	164.6	6.2
63	249.3	9.1	89	162.3	6.1
64	244.5	8.9	90	160.1	6.0
65	239.8	8.8	91	157.9	6.0
66	235.3	8.6	92	155.8	5.9
67	231.0	8.5	93	153.7	5.8
68	226.8	8.3	94	151.7	5.7

三维地质力学模拟过程中岩石力学参数利用三轴岩石力学实验获得。鉴于研究区主要发育两期断层，利用 ANSYS 软件，分别对两期断裂期进行应力场数值模拟。根据两组断层系统产状以及研究区平衡剖面伸展量分析，在模拟过程中最大最小主应力方向分别设置为 145.5° 和 182.2°，应变大小分别设置为 0.021 和 0.014。然后利用式（3.10）和式（3.11），对小尺度断层的方位和 MCSS 分布进行计算（图 3.26）。

分形几何方法和三维地质力学模拟给出了裂缝的数量、分布密度和方位的约束条件，并且井数据给出了一些局部控制条件，但是这些裂缝的准确位置和几何形态不是已知的。因此，为了完成裂缝的定量模拟，可以利用随机模型。在随机建模中，已知的几何学形态和统计参数与随机变化相结合。随机模型的一个基本特征是：对同样参数的连

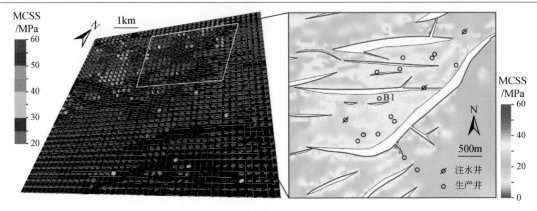

图 3.26　破裂方位及 MCSS 分布图

续实现有不同的结果，这被认为是等概率结果。随机模拟软件的输入包括裂缝走向和密度方格，还有断层统计参数、地震断层形态和地震层位。我们用标值点方法来实现裂缝的定量预测。首先对最大库伦剪应力值进行排序，找出 MCSS 最大值的点，该点的位置就是第一条裂缝发育的位置；确定了位置之后，利用断层长度–累积频率分布模型的反函数计算该条裂缝的长度（需要注意的是，在计算第 1 条裂缝长度时，需要用输入 N_L 为大尺段断层数量+1，计算第 2 条裂缝长度时，需要输入 N_L 为大尺段断层数量+2，依次类推），然后就可以根据计算的裂缝长度，利用最大断距和断层长度关系模型计算得到该条裂缝的最大断距；第 1 条裂缝的走向由 MCSS 最大值点的应力方位和破裂准则计算的优势断层方位确定；然后找出 MCSS 值次大的点，该点为第 2 条裂缝发育的位置，利用上述方法计算第 2 条裂缝的长度、最大断距和走向，依次类推即可完成其他裂缝的预测（图 3.27）。

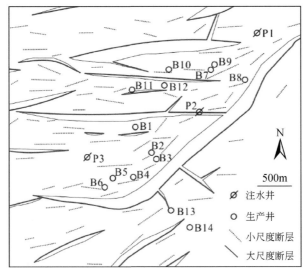

图 3.27　断层伴生裂缝定量预测结果图

　　大量研究表明，断层具有二分结构（断层核和破碎带），在断层核附近，裂缝密度出现一个峰值，向断层两盘的破碎带方向，裂缝密度逐渐降低，逐渐过渡到区域裂缝密度水平；在断层的端部，同样发育一些小尺度断层和裂缝，随着距离断层端部距离的增大，小尺度断层和裂缝密度逐渐降低。裂缝密集发育的破碎带使得平行于主断层方向的渗透率比母岩基质高出 1~3 个数量级，往往成为流体优势运移通道。而在垂直于主断层方向，断层泥的形成、后期胶结作用以及错断储层等，使得该方向上渗透率明显变低，成为渗流屏障。统计研究区典型井距断层距离与平均日产能关系可知，在投产初期（前 6 个月），距离断层越近，平均日产油越大（图 3.28），表明大尺度断层附近伴生大量裂缝，从而改善储层的连通性。

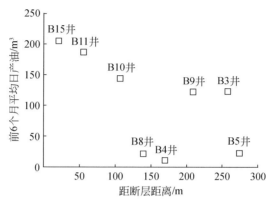

图 3.28　单井平均日产油与距断层距离关系

　　断层伴生裂缝系统对储层连通性、注水开发效果和剩余油分布具有重要作用。断层伴生裂缝系统对注水开发效果和剩余油分布的影响取决于其方位和注采方向的关系。当断层伴生裂缝系统与注采方向垂直或高角度相交时，断层伴生裂缝系统两侧注水压力梯度差异明显，从注水井一侧到开发井一侧，注水压力梯度急剧降低；而当断层伴生裂缝系统不存在时，注水压力梯度降低更加平缓，说明断层伴生裂缝系统起到重要的分割作用。由于受到断层伴生裂缝系统的渗流屏障作用，注入水弯曲流动，沿断层伴生裂缝系统走向流动的更远，从而驱替更多的油气。例如，由注采关系分析可知，P3 井注水对 B4 井受效，根据最新钻探成果，B6 井 Ⅱ 油组水淹较为严重，但 B6 井并不在 P3 井-B4 井连线上（另外，B5 井产能较低，早已关井，且不含水），而根据断层伴生裂缝系统预测结果可知（图 3.13），在 P3 井和 B4 井之间存在一条规模较大的横向裂缝，该裂缝的存在起到渗流屏障作用，注入水发生绕流，从而使得 B6 井水淹较为严重。而当断层伴生裂缝系统平行于注采方向时，注入水沿高渗透性裂缝方向快速流动，使开采井受效时间变短，如 P1 井和 B9 井间存在平行于注采方向的裂缝，P1 井注水仅两个后，B9 井就见效。但断层伴生裂缝系统两侧的相对低渗透区容易形成剩余油分布，使得剩余油分布范围变大，剩余油数量增多。因此，断层伴生裂缝系统垂直于注采方向时，断层伴生裂缝系统的开采井一侧剩余油较富集，而断层伴生裂缝系统平行于注采方向时，断层伴生裂缝系统两侧均为剩余油富集区。结合断层伴生裂缝系统分布，对研究区水淹情况进行了预测，Ⅱ 油组平面上存在 2 个水淹区：B10-P2 水淹区和 P3-B4 水淹区（图 3.29），预测结果与钻井揭示的水淹情况相一致。

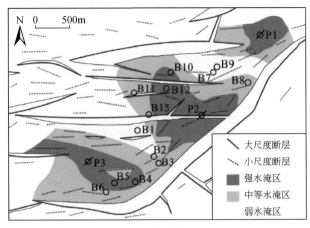

图 3.29　平面水淹情况预测图

第4章 断裂破坏盖层封闭
机制及研究方法

油气勘探的实践表明，含油气盆地中的任何一套盖层形成之后，或多或少要遭受到断裂的破坏。在某种程度上，盖层能否封闭油气已不再取决于其本身的封闭特征，而是受到断裂对盖层封闭破坏程度的控制，具体表现为以下几个方面。

4.1 断裂破坏盖层分布连续性
及研究方法

通常情况由于受沉积环境及物源供给条件的影响，虽然原始沉积盖层厚度可能大小不一，但其横向分布应是连续的。然而，盖层形成后或多或少要遭到断裂的破坏，使盖层横向分布连续性遭到破坏，其破坏程度主要取决于盖层厚度和断裂断距的相对大小，如果断裂断距小于盖层厚度，盖层虽遭到断裂破坏，但未完全被错开，盖层未失去横向分布的连续性，其断接厚度（盖层厚度减去断裂断距）大于零，如图4.1a所示。相反，如果断裂断距大于盖层厚度，盖层被完全错开，失去横向分布的连续性，断接厚度小于零，如图4.1b所示。

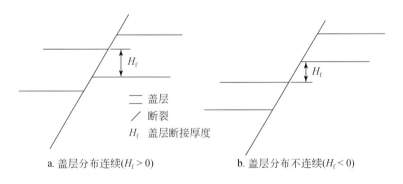

a. 盖层分布连续($H_f > 0$)　　　　b. 盖层分布不连续($H_f < 0$)

图4.1　被断裂破坏盖层分布连续性示意图

如渤海湾盆地南堡凹陷西部古近系东营组二段泥岩盖层主要为湖相沉积，由钻井资料和地震资料揭示，东二段泥岩盖层发育，最大厚度可达380m，主要分布在南堡1号构造带、5号构造带、老爷庙构造带西部和东部。东二段泥岩盖层厚度从这几个高值区向其四周逐渐变小，在西北边部最小减小至20m，如图4.2所示。

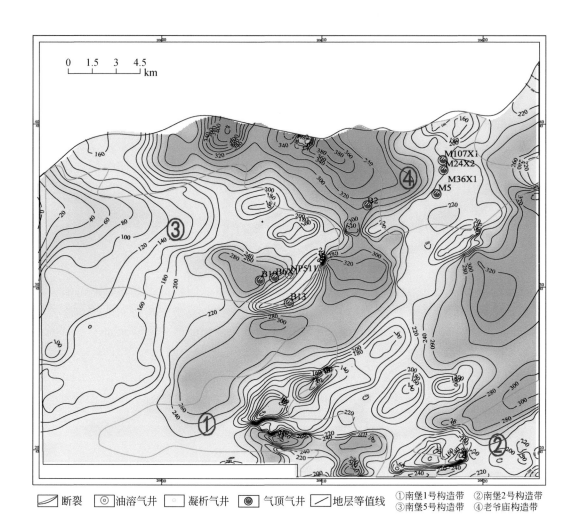

图 4.2　南堡凹陷西部东二段泥岩盖层厚度平面分布图

　　南堡凹陷西部东二段泥岩盖层形成后，遭到了大量断裂的破坏，由图 4.3 中可以看出，东二段泥岩盖层内断裂发育，主要分布在南堡 1 号构造带、南堡 2 号构造带、南堡 5 号构造带和老爷庙构造带上，断裂走向以北东东向为主，少量表现为近东西向。

　　依据南堡凹陷东二段泥岩盖层厚度和其内断裂断距资料，可计算得到东二段泥岩盖层的断接厚度（图 4.4）。由图 4.4 可以看出，在南堡凹陷南堡 5 号构造西北部和东南边部、南堡 1 号构造东北边部和南堡 2 号构造及其北部边部处断裂断距大于东二段泥岩盖层厚度，东二段泥岩盖层断接厚度小于零，横向分布不连续。而其广大地区东二段泥岩盖层厚度均大于断裂断距，东二段泥岩盖层断接厚度大于零，横向分布连续。

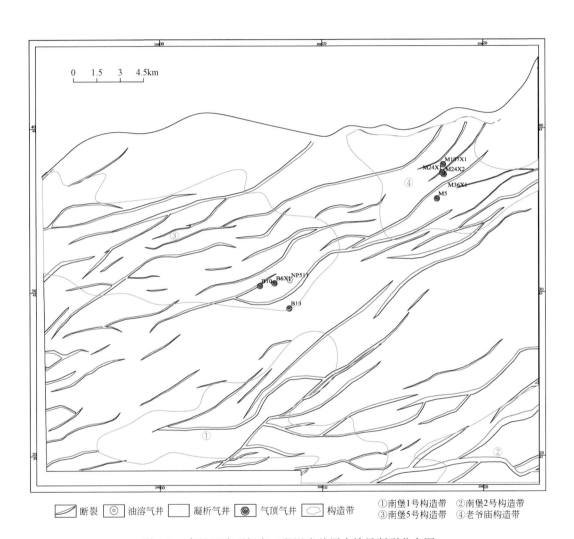

图 4.3　南堡凹陷西部东二段泥岩盖层内输导断裂分布图

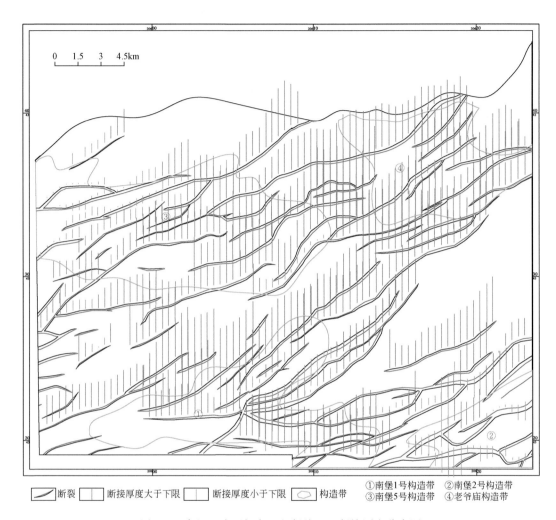

图 4.4　南堡凹陷西部东二段断盖配置断接厚度分布图

4.2　断裂破坏盖层封闭区及研究方法

由于断裂在活动期和静止期对盖层封闭性破坏作用机制不同，其研究方法也就不同。

4.2.1　活动期断裂破坏盖层封闭区及其研究方法

1. 活动期被断裂破坏盖层封闭性机制及其影响因素

当盖层（通常应为区域性盖层，厚度相对较大）遭到断裂（通常应为输导断裂，是指油气成藏期活动的断裂，是油气垂向运移的输导通道，一般为长期发育的断裂）破坏时，由于盖层厚度大，断裂在其内并非马上直接连接，形成贯穿性断裂，而是在其内逐渐分段生长（王海学等，2014a，2014b）。换言之，断裂破坏盖层封闭能力的过程也是逐渐形成的。首先，在断裂破坏盖层的早期，由于断裂活动强度弱，断距相对较小，盖层断接厚度相对较大，断裂在盖层内分段生长上下不连接，盖层封闭未遭到断裂破坏，如图 4.5a 所示。随着断裂累积活动，断距逐渐增大，盖层断接厚度逐渐变小，断裂在其内部分段生长，逐渐上下连接，当断裂断距增大（或盖层断接厚度减小）到某一特定值时，断裂在盖层内分段生长上下连接，形成贯穿性断裂，盖层封闭遭到断裂破坏，如图 4.5b 所示。断裂在盖层内分段生长上下连接的现象在地下亦是普遍存在的，这可以从钻井剖面、地震剖面、野外露头剖面和物理模拟实验（图 4.6）等多方面得到证实。

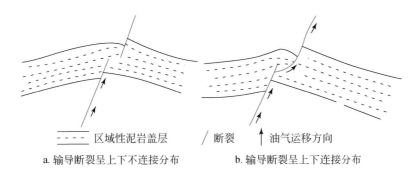

a. 输导断裂呈上下不连接分布　　　　　b. 输导断裂呈上下连接分布

图 4.5　区域性泥岩盖层内输导断裂生长发育过程示意图

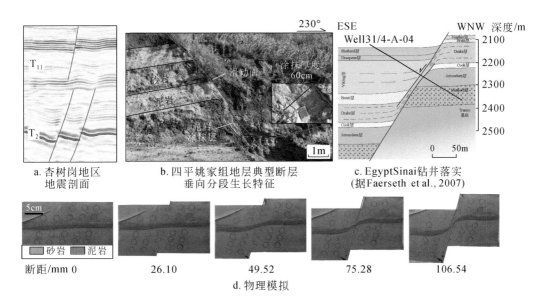

图 4.6　区域性泥岩盖层内输导断裂分段生长在地震、钻井、野外和物理模拟实验中的表现特征

　　由上述断裂在盖层内分段生长发育机制分析可以得出，由于盖层本身发育特征和断裂活动强度等因素的影响，并非断裂在所有盖层内分段生长最终均可上下连接，形成贯穿性断裂，盖层封闭遭到断裂破坏，仍会有一部分断裂在盖层内分段生长上下不连接，不能形成贯穿性断裂，盖层封闭未遭到断裂破坏，如图 4.6 所示。

如松辽盆地三肇凹陷青一段泥岩盖层，厚度大（最大厚度可大于100m），在整个盆地均有分布，是其中下部含油气组合扶余油层油气的区域性泥岩盖层。其被大量 T_2 层的（青山口组底界面）断裂所错断，如图4.7所示。由图4.7中可以看出，在肇113井—徐22井地震剖面上的肇114井、肇113井、芳136井西侧、芳481井、徐22井处，由于青一段泥岩盖层厚度相对较大，而 T_2 层的6条断裂断距相对较小，6条断裂在青一段泥岩盖层内分段生长上下不连接，未形成贯穿性断裂，青一段泥岩盖层未遭到断裂破坏，如图4.7所示。在芳136井东侧和徐22井东侧，由于 T_2 层的断裂断距相对较大，青一段泥岩盖层厚度相对较小，2条断裂在青一段泥岩盖层内分段生长上下连接，形成了贯穿性断裂，青一段泥岩盖层遭到断裂破坏，如图4.7所示。

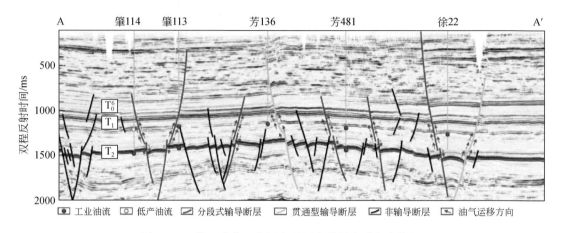

图4.7　三肇凹陷青一段泥岩盖层内输导断裂发育特征

由此看来，盖层的封闭性是否遭到断裂破坏或断裂在盖层内分段生长上下能否连接，关键取决于断裂对盖层的破坏程度，即盖层断接厚度，如果断裂断距相对较小，而盖层厚度相对较大，所形成的盖层断接厚度也就相对较大，断裂在盖层内分段生长程度相对较差，不易上下连接形成贯穿性断裂，盖层封闭。相反，如果断裂断距相对较大，而盖层厚度相对较小，断裂在盖层内分段生长程度相对较好，易上下连接形成贯穿性断裂，盖层不封闭（吕延防等，2008）。

2. 活动期断裂破坏盖层封闭区的研究方法

由上述分析可知，要研究活动期被断裂破坏盖层的封闭性，就必须确定出断裂在盖层内分段生长上下是否连接。然而，由于受地震资料品质的影响，目前条件下难以在地震剖面上直接识别断裂在盖层内分段生长上下是否连接，也就无法研究盖层是否封闭，因此，只能借助间接方法。具体方法是利用研究区已知井点处盖层厚度和其内断裂断距，计算盖层断接厚度，将其由小到大排列，再统计盖层上下油气分布，如图4.8所示，取油气仅分布在盖层之下最小的断接厚度作为断裂在盖层内分段生长上下连接所需的最大断接厚度。这是因为当盖层断接厚度大于断裂在盖层内分段生长上下连接所需的最大断接厚度时，断裂在盖层内分段生长上下不连接，不能形成贯穿性断裂，不是油气穿过盖层向上运移的输导通道，油气不能沿断裂穿过盖层向上运移，只能在盖层之下聚集分布；相反，当盖层断接厚度小于断裂在盖层内分段生长上下连接所需的最大断接厚度时, 断裂在盖层内分段生长上下连接, 形成了贯穿性断裂, 是油气穿过盖层向上运移的输导通道, 油气沿断裂穿过盖层向上运移, 油气既可在盖层之上聚集分布, 又可在盖层之下聚集分布, 如图 4.8 所示。

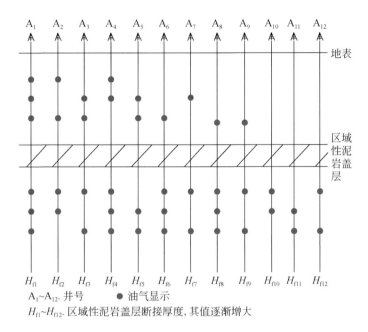

图 4.8　区域性泥岩盖层内输导断裂上下不连接的最小断接厚度厘定示意图

3. 应用实例

以渤海湾盆地南堡凹陷西部古近系东营组二段区域性泥岩盖层为例, 利用上述研究方法研究其被断裂破坏的封闭区, 并通过研究结果在东二段泥岩盖层上下油气分布之间关系分析, 验证该方法用于研究活动期断裂破坏盖层封闭区的可行性。

油气勘探的结果表明, 南堡凹陷西部目前已在东二段泥岩盖层下储层找到了大量天然气, 是该凹陷各层位中天然气分布范围最大的层位, 如图 4.9 所示。气源对比结果表明, 南堡凹陷东二段泥岩盖层之下储层中天然气主要来自下伏沙三段或沙一段的泥岩。由于东二段泥岩盖层之下储层与下伏沙三段或沙一段源岩之间被多套泥岩层相隔, 沙三段或沙一段源岩生成的天然气不能通过地层岩石孔隙直接向上覆储层中运移, 只能通过断裂才能运移至上覆储层中。三维地震资料解释结果表明, 东二段泥岩盖层之下储层内发育大量不同类型的断裂, 但并不是所有断裂均可成为沙三段或沙一段源岩生成天然气向上覆东二段泥岩盖层之下储层运移的输导断裂, 只有连接沙三段或沙一段源岩和上覆东二段泥岩盖层之下的储层, 且在油气成藏期——东营组沉积末期或馆陶组沉积中晚期活动的断裂才能成为输导断裂。南堡凹陷按断裂活动期相对早晚和成因可将其划分为 6 套断裂系统, 如图 4.10 所示。由图 4.10 可以看出, 能够成为沙三段或沙一段源岩生成天然气向上覆东二段泥岩盖层之下储层运移的输导断裂主要是 Ⅴ 型断裂和 Ⅵ 型断裂, 这两类断裂在南堡凹陷全区分布，主要呈北东东向展布，凹陷东部、南部、北部发育，凹陷东北部相对不发育，如图 4.11 所示。

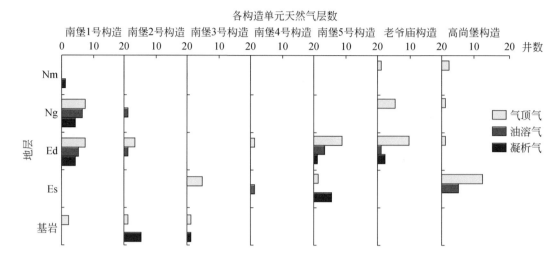

图 4.9　南堡凹陷不同构造天然气分布层位

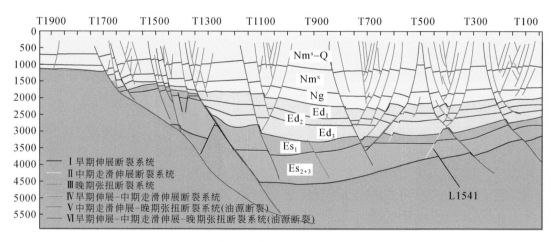

图 4.10　南堡凹陷典型剖面断裂系统划分

　　沙三段或沙一段源岩生成的天然气沿 V 型断裂和 VI 型断裂向上运移，进入到东二段泥岩盖层之下的储层后，必然受到东二段泥岩盖层的阻挡。由图 4.12 中可以看出，南堡凹陷东二段泥岩盖层全区分布，厚度最大可达到 350m，主要分布在凹陷西部，在凹陷东南部出现局部厚度等值区，厚度大于 250m，东二段泥岩盖层厚度由凹陷西部和东南部向其四周逐渐减小，在凹陷边部东二段泥岩盖层厚度减小至 100m 以下。由此看出，东二段泥岩盖层属于一套区域性泥岩盖层，其被断裂破坏是否封闭，对于研究其下储层中天然气聚集与分布具有重要意义。

　　通过南堡凹陷 57 口探井所得到的东二段泥岩盖层厚度值和利用地震资料得到的 V 型

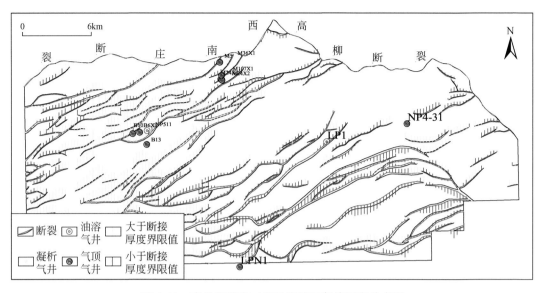

图 4.11　南堡凹陷东二段泥岩盖层断接厚度分布图

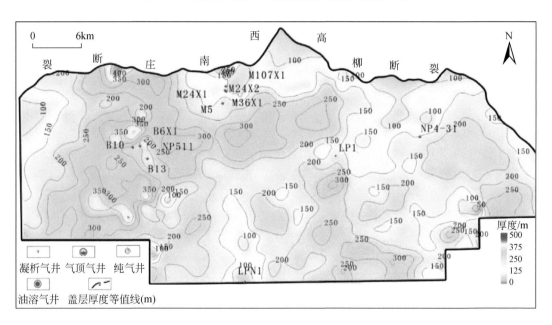

图 4.12　南堡凹陷东二段泥岩盖层厚度分布图

断裂和Ⅵ型断裂的断距，计算不同井点处东二段泥岩盖层的断接厚度，将其由小到大排列，并统计各井东二段泥岩盖层上下天然气分布特征，如图 4.13 所示，按照上述图 4.8 中断裂在盖层内分段生长上下连接所需的最大断接厚度的确定方法，由图 4.13 中可以得到断裂在东二段泥岩盖层内分段生长上下连接所需的最大断接厚度约为 120m。

　　通过统计南堡凹陷断穿东二段泥岩盖层内所有的Ⅴ型断裂和Ⅵ型断裂的断距和东二段泥岩盖层厚度，计算东二段泥岩盖层断接厚度，并做出平面分布图，如图 4.11 所示，并按照上述断裂在东二段泥岩盖层内分段生长上下连接所需的最大断接厚度，对东二段泥岩

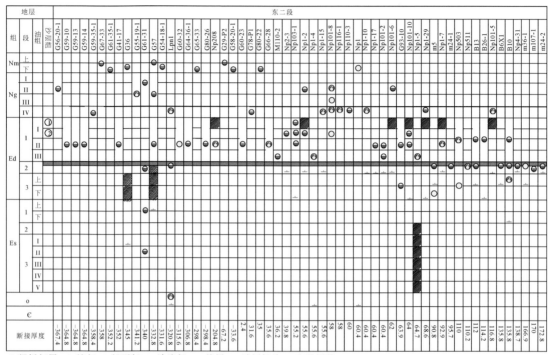

图 4.13　南堡凹陷东二段泥岩盖层内上下断裂不连接所需要的最小断接厚度厘定

盖层封闭区进行了预测。由图 4.11 中可以看出，南堡凹陷东二段泥岩盖层封闭区分布在其西部，少量零星分布在其中东部地区。目前南堡凹陷东二段泥岩盖层之下发现的天然气主要分布在凹陷西部东二段泥岩盖层封闭区内，如图 4.11 所示，这是因为只有位于东二段泥岩盖层封闭区内的断层圈闭，下伏沙三段或沙一段源岩生成的天然气沿油源断裂向上运移进入东二段泥岩盖层之下储层之后，因东二段泥岩盖层封闭，才能聚集和保存下来的缘故，否则条件再好，也无天然气聚集分布。

4.2.2　静止期断裂破坏盖层封闭区及其研究方法

　　大量的油气勘探实践与石油地质理论研究均证实，在断裂静止期，盖层能否形成封闭及其封闭能力的强弱不仅仅取决于其本身的封闭能力，更重要的是取决于其内断裂的垂向封闭性及封闭能力，尤其是对于板块活动强烈、断裂构造十分发育的、我国的陆相盆地，明确盖层内断裂破坏盖层封闭机理及研究方法，对正确认识断裂发育区油气分布层位具有重要意义。

1. 断裂破坏盖层封闭机理及影响因素

1）断裂破坏盖层封闭机理

对于原始沉积的盖层，其不仅空间分布连续，且受稳定沉积环境的影响，盖层封闭能力在平面上的分布也表现为均匀变化，很少或不存在明显的突变或薄弱之处，但当盖层被断裂破坏后，不仅空间分布连续性遭到破坏，而且封闭能力也会因断裂的发育而出现明显的突变薄弱带（吕延防等，2008）。如果断裂断距大于盖层厚度，断裂将上覆盖层完全错断，使盖层横向分布不连续，出现"天窗"，下伏油气将通过此天窗向上大量散失运移，此种情况下不仅盖层空间分布的连续性遭到完全破坏，而且其封闭能力在此处也遭到完全破坏。如果断裂断距小于盖层厚度，断裂未将盖层完全错断，盖层横向分布仍连续，虽然其封闭油气的能力在此处因断裂的发育而有所降低，但仍可以在一定程度上封盖其下伏油气，阻止其向上散失运移。此种情况下，盖层虽然横向分布仍连续，但与原始盖层相比，在断裂发育部位封闭油气的质量明显变差，主要表现在以下两个方面：其一为盖层有效厚度变薄，造成封闭油气能力的降低；其二为受断裂错动影响，在盖层内形成了一个断层岩薄弱带，断层岩与原始盖层岩石相比，岩性发生了变化，虽然其也来自断裂两盘被错断的地层岩石，但除了孔渗性较差的盖层破碎岩石外，还有其他层位地层破碎岩石，这种不同地层破碎岩石混合的结果造成断层岩的岩性应明显较纯盖层岩石的岩性要粗。再者，断层岩形成时期远远晚于盖层岩石的形成时期，加之其又处于倾斜状态，所受到的成岩压力相对较小，导致断层岩的成岩程度明显低于盖层岩石的成岩程度。正是这种岩性和成岩程度的差异，使得断层岩的物性明显要好于盖层岩石的物性，即断层岩的封闭能力明显低于盖层岩石的封闭能力，从而造成了对盖层封闭能力的破坏。

因此，断裂破坏盖层封闭与否主要取决于盖层段内断层岩排替压力与其下伏储层岩石排替压力的相对大小，若断层岩排替压力大于等于储层岩石排替压力，则盖层封闭，油气可在盖层下部有利圈闭内聚集成藏；若断层岩排替压力小于储层岩石排替压力，则盖层开启，油气可沿断裂穿过盖层继续向上运移，直至遇到合适遮挡条件方能聚集成藏（图 4.14）。

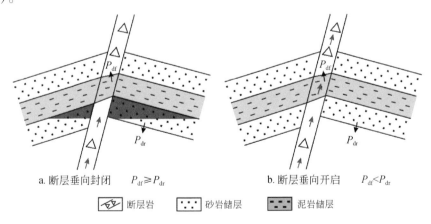

a. 断层垂向封闭　　　$P_{df} \geqslant P_{dr}$　　　　　　　　b. 断层垂向开启　　　$P_{df} < P_{dr}$

断层岩　　砂岩储层　　泥岩储层

图 4.14　断-储排替压力差法垂向封闭机理示意图
P_{df}. 断层岩排替压力，MPa；P_{dr}. 储层岩石排替压力，MPa

2）断裂破坏盖层封闭性影响因素

大量野外露头及过断裂带的典型岩心观察均证实，绝大多数情况下，断裂两盘之间并不是一个简单的面，而是在断裂裂缝之间充填有厚度、岩性、物性等分布不均一的断层岩。因此，对于一套确定的储层岩石，断裂在静止期能否形成封闭主要取决于其排替压力的相对大小，而排替压力又要受到自身属性的影响，如成分、成岩程度、结构、各向异性等因素，这些不确定因素极大影响着断裂的封闭性与封闭能力，因此深入剖析这些因素，对于正确评价断层封闭性具有重要的意义。

A. 断层岩岩性

在其他影响因素相同的前提下，断层岩中颗粒粒度越细、泥质含量（SGR）越高，油气穿过断层岩时所需克服的毛细管压力就越大，与之对应的排替压力也随之增高（图 4.15），断裂就越容易形成封闭。

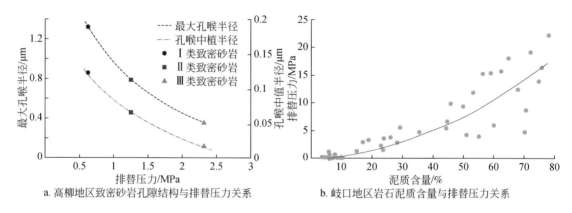

a. 高柳地区致密砂岩孔隙结构与排替压力关系　　　　b. 岐口地区岩石泥质含量与排替压力关系

图 4.15　渤海湾盆地岩石样品粒度、泥质含量与排替压力关系（胡欣蕾，2018）

通过实验室模拟断裂带结构，厘定不同粒度石英砂封闭油气所需的泥质含量下限，其中粒度相对较粗的砾石封闭天然气所需的泥质含量下限为 48%，而粒度相对较细的粉砂岩仅为 7%（付晓飞等，2004），这也验证了断层岩粒度越细，断层封闭所需的临界条件越容易满足，油气越难通过断裂发生运移。除此之外，断层岩内泥质含量的相对高低也影响着断裂破坏盖层封闭的与否与封闭能力的强弱：①在低有效应力条件下，泥质含量小于 15% 的纯净砂岩受机械压实作用影响，可形成解聚带，断层岩与围岩具有相似的孔渗特征，断层封闭能力较弱；②在高有效应力条件下，泥质含量小于 15% 的纯净砂岩可在碎裂作用下形成碎裂岩，或当地温超过 90℃（埋深大于 3000m）时发生石英的压溶胶结，断层岩内孔渗明显降低，断裂具备一定的封闭能力；③在胶结及剪切应力条件下，泥质含量介于 15%~40% 的非纯净砂岩可发生泥质成分、硅沉淀及框架颗粒的混合，形成层状硅酸盐-框架断层岩，也能有效阻止油气通过断裂发生运移；④在剪切应力条件下，泥质含量大于 40% 的富泥砂岩可形成泥岩涂抹，相对于其他类型的断层岩，泥岩涂抹具有最低的孔渗特征和最大的封闭能力，油气穿过断裂发生运移的概率极低。大量野外露头与环形剪切实验结果、实际地区断层封闭能力评价结果等共同证实，只有当断层岩 SGR 值在 15%~20% 时泥岩涂抹才趋于连续，且仅当 SGR 值为 30% 左右时断裂才能封闭油气并阻止其通过断层岩孔隙的渗漏（Yielding，2002），但在不同地区 SGR 下限值由于受到沉积、构造环境等因素影响存在一定偏差，但总体规律相近（Bailey et al.，2006；Çiftçi et al.，2014；胡欣蕾等，2018）。

　　由于断层岩是断裂两盘围岩物质在活动过程中，被削截掉入断裂带后与地层水共同形成的断裂充填物，在上覆地层静压力作用下，断裂充填物逐渐排出孔隙水形成的，故断层岩的岩性在一定程度上取决于断裂所错断围岩地层的岩性。若围岩层表现为大套砂岩，则断层岩和断裂充填物岩性多以砂质成分为主，孔渗性较好，断层封闭能力较弱，油气易穿过断裂发生运移；若围岩层表现为大套泥岩，则断层岩岩性多以泥质成分为主，断层封闭能力较强，油气难以通过断裂发生运移；若围岩层表现为砂泥岩互层，则断层岩岩性受围岩中砂、泥岩层比例的影响。因此，被断裂错动围岩中泥岩层厚度越大、层数越多，断层岩中岩石粒度越细、泥质含量越高，断裂对盖层封闭性的破坏越小；反之亦然。

　　B. 断层岩成岩程度

　　在地质历史时期，伴随着断层岩埋藏深度的增加及地下温度的升高，受上覆沉积载荷、区域主压应力及地下热液流体等的作用，断层岩成岩程度逐渐增强，这一过程即岩石孔喉半径减小、孔渗性降低的过程，盖层封闭能力逐渐增强。

　　引起断层岩成岩程度发生变化的成岩作用主要包括机械压实作用、化学胶结作用、交代作用及溶蚀作用。其中，①机械压实作用：初从断裂两侧围岩中滑动削截落入断裂带内的碎屑物质，由于其初始孔隙度和含水量极高，排替压力较低甚至为零，此时不具备封闭能力。但随着埋藏深度的增加，受上覆沉积载荷和区域主压应力的影响［式（4.1）］，碎屑物质逐渐发生水分排出、孔隙度降低等作用，成岩程度逐渐增强。以黏土岩为例，当埋深达到 1000m 时，黏土矿物颗粒紧密排列，孔隙度急剧下降至 10%~20%，埋深到 2000m 后孔隙度基本小于 10%，成岩程度得到有效增强（图 4.16）。即断层岩经历的压实成岩时间越长，压实成岩压力越大，油气越难通过盖层发生垂向运移，封闭能力越强。②化学胶结作用：断裂在形成后，其内流体压力下降为相对低势区，围岩中富含矿物质的流体在内外压差的作用下不断向断裂带内运移（华保钦，1995；Hooper，2010），受环境变化（温度、压力降低）及流体与断裂带内碎屑物质间水岩作用的影响，矿物质发生过饱和沉淀并胶结疏松的碎屑物质（Cox，1995），堵塞岩石孔隙及裂缝，使断裂带内孔隙度下降 1 个数量级、渗透率下降 3~7 个数量级（Antonellini and Aydin，1995），进而封闭油气阻止其发生运移。以塔里木油田为例，80% 以上的孔隙空间均被胶结物充填，是断裂带减孔的主要原因（张丽娟等，2016）。③交代作用：当断裂带内温压、流体成分、pH 及 Eh 发生变化时，原始的矿物及组合将失去稳定性并发生原地转化、溶解或迁移，形成在新环境内稳定存在的新矿物。对于砂泥岩地层，埋藏达到一定深度处于中成岩阶段的黏土矿物会发生大量转化，当环境富含长石分解的 Al^{3+} 和 K^+ 时，蒙脱石及高岭石会向伊利石转化；而当环境富含 Fe^{2+} 和 Mg^{2+} 时，其在相同环境下将被绿泥石交代，不论哪种转化作用均会加速断层岩的致密化（张民志和高山，1997），增强断裂的封闭性能力，抑制油气运移。④溶蚀作用：一方面，随着埋藏深度的增加，干酪根在进入生油窗之前发生热降解作用，释放的大量有机酸和酚类进入断裂带，改变成岩介质环境，造成断裂带内可溶性碎屑物质和易溶胶结物发生溶蚀，形成次生孔隙；另一方面，在盆地演化初期或抬升剥蚀期，大气水可沿断裂、不整合面等渗漏通道向地下深部运移（张文才等，2008），造成大气水作用带内次生孔隙发育，故油气穿过断裂发生运移的概率大幅提高，盖层封闭能力受断裂破坏程度较大。

$$N = Z(\rho_r - \rho_w)\cos\theta + \tau\sin\theta\sin\beta \qquad (4.1)$$

式中，N 为断层岩所受压力，Pa；Z 为断层岩埋深，m；ρ_r 为上覆沉积岩层骨架密度，kg/m³；ρ_w 为地层水密度，kg/m³；θ 为断裂倾角，(°)；τ 为区域主压应力，N；β 为区域主压应力与断裂走向之间夹角，°。

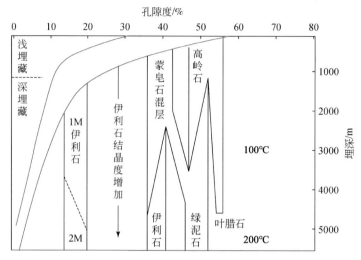

图 4.16　黏土岩孔隙度随埋深的变化规律

一般情况下，断层岩埋藏越深，表明其经历的成岩时间越长，承受的成岩作用越复杂，故成岩程度越高，盖层封闭能力受断裂破坏程度越弱。通过拟合北海、泰国湾、墨西哥湾及挪威等地断层岩 SGR 与过断裂压差（AFPD）间的关系，Bretan 等（2003）指出断层岩埋深越大，其所能支撑的烃柱高度越高，亦证实了埋深与断裂破坏盖层封闭能力之间具有一定的正相关性。

C. 岩石各向异性

岩石在形成过程中矿物颗粒大小及组合方式的不同导致其具有明显各向异性的特征，控制着垂直岩层与平行岩层方向上泊松比、杨氏模量、抗张强度、排替压力等力学参数的差异分布（吕延防等，1993），故不同方向上岩石的封闭性也具有一定差异。实验室利用直接驱替法（付广等，1995）实测岩石排替压力时，总是垂直于岩层方向钻取岩样，导致实测结果仅为垂直岩层方向的排替压力值，此数值并不能代表断裂阻止油气穿过盖层运移的能力（即油气运移方向上岩石的排替压力）。因此，探讨岩石各向异性对排替压力的影响对于断裂破坏盖层封闭性及封闭能力的评价也非常重要。

胡欣蕾等（2018）及胡欣蕾（2019）通过对四川盆地龙马溪组 2 块泥岩样品 7 块不同角度岩样（以垂直于岩层层面方向为 0°，平行岩层层面方向为 90°，增量为 15°）进行了实验室排替压力测试（图 4.17，表 4.1），结果表明岩石结构具有较好的各向异性，且其岩石排替压力及封闭能力的影响较为明显，样品 1 在垂直岩层与平行岩层方向的排替压力之差为 1.82MPa，各向异性度为 51%；而样品 2 在两个方向上的排替压力之差为 3.87MPa，各向异性度高达 74%。对于围岩内储层岩石，其与泥岩样品均属于碎屑岩类，只是前者的粒度明显大于后者，故其也具有明显的各向异性；而对于断层岩，虽然其与泥岩样品具有不同的压实成岩历史和内部结构，但均具有明显的各向异性，都是在铅直方向上受到的沉积载荷最大，孔渗性最差，封闭能力最强。因此，岩石各向异性是影响断裂破坏盖层封闭性的因素之一。

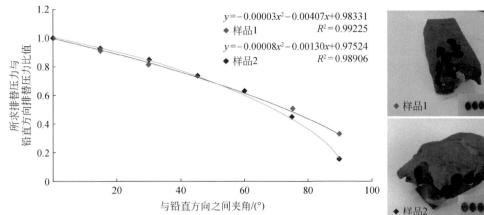
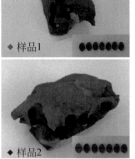

图 4.17　四川盆地不同角度泥岩岩样排替压力间关系

表 4.1　四川盆地泥岩样品饱和煤油排替压力实验测量结果表

序号		与垂直方向夹角/(°)	围压/MPa	温度/℃	突破压力1/MPa	突破时间1/min	突破压力2/MPa	突破时间2/min	校正后排替压力/MPa
样品1	1	0	30	室温	5.45	18.2	4.06	36.5	2.68
	2	15	30	室温	5.53	12.3	3.63	31.7	2.43
	3	30	30	室温	5.10	7.2	3.12	22.0	2.16
	4	45	30	室温	5.32	3.2	3.88	5.6	1.96
	5	60	30	室温	5.20	3.8	3.99	5.8	1.69
	6	75	30	室温	5.05	12.3	3.51	21.2	1.38
	7	90	30	室温	4.57	6.1	3.46	8.7	0.86
样品2	8	0	30	室温	11.07	179.2	8.35	307.5	4.55
	9	15	30	室温	8.45	97.2	5.45	324.1	4.16
	10	30	30	室温	8.03	86.4	5.55	210.0	3.82
	11	45	30	室温	8.03	197.8	5.28	476.2	3.33
	12	60	30	室温	8.03	189.9	5.08	441.7	2.86
	13	75	30	室温	8.01	207.0	5.10	404.8	2.05
	14	90	30	室温	7.98	38.1	4.73	68.7	0.68

2. 断裂破坏盖层封闭性评价方法

1）未考虑岩石各向异性对排替压力影响的评价方法

A. 方法原理

由上述断裂破坏盖层封闭机理可知，明确断裂破坏盖层封闭性及封闭能力的关键是确定盖层内断层岩及下伏储层岩石排替压力的相对大小。具体评价流程如下：

a. 岩石排替压力拟合关系式的确定

史集建等（2012）通过分析歧口凹陷典型岩样排替压力与相关属性间关系指出，岩石的泥质含量与压实成岩埋深的乘积与其排替压力之间有着较好的正相关性。随着两者乘积的增大，排替压力也逐渐增大。因此，可以根据研究区实测岩石泥质含量、埋深和排替压力关系建立拟合公式求取目标岩石的排替压力。

b. 盖层内断层岩排替压力的确定

岩石在不同深度范围内经历的成岩作用类型不同，当其埋深小于某一范围时主要受到机械压实的作用，岩石孔隙度随深度的变化是连续的，一般呈指数关系（Athy，1930）；随着埋深的增加，岩石受溶蚀及胶结作用的影响逐渐增强，孔隙度随深度的变化出现一定的偏移量，无明确的曲线形态。如果地层及断裂发生的成岩作用主要为机械压实作用，而受溶蚀及胶结作用影响较小，那么此时岩石的压实成岩程度即可表现为压实成岩压力和压实成岩时间的函数。对于断层岩，其压实成岩压力为上覆沉积载荷作用在断裂面上的正应力 [式（4.2）]，压实成岩时间为断裂最后一次停止活动到现今的时间；而对于围岩，其压实成岩压力为上覆地层静岩压力 [式（4.3）]，压实成岩时间为地层沉积至现今的时间。基于动量守恒原理，在围岩地层中一定存在一点，该点岩石的压实成岩程度与目的点断层岩的压实成岩程度相同 [式（4.4），式（4.5）]，这样就可以根据断层岩现今埋深、断裂倾角、断裂停止活动时间、与断层岩具有相同压实成岩程度围岩的压实成岩时间4个参数，获取断层岩压实成岩埋深 [式（4.6）]。

$$P_f = \rho_r \cdot Z_f \cdot \cos\theta \tag{4.2}$$

$$P_r = \rho_r \cdot Z_r \tag{4.3}$$

$$P_f \cdot T_f = P_r \cdot T_r \tag{4.4}$$

$$\rho_r \cdot Z_f \cdot \cos\theta \cdot T_f = \rho_r \cdot Z_r \cdot T_r \tag{4.5}$$

$$Z_r = Z_f \cos\theta \cdot \frac{T_f}{T_r} \tag{4.6}$$

式中，P_f 为断层岩所受的断面正应力，Pa；ρ_r 为埋深在 Z 以上地层的平均骨架密度，kg/m^3；Z_f 为断层岩现今埋深，m；θ 为断裂倾角，（°）；P_r 为储层岩石所受静岩压力，Pa；Z_r 为储层岩石埋藏深度（对应目标断层岩的压实成岩埋深），m；T_f 为断层岩压实成岩时间，Ma；T_r 为与断层岩具有相同压实成岩程度围岩的压实成岩时间，Ma。

将利用 SGR 法计算得到的盖层内断层岩泥质含量与上述计算得到的断层岩压实成岩埋深代入到研究区岩石排替压力与相关属性拟合关系式中，即可得到断层岩排替压力。

c. 储层岩石排替压力的确定

依据盖层之下储层岩石附近典型井的测井资料确定目的储层岩石的泥质含量，结合其实际埋深，利用岩石排替压力拟合公式确定储层岩石的排替压力。

d. 断裂破坏盖层封闭性评价及表征

对比上述确定的盖层内断层岩排替压力与其下伏储层岩石排替压力的相对大小，若前者大于等于后者，盖层仍具备封闭能力，封闭能力的大小取决于二者差值的大小，差值越大，封闭能力越强，反之越弱，此种情况下，油气在盖层之下可聚集成藏，所能封闭的烃柱高度，取决于二者差值的大小；若前者小于后者，盖层被断裂完全破坏，不具备封闭能力，油气穿过盖层在其上部聚集成藏或在地表散失。

考虑到断裂断距、倾角及被错断盖层底面的埋深在沿断裂走向的各点都不同，导致在断裂走向上各处断层岩的成岩程度也不一样，其封闭能力必然存在一定差异。因此，通过对断裂走向上盖层底部各点断裂破坏盖层封闭性的评价，将各点评价结果用等值线相连接，绘制断裂破坏盖层封闭性平面分布图。

B. 应用实例

库车拗陷位于塔里木盆地北部，是塔里木盆地内的一个在古生代被动大陆边缘和中生代陆内拗陷基础上发育起来的新生代前陆盆地，面积约为 42700km²。目前在克-依构造带和秋里塔克构造带先后发现了克拉 2 气藏、依南 2 气藏、大北 1 气藏、迪那 2 气藏、迪那 1 气藏和大宛齐油藏。库车拗陷油气主要来自三叠系的克拉玛依组和塔里奇组以及侏罗系的阳霞组和克孜勒努尔组。主要储层是白垩系巴什基奇克组砂岩和古近系库姆格列木群底部砂砾岩及海相白云岩。区域性盖层有两套，一套是古近系库姆格列木群膏泥岩层，另一套是新近系吉迪克组膏泥岩层。

其中，库姆格列木群膏泥岩层全区分布厚度介于 100 ~ 1000m，其中拗陷北部盖层较厚，最大厚度区位于东秋 5 附近，向南、向东及向西逐渐减薄，至东南部牙哈 4 和东北部依深 2 以东一带，盖层厚度小于 100m（图 4.18）；该盖层段内存在孔隙流体超压，超压值为 10 ~ 16MPa，全区均有分布，且超压值变化不大，大的趋势是北大南小，东、西部相对大，中部相对小。

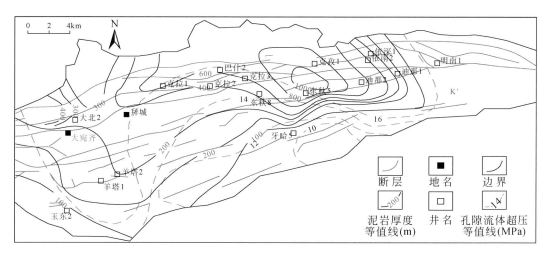

图 4.18　库车拗陷库姆格列木群膏泥岩盖层与断裂分布图

与其他前陆盆地一样，库车拗陷逆掩断裂十分发育，呈近东西向和北东向展布（图 4.18），断裂在平面上可划分为五个带，从北向南依次为北部边缘冲断带、依奇克里克断裂带、大宛齐断裂带、克拉苏断裂带和秋里塔克断裂带，单条断裂的延伸长度为 30 ~ 150km，断穿库姆格列木群膏泥岩盖层的断裂断距一般介于 200 ~ 800m，最厚可达 2000 多米，断距的变化趋势也比较明显，总体上由南向北、由西向东断距急剧增大。库车拗陷极其发育的断裂为天然气的垂向运移和聚集提供了极好的输导条件，但也对天然气的盖层起到了严重的破坏作用，特别是库车拗陷目前所发现的构造圈闭，几乎均与断裂有关，受断裂破坏后盖层的封闭性如何，决定了圈闭可容纳天然气体积的大小，甚至决定了圈闭是否有效。因此，在库车凹陷开展断裂破坏盖层封闭性定量评价是十分必要的。

首先，根据库车拗陷岩石密度的实测数据，求得岩石密度的平均值，据此建立了储层岩石所受静岩压力与埋藏深度间的函数关系［式（4.7）］。其次，通过切割库车拗陷的 11 条南北向构造地质剖面（图 4.18），读取各断裂在库姆格列木群底部的断裂倾角和埋深，利用式（4.2）计算各断点处断层岩所受断面的正压力。然后，依据实验室实测岩石排替压力数据，结合各岩样埋深，建立岩石排替压力与埋藏深度间关系［图 4.19，式（4.8）］，利用式（4.6）确定具有与目标断层岩所受断面正应力相等静岩压力的储层岩石埋深，将此埋深代入式（4.8）所示的岩石排替压力与埋深间函数关系式中，确定断层岩的排替压力，并绘制断层岩排替压力平面分布图（图 4.20）。

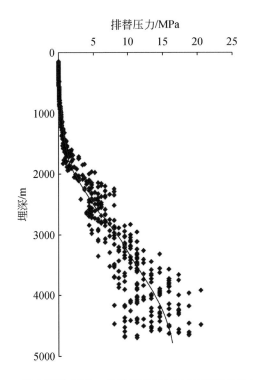

图 4.19　库车拗陷英买 9 井盖岩排替压力随埋深变化关系图

$$P_r = 0.02135 Z_r \tag{4.7}$$

式中，P_r 为储层岩石所受静岩压力，Pa；Z_r 为储层岩石埋藏深度，m。

$$P_d = -5 \times 10^{-10} Z + 5 \times 10^{-6} Z - 0.0072 Z + 2.9711 \tag{4.8}$$

式中，P_d 为岩石排替压力，MPa；Z 为岩石埋藏深度，m。

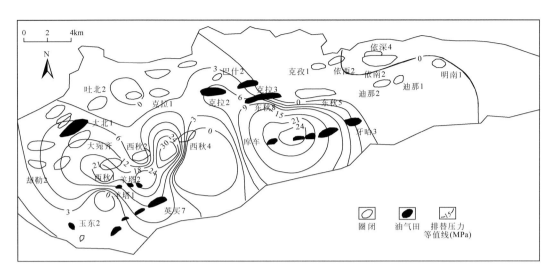

图 4.20　库姆格列木盖层底部断裂充填物质排替压力等值线图

如图 4.20 所示，克拉 3- 牙哈 3 以东地区，由于库姆格列木盖层被断裂完全错断，被断裂破坏盖层开启，封闭能力为零；其以西地区断层岩排替压力一般介于 10～20MPa，最高可达 25MPa，存在两个高值区，分别是大宛齐–西秋 1- 英买 7 地区和牙哈 3 地区。

目前库车拗陷在库姆格列木群盖层之下所发现的油气藏均分布在被断层破坏盖层封闭能力大于零且封闭能力值较大的区域。在东秋 5 以东地区和西秋 4 以南地区，由于库姆格列木盖层被断裂完全错断，被断裂破坏盖层封闭能力为零，盖层不具备垂向封闭能力，以库姆格列木膏泥岩为盖层的圈闭在这个区域内均为无效圈闭，故这些圈闭中很难有油气的聚集。勘探实践亦证实，在研究区库姆格列木群盖层之下确实没有油气的发现，已发现的迪那 2 气田是受吉迪克组膏泥岩盖层垂向封闭后形成的，表明本评价方法的合理性与准确性。

2）考虑岩石各向异性对排替压力影响的评价方法

A. 方法原理

上述方法虽然能从一定角度评价受断裂破坏的盖层的封闭性，但没有考虑岩石各向异性对排替压力的影响。

受构造运动影响，含油气盆地中的目标断裂和其所错断的盖层、下伏储层岩石间均处于倾斜状态，造成实际地质条件下阻止油气垂向运移的是油气运移方向上的断层岩排替压力，这往往与实验室实测岩样方向不一致（在实验室实测排替压力过程中，通常是垂直于岩层方向钻取岩样），导致实测数值与实际对油气起垂向封闭能力的数值并非一致，而断裂破坏对盖层封闭性的影响，主要是取决于油气运移方向上盖层内断层岩与下伏储层岩石排替压力的相对大小。因此，在考虑岩石各向异性对排替压力影响的基础上，对断裂破坏盖层封闭性定量评价方法进行改进，具体流程如下：

a. 垂直岩层方向断层岩及储层岩石排替压力的确定

按照上述断裂破坏盖层封闭性定量评价方法，依据典型岩样排替压力实测数据建立其与相关参数的拟合关系式，在明确目标点断层岩埋深、倾角、活动期次、SGR 值（有关断层岩 SGR 值得求取详见第 7 章）及其下伏储层岩石埋深、泥质含量、成岩时间等参数的前提下，分别确定垂直断裂方向断层岩排替压力及垂直储层方向储层岩石的排替压力。

b. 油气运移方向断层岩排替压力的确定

基于岩石在铅直方向上受到的沉积载荷最大，孔渗性最差，排替压力最大这一原则，以铅直方向为基准，确定其与垂直断裂方向及油气运移方向断层岩排替压力间的关系（图 4.21a），从而得到油气运移方向与垂直断裂方向断层岩排替压力的关系如式（4.9）所示，即可获取油气运移方向断层岩排替压力。

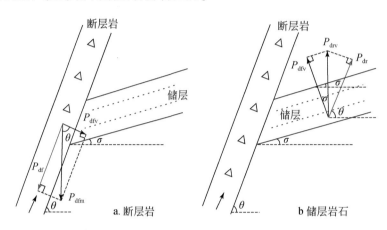

图 4.21　垂向封闭条件下不同方向岩石排替压力变化规律

θ. 断层倾角，（°）；σ. 储层倾角，（°）；P_{dfm}. 铅直方向断层岩排替压力，MPa；P_{drm}. 铅直方向储层岩石排替压力，MPa；P_{dfv}. 垂直断层方向断层岩排替压力，MPa；P_{df}. 油气运移方向断层岩排替压力，MPa；P_{drv}. 垂直储层方向储层岩石排替压力，MPa；P_{dr}. 油气运移方向储层岩石排替压力，MPa

$$P_{df} = P_{dfv} \cdot \tan\theta \qquad (4.9)$$

式中，P_{df} 为油气运移方向断层岩排替压力，MPa；P_{dfv} 为垂直断裂方向断层岩排替压力，MPa；θ 为断裂倾角，（°）。

c. 油气运移方向储层岩石排替压力的确定

依据图 4.21b 所示的不同方向储层岩石排替压力间关系，便可由式（4.10）通过垂直储层层面方向储层岩石排替压力求取油气运移方向储层岩石的排替压力。

$$P_{dr} = \frac{P_{drv} \cdot \cos(90° - \theta)}{\cos\sigma} \qquad (4.10)$$

式中，P_{dr} 为油气运移方向储层岩石排替压力，MPa；P_{drv} 为垂直储层层面方向储层岩石排替压力，MPa；σ 为储层倾角，（°）；θ 为断裂倾角，（°）。

为了验证岩石力学分解法在求取不同方向岩石排替压力值方面的可行性与合理性，将利用公式（4.10）得到的计算值与实验室实测排替压力值进行比较（表 4.2）。由于垂直于岩层层面钻取岩样的排替压力值最大，考虑到岩石受上覆沉积载荷压实作用机制（岩石在铅直方向上具有最大排替压力值这一原理），故可将储层倾角视为 0°，此时垂直储层层面方向与油气运移方向的夹角即 90°−θ。通过比较两组数据可知，对于我国陆相盆地广泛发育的正断裂（倾角介于45°~90°）而言，利用力学分解法得到的计算值与实测值间的误差在0%~7%，误差值相对较小，表明利用岩石力学分解法得到的排替压力能较好地反映地下不同方向岩石排替压力间的关系。

表 4.2 不同方向岩石排替压力实测值与分解法计算值间关系

参数	样品1				样品2			
断裂倾角/(°)	90	75	60	45	90	75	60	45
实测值/MPa	2.68	2.43	2.16	1.96	4.55	4.16	3.82	3.33
计算值/MPa	2.68	2.59	2.32	1.90	4.55	4.39	3.94	3.22
误差/%	0.00	6.73	7.61	3.31	0.00	5.53	3.25	3.27

d. 断裂破坏盖层封闭性定量评价

依据断裂破坏盖层封闭机理，比较上述确定的油气运移方向断层岩与储层岩石排替压力的相对大小。若断层岩排替压力大于等于储层岩石，则被断裂破坏盖层封闭，油气可封闭在盖层之下聚集成藏；若断层岩排替压力小于储层岩石，则被断裂破坏盖层开启，油气将穿过盖层继续向上运移，直至遇到有效遮挡条件。且有二者排替压力差越大，被断裂破坏的盖层封闭能力越强。

B. 应用实例

南堡凹陷位于渤海湾盆地黄骅拗陷北部，北与燕山相连，南与沙垒田凸起超覆相接，西邻北塘凹陷，东接柏各庄、马头营凸起，是华北地台基底上在中生代、新生代发育形成的"北断南超"箕状构造。其中，南堡1号构造位于凹陷西南部斜坡带上，北部与生烃中心林雀次凹相接，为一典型的背斜构造，受北东向及近东西向多条断裂切割形成多个复杂断块，面积约为300km²（图4.22）。研究区在古近系及新近系由下至上发育有孔店组、沙河街组、东营组、馆陶组及明化镇组多套地层，其中受斜坡背景影响，构造高部位缺失沙二段及沙三段部分地层，而东二段发育的巨厚泥岩可作为油气在下部储层聚集的良好盖层，由于构造断裂发育，常用断接厚度表示断裂对盖层的破坏程度。

f-np1断裂在东二段斜穿南堡1号构造，为构造内的一条控带断裂，控制构造带的形成与演化，因此确定f-np1断裂的封闭能力对该构造油气勘探具有重要意义。目标断裂在平面上呈北东向展布，延伸长度约为19km，断距为0~300m（图4.22a）；在剖面上呈上陡下缓铲式分布，主干断裂f-np1与旁侧同期断裂组合形成负花状模式（图4.22b）。由图4.22c可以看出，虽然断裂东西两侧活动性存在差异，但都主要在明化镇组末期停止活动，此时断层岩开始压实成岩，故断层岩的压实成岩时间为2.58Ma。

为了确定上述提出的断裂破坏盖层封闭能力研究方法在评价南堡凹陷1号构造f-np1断裂时的可行性，利用研究区测井解释成果，厘定了南堡1-37井孔隙度随深度的变化规律，如图4.23所示曲线呈指数规律变化，尚未出现明显的孔隙度增大或减小区段，表明该地区岩石主要受机械压实作用影响，而溶蚀及胶结作用发生的可能性较小，符合式（4.6）求取断层岩压实成岩埋深的适用条件。

因此，利用上述提出的考虑岩石各向异性的方法定量评价f-np1断裂在东二段泥岩盖

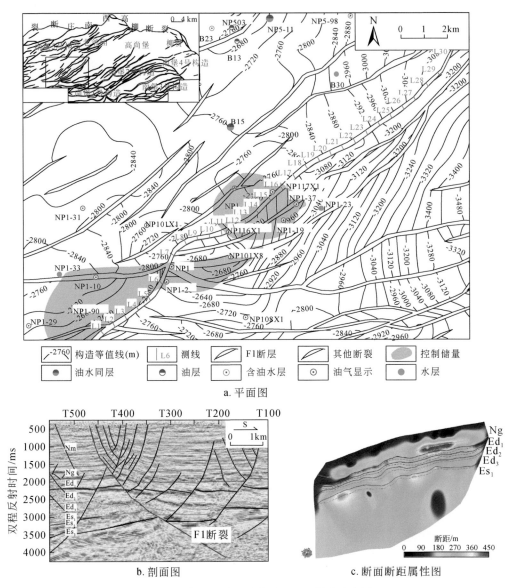

图 4.22　南堡凹陷 1 号构造 f-np1 断裂示意图

层内的垂向封闭能力是可行的。具体评价步骤及相应结果如下：

首先，选取覆盖目标断裂范围、测井曲线较为完整的井（如 B30 井、NP117X1 井、NP1-24 井等共 17 口），依据其自然电位或自然伽马曲线值确定井上泥质含量的分布规律。其次，利用研究区地震解释资料，建立断裂及地层的三维地质模型，结合上述确定的井上泥质含量数据依据 SGR 算法得到 f-np1 断裂在三维空间上各点断层岩的 SGR、断裂倾角等属性值（图 4.24）。然后，根据研究区典型岩样排替压力及泥质含量的测试，从实测数据中筛选出泥质含量大于 30% 的岩样进行拟合，得到断层岩排替压力与其埋深、泥质含量乘积之间的关系［图 4.25a，式（4.11）］。

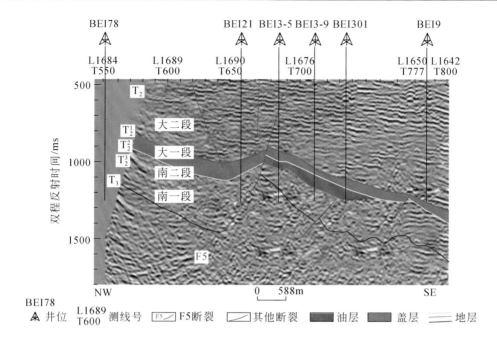

图 4.23　南堡凹陷 1 号构造孔隙度随深度变化规律

同时，筛选出泥质含量小于 40% 的样品进行拟合，得到储层岩石排替压力与其泥质含量、压实成岩埋深的拟合关系［图 4.25b，式（4.12）］。

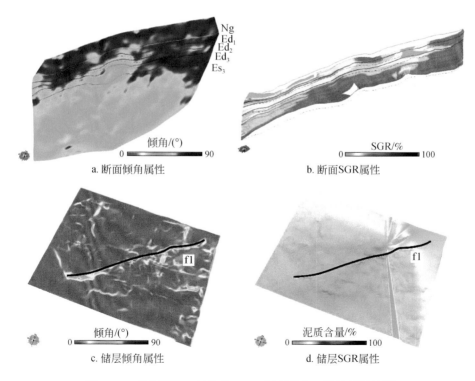

图 4.24　南堡凹陷 1 号构造 f-np1 断裂及东二段储层属性图

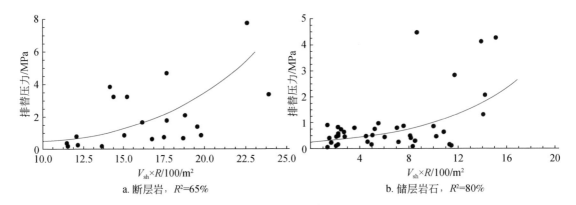

图 4.25 南堡凹陷 1 号构造实测岩石样品排替压力拟合关系图

$$P_{dfv} = 0.399 e^{0.117 \frac{Z_f \cdot R_f}{100}} \tag{4.11}$$

$$P_{drv} = 0.160 e^{0.165 \frac{Z_r \cdot R_r}{100}} \tag{4.12}$$

式中，P_{dfv} 为垂直断裂方向断层岩排替压力，MPa；Z_f 为断层岩压实成岩埋深，m；R_f 为断层岩泥质含量，%；P_{drv} 为垂直储层方向储层岩石排替压力，MPa；Z_r 为与断层岩具有相同压实成岩速率的储层岩石现今埋深，m；R_r 为储层岩石泥质含量，%。

之后，依据不同测线处断层岩现今埋深、倾角及压实成岩时间等因素，根据式 (4.6) 求得断层岩的压实成岩埋深，并将其与断层岩泥质含量共同代入到式 (4.9) 和式 (4.11) 中计算得到油气运移方向断层岩的排替压力，其值为 0.534 ~ 1.723MPa（表 4.3）。再次，根据泥质含量曲线，在井上标定出东二段与东三上亚段 2 套泥岩盖层间泥质含量较低的储层部分的顶底界面，进而虚拟得到储层岩石的泥质含量、倾角等属性值（图 4.24c、d）；将其与储层岩石现今埋深、相应测线处断裂倾角属性值代入式 (4.10) 和式 (4.12) 中计算得到油气运移方向储层岩石的排替压力为 0.287 ~ 0.680MPa（表 4.3）。最后，根据已确定的油气运移方向排替压力值，得到不同测线处的断-储排替压力差为 0.056 ~ 1.274MPa。

深入分析表 4.3 所示的定量计算结果，在全部测线 L1 ~ L30 处油气运移方向断层岩排替压力均大于储层岩石排替压力，断-储排替压力差为 0.056 ~ 1.274MPa，表明被断裂破坏盖层在垂向上呈封闭状态，但能否有油气聚集成藏还要综合考虑源岩、储层及圈闭等因素的影响，若各成藏因素匹配关系较好，油气可受上覆盖层遮挡并在其下有利部位聚集成藏，反之不利于油气聚集。其中，目前在 L1 ~ L6、L12 ~ L16 测线处发现控制储量，在此范围内断-储排替压力差相对较大，介于 0.201 ~ 0.571MPa，而上述两段测线范围之间夹持的 L7 ~ L11 测线尚未发现油气储量范围，且断-储排替压力差相对较小，为 0.056 ~ 0.121MPa，对比分析可知，断-储排替压力较小可能是上述测线尚未发现油气的主要原因，油气优先向盖层封闭能力较强的部位充注聚集。

表 4.3　南堡凹陷 1 号构造 f-np1 断裂破坏盖层封闭性评价参数表

测线号	现今埋深/m	断裂属性					储层属性				断-储排替压力差/MPa	未考虑各向异性断-储排替压力差/MPa
		SGR值/%	倾角/(°)	压实成岩埋深/m	垂直断裂方向排替压力/MPa	油气运移方向排替压力/MPa	泥质含量/%	倾角/(°)	垂直储层方向排替压力/MPa	油气运移方向排替压力/MPa		
1	2876.5	36.49	61.81	658.99	0.529	0.986	30.53	14.63	0.747	0.680	0.306	-0.218
2	2869.3	44.03	56.65	764.98	0.592	0.899	30.53	8.87	0.76	0.563	0.337	-0.168
3	2901.7	40.92	47.67	947.62	0.628	0.690	30.51	16.41	0.786	0.408	0.281	-0.158
4	2887.3	35.12	47.35	948.68	0.589	0.640	30.51	19.07	0.749	0.355	0.285	-0.160
5	2963.4	42.05	61.32	689.71	0.560	1.024	30.49	14.41	0.789	0.576	0.448	-0.229
6	2985.3	39.61	45.16	1020.87	0.640	0.644	30.61	10.94	0.783	0.440	0.204	-0.143
7	3000	36.83	39.54	1121.97	0.647	0.534	30.66	2.57	0.791	0.476	0.058	-0.144
8	2996.3	34.39	42.53	1070.82	0.614	0.563	30.67	3.42	0.804	0.507	0.056	-0.190
9	2959.8	33.91	44.3	1027.29	0.600	0.585	30.65	4.41	0.801	0.514	0.071	-0.201
10	2927	31.94	47.76	954.25	0.570	0.628	30.63	1.83	0.781	0.561	0.067	-0.211
11	2956.1	30.97	49.03	939.97	0.561	0.646	30.52	6.02	0.769	0.525	0.121	-0.208
12	3047.8	31.75	53.53	878.57	0.553	0.748	30.46	9.86	0.792	0.547	0.201	-0.239
13	3040.4	31.47	53.2	883.26	0.552	0.738	30.23	13.22	0.788	0.506	0.232	-0.236
14	3122.1	31.33	61.98	711.28	0.518	0.973	26.77	11.58	0.69	0.531	0.442	-0.172
15	3073.7	28.68	66.27	599.87	0.488	1.110	26.77	14.63	0.687	0.539	0.571	-0.199

续表

测线号	现今埋深/m	断裂属性					储层属性				断-储排替压力差/MPa	未考虑总各向异性断-储排替压力差/MPa
		SGR值/%	倾角/(°)	压实成岩埋深/m	垂直断裂方向排替压力/MPa	油气运移方向排替压力/MPa	泥质含量/%	倾角/(°)	垂直储层方向排替压力/MPa	油气运移方向排替压力/MPa		
16	3096	27.3	66.12	607.81	0.484	1.094	26.77	11.91	0.701	0.569	0.525	-0.217
17	3144.5	25.14	62.43	705.80	0.491	0.941	26.77	6.56	0.711	0.589	0.352	-0.220
18	3178.3	23.42	65.14	647.98	0.477	1.028	26.77	15.02	0.713	0.547	0.481	-0.236
19	3185.8	22.43	67.65	587.50	0.466	1.132	24.81	9.72	0.669	0.567	0.566	-0.203
20	3315	23.63	74.98	416.63	0.448	1.669	21.62	8.27	0.561	0.515	1.153	-0.113
21	3212.2	30.26	75.05	401.87	0.460	1.723	21.41	12.84	0.567	0.501	1.221	-0.107
22	3315	33.36	69.73	556.96	0.496	1.343	22.77	16.31	0.599	0.481	0.862	-0.103
23	3322.7	40.23	66.42	644.60	0.540	1.238	23.72	8.99	0.638	0.537	0.701	-0.098
24	3396	40.16	60.92	800.45	0.581	1.045	19.79	9.67	0.513	0.400	0.645	0.068
25	3380.5	43.12	65.98	667.33	0.559	1.254	18.06	4.87	0.475	0.415	0.838	0.084
26	3399.8	43.79	64.9	699.42	0.571	1.219	16.38	12.14	0.427	0.340	0.879	0.144
27	3509.2	42.23	64.11	743.10	0.576	1.187	14.68	7.58	0.393	0.328	0.859	0.183
28	3470	44.39	55.6	950.73	0.654	0.955	13.8	4.47	0.369	0.287	0.667	0.285
29	3548.7	44.34	64.22	748.48	0.588	1.218	13.16	8.2	0.359	0.298	0.920	0.229
30	3485.7	43.35	71.49	536.66	0.524	1.565	12.19	11.84	0.337	0.291	1.274	0.187

通过分析上述数据可知，对于断层岩石，虽然其泥质含量（22.4%～44.4%）与断裂倾角（39.5°～75.1°）变化范围较大，但利用二者计算得到的垂直断裂方向断层岩排替压力值（0.448～0.654MPa）变化不明显，这主要受断层岩排替压力拟合关系式的影响，由于排替压力和压实成岩埋深、泥质含量的乘积具有式（4.9）所示的指数关系，受断层岩压实成岩埋深较小的影响，二者乘积也相对较小，其在一定范围内的变化对排替压力影响甚小；而由垂直断裂方向排替压力转化为油气运移方向排替压力时，受断裂倾角变化影响，排替压力值随倾角的增大而逐渐增大，二者具有较好的对应关系。同理对于储层岩石，其与断层岩具有相似的排替压力拟合关系式，但储层岩石现今埋藏较深，它与相应泥质含量的乘积相对较大，致使其在一定范围内的变化对排替压力影响较大，由测线 L1～L30，储层岩石现今埋深逐渐增大，泥质含量逐渐降低，而排替压力总体呈下降趋势，表明泥质含量是控制储层岩石排替压力变化规律的主要因素；当垂直储层方向排替压力转化为油气运移方向排替压力时，二者具有较好的正相关关系。

若不考虑岩石各向异性对排替压力的影响，那么计算得到的断层岩与储层岩石排替压力的差值为−0.239～0.285MPa，其中 L1～L23 测线处排替压力差均为负值，表明盖层开启不具备封闭能力，这与东二段控制储量结果相互矛盾。表明上述提出方法在定量评价被断裂破坏盖层封闭能力时是可行的，能更符合地下实际情况，降低断圈钻探风险。

4.3 断裂对盖层封闭能力破坏程度及研究方法

4.3.1 断裂破坏盖层封闭能力机制及影响因素

由上可知，当活动期盖层断接厚度大于断裂在盖层内分段生长上下连接所需的最大断接厚度时，断裂未破坏盖层的封闭能力，如图 4.26a 所示；相反，当盖层断接厚度小于断裂在盖层内分段生长上下连接所需的最大断接厚度时，断裂就会破坏盖层的封闭能力。但当断裂停止活动后，断裂填充物在上覆沉积载荷、区域性主压应力和地下水所携带的矿物质沉淀胶结等作用下紧闭愈合，又开始形成封闭。但此时应是断层岩封闭，如图 4.26b 所示。断层岩无论是泥质含量还是压实成岩程度均低于盖层的泥质含量和压实成岩程度，所以断层岩排替压力明显低于盖层排替压力，也相当于断裂破坏了盖层封闭能力，断层岩排替压力相对于泥岩盖层排替压力越小，断裂对盖层封闭能力的破坏程度越大；反之则越小。

4.3.2 断裂破坏盖层封闭能力的预测方法

由上述分析可知，要预测断裂破坏盖层封闭能力的程度，就必须确定出断层岩排替压力和盖层排替压力，再由式（4.13）便可以计算得到断裂对盖层封闭能力的破坏程度。

$$a = \frac{P_c - P_f}{P_c} \tag{4.13}$$

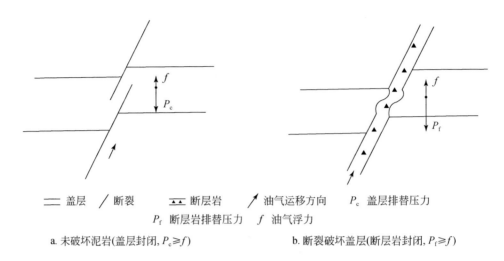

$\quad$── 盖层　／ 断裂　▲▲ 断层岩　↗ 油气运移方向　P_c 盖层排替压力

$\qquad\qquad$ P_f 断层岩排替压力　f 油气浮力

$\qquad$ a. 未破坏泥岩(盖层封闭，$P_c \geq f$)　　　　b. 断裂破坏盖层(断层岩封闭，$P_f \geq f$)

图 4.26　断裂破坏盖层封闭能力示意图

式中，a 为断裂对盖层封闭能力破坏程度；P_c 为盖层排替压力，MPa；P_f 为断层岩排替压力，MPa。

　　由式（4.13）中可以看出，a 值越大，断裂对盖层封闭能力的破坏程度越小；反之则越大。盖层排替压力可以通过岩心取样在实验室内测试得到，若没有岩心样品可根据盖层在其成岩埋深（若上覆地层无明显抬升剥蚀，可用其现今埋深代替）和泥质含量［由式（4.14）和式（4.15）利用自然伽马测井资料求得］，代入研究区盖层实测排替压力与成岩埋深和泥质含量之间经验关系中［式（4.16）］，便可以求得盖层排替压力。

$$R = \frac{2^{\text{GCUR} \cdot I_{\text{GR}}} - 1}{2^{\text{GCUR}} - 1} \tag{4.14}$$

$$I_{\text{GR}} = \frac{\text{GR} - \text{GR}_{\min}}{\text{GR}_{\max} - \text{GR}_{\min}} \tag{4.15}$$

式中，R 为岩层中泥质含量，%；I_{GR} 为泥质含量指数，%；GR 为岩层自然伽马测井值，API；$\text{GR}_{\max}$ 为泥岩自然伽马测井值，API；$\text{GR}_{\min}$ 为砂岩自然伽马测井值，API；GCUR 为与地区地层有关的经验，新地层此值取 3.7，老地层此值取 2.0。

$$P_c = a \left(\frac{Z_c R_c}{100} \right)^b \tag{4.16}$$

式中，P_c 为盖层实测排替压力，MPa；Z_c 为盖层埋深，m；R_c 为盖层泥质含量，%；a、b 为与地区有关的经验常数。

　　由于受到钻井及取心的限制，通过实验室内测试样品获取断层岩排替压力是不可能的，只能借助于围岩实测排替压力求取断层岩排替压力，具体方法是：首先假设断裂为倾置于围岩中的岩层，断层岩物质只来自断裂两盘被错断岩石，其排替压力同围岩一样也受其压实成岩埋深和泥质含量的影响。在此假设条件的基础上，由断裂断距和被其错断地层岩层厚度和泥质含量，由式（4.17）求取断层岩泥质含量。

$$R_{\mathrm{f}} = \frac{\sum\limits_{i=1}^{u} H_i R_i}{L} \tag{4.17}$$

式中，R_{f} 为断层岩泥质含量，%；H_i 为被断裂错断第 i 层岩层厚度，m；R_i 为被断裂错断第 i 层岩层泥质含量，%；u 为被断裂错断岩层层数；L 为断裂断距，m。

然后，由研究区围岩实测排替压力与压实成岩埋深和泥质含量之间经验关系 [式（4.16）]，计算与断层岩具有相同泥质含量的围岩排替压力与压实成岩埋深之间关系，并将与断层岩具有相同泥质含量的围岩排替压力与压实成岩埋深之间关系由围岩停止沉积时期（T_{s}）移至相当于断裂开始压实成岩时期（T_0）对应时期，将其作为断层岩排替压力与压实成岩埋深之间关系，取断层岩现今压实成岩埋深（$Z\cos\theta$）对应的排替压力，即断层岩排替压力，如图 4.27 所示。

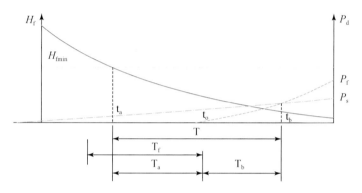

图 4.27　断盖配置渗漏油气时期及构成示意图

H_{f}. 断盖配置断接厚度；H_{fmin}. 断盖配置封油气所需的最小断接厚度；P_{d}. 排替压力；P_{f}. 断层岩排替压力；P_{s}. 下伏储层岩石排替压力；T_{f}. 断裂活动时期；T_{a}. 裂缝渗漏油气时期；T_{b}. 孔隙渗漏油气时期；$T = T_{\mathrm{a}} + T_{\mathrm{b}}$. 断盖配置渗漏油气时期；$t_{\mathrm{a}}$. 断盖配置开始不封闭时期；$t_{\mathrm{b}}$. 断盖配置断层岩封闭时期；$t_{\mathrm{o}}$. 断裂停止活动时期

将上述已确定的盖层排替压力和断层岩排替压力代入式（4.13）中，便可以得到断裂对盖层封闭能力的破坏程度，其值越大，断裂对盖层封闭能力的破坏程度越小；反之则越大。

4.3.3　应用实例

选取渤海湾盆地南堡凹陷南堡 5 号构造 F1 断裂为例，利用上述方法研究其对东二段泥岩盖层封闭能力的破坏程度，并通过研究成果与目前东二段泥岩盖层之下已发现油气之间关系分析，验证该方法用于研究断裂破坏盖层封闭能力程度的可行性。

南堡 5 号构造位于渤海湾盆地南堡凹陷西北部，东临老爷庙构造，南接南堡 1 号构造，位于南庄断裂下降盘，是一个发育在向东倾伏、向西抬升的鼻状构造上的背斜，构造方向为北北东向，被一系列东西向断裂复杂化（图 4.28），面积约为 360km²。该区沉积地层自下而上主要包括下古生界寒武系—奥陶系（Є—O）、中生界侏罗系—白垩系（J—

K）、古近系（沙河街组 Es、东营组 Ed）、新近系（馆陶组 Ng、明化镇组 Nm）和第四系（Q）。目前南堡 5 号构造在沙河街组和东营组发现了大量油气，其中东二段泥岩是油气的主要盖层。油气钻探结果表明，南堡 5 号构造东二段泥岩盖层发育，其发育及分布特征详见上述 4.3.2 节内容。

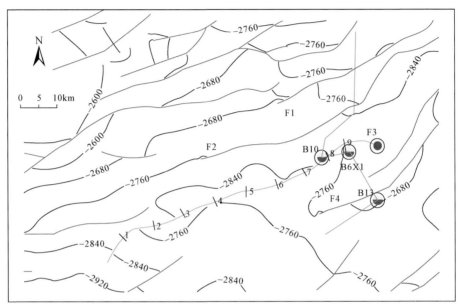

图 4.28　南堡凹陷 F1 断裂与油气分布关系图

　　F1 断裂位于南堡 5 号构造中部，是一条北北东向展布的断裂，其发育规模是上小下大，断距为 70 ~ 160m，倾角变化较大，平均为 25°。由图 4.29 可以看出，F1 断裂为东三段沉积中期以后发育起来的一条断裂，主要活动期为东营组活动时期，在馆陶组上段沉积早期 F1 断裂停止活动。F1 断裂错断的东二段泥岩盖层，但由于不同测线处 F1 断裂对于东二段泥岩盖层分布连续性的破坏程度不同（表 4.4），对东二段泥岩盖层封闭能力的破坏程度也不相同。

　　由前文可以得到断裂在东二段泥岩盖层内分段生长上下连接所需的最大断接厚度约为 120m，如图 4.13 所示。可以得到在测线 L_1、L_3、L_4、L_5、L_6、L_7 和 L_9 处东二段泥岩盖层断接厚度大于断裂在东二段泥岩盖层内分段生长上下连接所需的最大断接厚度，F1 断裂不能破坏东二段泥岩盖层的封闭能力，不必研究断裂对东二段泥岩盖层封闭能力的破坏程度。而 F1 断裂在测线 L_2 和 L_8 处东二段泥岩盖层断接厚度小于断裂在东二段泥岩盖层内分段生长上下连接所需的最大断接厚度，F1 断裂破坏了东二段泥岩盖层的封闭能力，可进行断裂对东二段泥岩盖层封闭能力破坏程度的预测。

　　因为缺少测线 L_2 和 L_8 处东二段泥岩盖层样品，所以只能借助于南堡凹陷泥岩盖层实测排替压力与压实成岩埋深和泥质含量之间经验关系 [式（4.18）]。

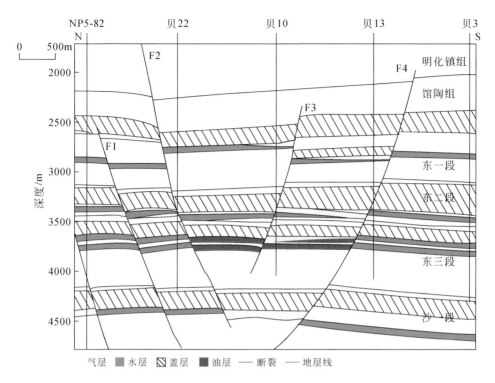

图 4.29　南堡凹陷南堡 5 号构造南堡 5-2 断裂剖面图

表 4.4　南堡 5 号构造东二段泥岩盖层断接厚度计算数据表

参数	测线号								
	L_1	L_2	L_3	L_4	L_5	L_6	L_7	L_8	L_9
东二段泥岩盖层厚度/m	269	210	243	239	269	305	252	198	290
F1 断裂断距/m	20	185	110	100	95	100	127	80	50
东二段泥岩盖层断接厚度/m	249	25	133	139	174	250	125	118	240

$$P_c = 0.031 \left(\frac{Z_c R_c}{100} \right)^{1.507} \tag{4.18}$$

式中，P_c 为南堡凹陷泥岩盖层实测排替压力，MPa；Z_c 为南堡凹陷泥岩盖层埋深，m；R_c 为南堡凹陷泥岩盖层的泥质含量，%。

已知测线 L_2 和 L_8 处东二段泥岩盖层压实成岩埋深（因其上无地层明显抬升剥蚀，可用其现今埋深代替）分别为 2670.5m 和 2626.1m。然后依据自然伽马测井资料，利用式（4.14）和式（4.15）计算得到测线 L_2 和 L_8 处东二段泥岩盖层的泥质含量分别为 0.989 和 0.860，将其代入式（4.18）中，便可以求得测线 L_2 和 L_8 处东二段泥岩盖层的排替压力分别约为 4.610MPa 和 3.671MPa。

由 F1 断裂在测线 L_2 和 L_8 处东二段泥岩盖层内断距和被其错断岩层厚度和泥质含量，由式（4.17）计算得到 F1 断裂在测线 L_2 和 L_8 处东二段泥岩盖层内断层岩的泥质含量分别为 51.4% 和 63.8%，将其代入式（4.18）中，便可以分别得到与 F1 断裂在测线 L_2 和 L_8 处东二段泥岩盖层内断层岩具有相同泥质含量的围岩排替压力与压实成岩埋深之间关系，如图 4.30 所示。再将与 F1 断裂在测线 L_2 和 L_8 处东二段泥岩盖层内断层岩具有相同泥质含量的围岩排替压力与压实成岩埋深之间关系内的围岩开始停止沉积时期，根据距今埋深约为 2002m 和 2042m 时对应的时期（图 4.30），分别取 F1 断裂断层岩距今压实成岩埋深（$Z\cos\theta$）对应的排替压力，即分别为 0.600MPa 和 0.825MPa，如图 4.30 所示。

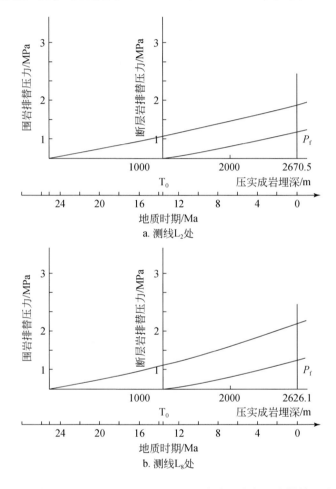

图 4.30　F1 断裂在测线 L_2 和 L_8 处东二段泥岩盖层内断层岩排替压力计算图

将上述已确定出的测线 L_2 和 L_8 处东二段泥岩盖层排替压力和 F1 断裂在东二段泥岩盖层内断层岩排替压力分别代入式（4.13）中，便可以得到测线 L_2 和 L_8 处 F1 断裂对东二段泥岩盖层封闭能力的破坏程度相对较小，有利于东二段泥岩盖层之下油气的聚集与保存。

由图 4.28 和图 4.29 中可以看出，目前南堡 5 号构造在测线 L_2 和 L_8 处东二段泥岩盖层之下已找到了油气，而测线 L_2 处东二段泥岩盖层之下未找到油气，这主要是由于测线 L_2 处无圈闭造成的。

4.4　断裂对盖层破坏综合程度及研究方法

大量研究成果表明，盖层封闭油气能力既受到分布连续性的影响，又受到封闭能力的影响，应是二者共同作用结果。由前面的研究内容可知，断裂活动既可以破坏盖层分布的连续性，又可以破坏其封闭能力。二者与断裂破坏盖层综合封闭能力之间是何种关系，应是断裂对盖层破坏程度研究的关键，也是正确认识含油气盆地断裂发育区油气分布的关键。

4.4.1　断裂破坏盖层分布连续性与封闭能力之间关系

由前文可知，断裂对盖层封闭的破坏包括其对分布连续性的破坏和其对封闭能力的破坏。断裂对盖层分布连续性的破坏与对盖层封闭能力破坏之间关系，如图 4.31 所示，盖层断接厚度大于零，盖层虽遭到断裂破坏，但分布仍连续，只有断接厚度大于断裂在盖层内分段生长上下连接所需的最大断接厚度时，盖层才是封闭（图 4.31a）；而断接厚度小于断裂在盖层内分段生长上下连接所需的最大断接厚度时，盖层虽连续分布，但其封闭能力由于遭到破坏，已不再是盖层封闭，而是断层岩封闭（图 4.31b）；如果盖层断接厚度小于零，盖层已失去分布连续性，此时盖层不具备封闭能力（图 4.31c）。

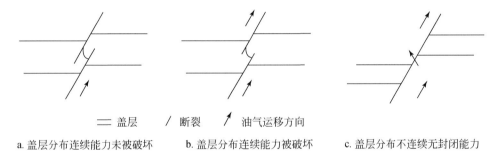

　——盖层　　／断裂　　↗油气运移方向

　a. 盖层分布连续能力未被破坏　　b. 盖层分布连续能力被破坏　　c. 盖层分布不连续无封闭能力

图 4.31　断裂破坏盖层分布连续性及能力之间关系示意图

4.4.2　断裂对盖层破坏综合程度及其研究方法

由前面的研究可知，要确定断裂对盖层破坏综合程度，就必须确定出断裂对盖层分布连续性破坏程度和断裂对盖层封闭能力破坏程度，由式（4.19）便可以求得断裂对盖层破坏综合程度。

$$a_{总} = \frac{T_f}{T_c} \tag{4.19}$$

式中，$a_{总}$ 为断裂对盖层破坏综合程度；T_c 为盖层综合封闭能力；T_f 为被断裂破坏盖层综合封闭能力。

由式（4.19）中可以看出，$a_总$ 值越大，断裂对盖层破坏程度越小，反之则越大。盖层综合封闭能力（T_c）既受到其分布连续性（可用盖层厚度表示）的影响，又受到其封闭能力（可用盖层排替压力和储层剩余压力表示）的影响，所以盖层综合封闭能力可用式（4.20）表示。

$$T_c = \frac{P_c \cdot H}{\Delta P} \tag{4.20}$$

式中，T_c 为盖层综合封闭能力；P_c 为盖层岩排替压力，MPa；H 为盖层厚度，m；ΔP 为储层剩余压力，MPa。

由式（4.20）可以看出，盖层综合封闭能力与盖层排替压力和厚度成正比，而与储层中剩余压力成反比。

因为盖层被断裂破坏，盖层厚度已变成了断接厚度，其封闭性已不再取决于盖层本身，而是取决于断层岩的封闭性，所以被断裂破坏的盖层综合封闭能力可用式（4.21）表示。

$$T_f = \frac{P_f \cdot (H-L)}{\Delta P} \tag{4.21}$$

式中，T_f 为被断裂破坏盖层综合封闭能力；P_f 为断层岩排替压力，MPa；L 为断裂断距，m；H 为盖层厚度，m；ΔP 为储层剩余压力，MPa。

由式（4.21）可以看出，被断裂破坏盖层综合封闭能力与断层岩排替压力和断层断接厚度成正比，而与储层中剩余压力成反比。

将盖层综合封闭能力 T_c 和被断裂破坏后盖层综合封闭能力 T_f 代入式（4.19）中可以得到式（4.22）。

$$a_总 = \frac{T_f}{T_c} = \frac{P_f}{P_c} \cdot \frac{H-L}{H} = a_能 \cdot a_分 \tag{4.22}$$

由式（4.9）可以看出，断裂破坏盖层封闭能力综合程度应等于断裂对盖层封闭能力破坏程度和断裂对盖层分布连续性破坏程度的乘积。其值越大，断裂对盖层破坏综合程度越小；反之则越大。因此，只有按照上述方法确定出断裂对盖层封闭能力破坏程度 $a_能$ 和断裂对盖层分布连续性破坏程度 $a_分$，代入式（4.22）中便可以求得断裂对盖层破坏综合程度。

4.4.3　应用实例

以海拉尔盆地贝尔凹陷西部斜坡呼和诺仁构造 F5 断裂为例，利用上述方法研究 F5 断裂对白垩系大磨拐河组一段（简称大一段）泥岩盖层破坏综合程度，并将研究成果与大一段泥岩盖层下部南屯组二段油气分布之间关系对比分析，以验证该方法用于研究断裂对盖层破坏综合程度的可行性。

贝尔凹陷在西斜坡呼和诺仁构造自下而上发育三叠纪布达特群（基岩）、白垩系南屯组一段、南屯组二段、大磨拐河组一段、大磨拐河组二段、伊敏组、青元岗组、古近系和第四系。其中，大一段泥岩盖层发育，是该区油气成藏的主要盖层；油气主要分布在大一段泥岩盖层之下的南屯组二段储层中，如图 4.32 所示。F5 断裂位于海拉尔盆地贝尔凹陷

贝西斜坡呼和诺仁构造（图 4.32、图 4.33），它是一条北东向展布的正断层，延伸长度约

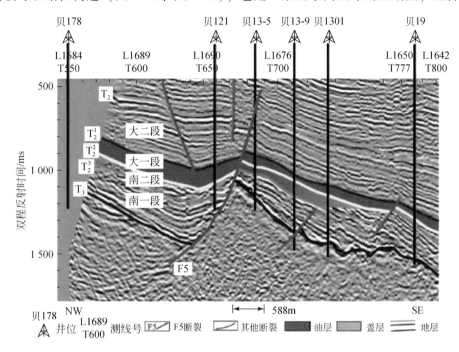

图 4.32　海拉尔盆地贝尔凹陷贝西斜坡呼和诺仁构造 F5 断裂剖面图

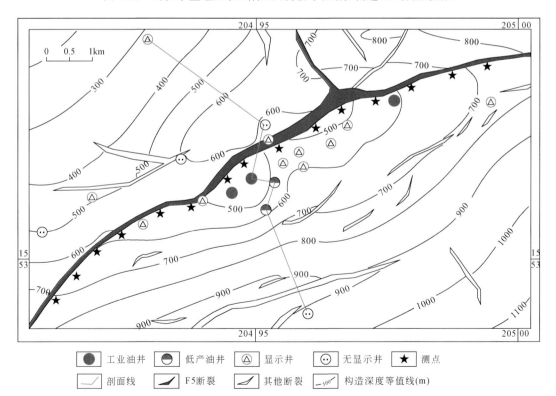

图 4.33　海拉尔盆地贝尔凹陷贝西斜坡呼和诺仁构造 F5 断裂构造与油气分布关系

为 13.4km，断面北西倾斜，从基岩断至伊二段和伊三段地层，断层倾角上陡下缓，成铲式分布。由断裂形成演化史研究结果表明，F5 断裂一直活动到伊二段和伊三段沉积早期为止，之后断裂停止活动，断裂充填物开始压实成岩，F5 断裂错断了大一段泥岩盖层，但未将其完全错开，盖层仍保持横向分布的连续性。因此能否正确认识 F5 断裂对大一段泥岩盖层的破坏程度，是认清下伏南屯组二段储层油气聚集规律的关键。

为了研究问题方便，从西至东将 F5 断裂均匀地分为 15 个测点，如图 4.33 所示，由钻井和地震资料统计得到 F5 断裂在 15 个测点处大一段泥岩盖层厚度为 35.48 ~ 131.62m，断距为 6.82 ~ 51.86m（表 4.5）。

表 4.5　F5 断裂在 15 个测点处对大一段泥岩盖层破坏综合程度

测点	SGR/%	Z/m	Z_f/m	H/m	L/m	p_{dm}/MPa	p_{df}/MPa	$a_分$	$a_能$	$a_总$	评价
1	48	714.48	573.83	109.18	6.82	1.83	1.41	0.94	0.77	0.72	较弱
2	33	649.64	521.76	131.02	9.55	1.77	1.19	0.93	0.67	0.62	较弱
3	39	614.37	493.43	81.89	16.38	1.72	1.23	0.80	0.71	0.57	较弱
4	36	584.56	469.49	65.51	21.84	1.71	1.17	0.67	0.69	0.46	较强
5	39	527.04	423.29	109.18	16.38	1.70	1.16	0.85	0.68	0.58	较弱
6	43	517.31	415.48	35.48	10.92	1.72	1.20	0.69	0.70	0.48	较强
7	77	458.56	368.29	98.27	32.76	1.78	1.43	0.67	0.80	0.54	较弱
8	67	461.64	370.77	124.20	35.48	1.88	1.34	0.71	0.71	0.51	较弱
9	73	493.97	396.73	62.78	51.86	1.96	1.44	0.17	0.74	0.13	强
10	74	505.43	405.94	73.70	40.94	1.99	1.47	0.44	0.74	0.33	较强
11	74	509.81	409.46	62.78	30.03	1.94	1.48	0.52	0.77	0.40	较强
12	74	542.73	436.90	49.43	19.11	1.78	1.52	0.61	0.86	0.52	较弱
13	73	631.99	507.58	79.16	19.11	1.71	1.65	0.76	0.97	0.73	较弱
14	67	680.70	546.71	51.86	16.38	1.82	1.65	0.68	0.91	0.62	较弱
15	55	728.48	585.08	79.16	13.65	2.05	1.53	0.83	0.75	0.62	较弱

由贝尔凹陷实测泥岩排替压力与其压实成岩埋深和泥质含量之间关系做数学回归可以得到其关系式如式（4.23）所示。

$$P_c = 0.879 e^{1.7176 \times 10^{-3} Z V_{sh}} \tag{4.23}$$

式中，P_c 为贝尔凹陷实测泥岩排替压力，MPa；Z 为贝尔凹陷泥岩埋深，m；V_{sh} 为贝尔凹陷泥岩泥质含量，%。

由大一段泥岩盖层埋深（因其上无明显抬升剥蚀，可用现代埋深代替）和泥质含量 [可用自然伽马测井由式（4.14）和式（4.15）计算求得]，将二者代入式（4.23）中可求得 F5 断裂在 15 个测点处大一段泥岩盖层排替压力（表 4.5）。由表 4.5 可以看出，F5 断裂在 15 个测点处的大一段泥岩盖层排替压力为 1.70 ~ 2.05MPa。

由 F5 断裂断距和被其错断地层岩层厚度和泥质含量，由式（4.17）可计算求得其断层岩泥质含量分布，如图 4.34 所示，将大一段地层与断层的交线投影到断层岩泥质含量分布图上，即可得到大一段泥岩盖层对应处断层岩泥质含量，从而求得 F5 断裂在 15 个测点处的断层岩泥质含量，如表 4.5 所示。由表 4.5 可以看出，F5 断裂在 15 个测点处断层岩泥质含量为 0.33～0.77。

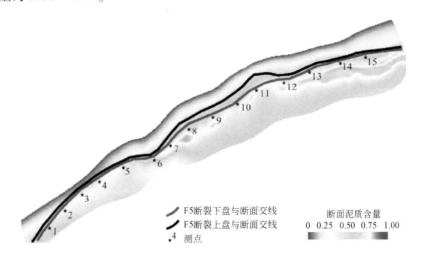

图 4.34　贝尔凹陷贝西斜坡呼和诺仁构造 F5 断面泥质质量分数分布图

依据断层岩压实成岩埋深和与其具有相同埋深围岩压实成岩埋深之间关系 [式 (4.24)]，结合 F5 断裂在 15 个测点处的大一段泥岩盖层埋深、压实成岩时间（伊二段和伊三段沉积早期停止活动，距今压实成岩时间约为 102.0Ma）和大一段泥岩盖层压实成岩时间（为其本身活动时间，约为 127.5Ma），由式 (4.24) 便可以预测得到 F5 断裂在 15 个测点处的压实成岩埋深为 368.29～585.08m，如表 4.5 所示。

$$Z_f = \frac{T_f}{T_s} Z_s \qquad\qquad (4.24)$$

式中，Z_f 为断层岩压实成岩埋深，m；Z_s 为与断层岩具有相同埋深围岩的压实成岩埋深，m；T_s 为与断层岩具有相同埋深围岩的压实成岩埋深时间，Ma；T_f 为断层岩压实成岩时间，Ma。

将上述已确定出的 F5 断裂断层岩压实成岩埋深和断层岩泥质含量代入式 (4.23) 中，便可以求得 F5 断裂在 15 个测点处大一段泥岩盖层内断层岩的排替压力，如表 4.5 所示。由表 4.5 中可以看出，F5 断裂在 15 个测点处断层岩排替压力为 1.16～1.65MPa。

将上述已确定出的 F5 断裂在 15 个测点处的大一段泥岩盖层排替压力、断层岩排替压力、大一段泥岩盖层厚度和 F5 断裂断距，代入式 (4.19) 中便可以得到 F5 断裂对大一段泥岩盖层破坏综合程度，如表 4.5 所示。由表 4.5 中可以看出，F5 断裂对大一段泥岩盖层破坏综合程度为 0.13～0.73。其中，测点 4、6、9、10、11 处 F5 断裂对大一段泥岩盖层破坏综合程度相对较强，而其余测点处相对较弱。由图 4.33 中南屯组二段油气显示可以看出，在测点 4、6、9、10、11 处 F5 断裂对大一段泥岩盖层破坏综合程度高，其附近井为显示井（贝 3-3 井、贝 3-4 井、贝 3-7 井、贝 3-8 井、贝 41-50 井、贝 3-1 井和贝 3-2 井）或无显示（贝 21 井），其原因主要是 F5 断裂对大一段泥岩盖层破坏综合程度相对较高，油气保存条件相对较差，油气大量散失，从而形成油气显示。而在测点 1～3、5、7、8、12～15

处 F5 断裂对大一段泥岩盖层破坏综合程度相对较低，有利于油气聚集与保存，其附近井贝302 井、贝 3-5 井为高产油气流井，贝 3-9 井、贝 301 井、贝 23 井则为低产油气流井。

4.5　断裂破坏盖层封油气有效程度及研究方法

断裂破坏盖层封油气有效程度应包括断裂破坏盖层封油气能力有效程度和断裂破坏盖层封油气时间有效程度，故断裂破坏盖层封油气有效程度也应包括断裂破坏盖层封油气能力有效程度和断裂破坏盖层封油气时间有效程度。

4.5.1　断裂破坏盖层封油气能力有效程度及其研究方法

由前文可知，断裂不仅破坏盖层分布连续性及封闭能力，而且破坏盖层封油气能力的有效程度，能否正确认识断裂破坏盖层封油气能力有效程度，对正确认识含油气盆地断裂发育区油气分布规律和指导油气勘探均具重要意义。

1. 盖层封油气能力有效程度及其研究方法

大量研究结果表明，盖层之所以能对下伏储层中油气进行有效封闭，是因为盖层封闭能力（排替压力）大于或等于其下伏储层中油气能量（剩余压力），油气被有效地封闭在盖层之下聚集与保存。相反，如果盖层排替压力小于下伏储层中油气剩余压力，油气将在剩余压力的作用下，通过盖层向外散失，此时盖层不能对下伏储层中油气形成有效封闭，不利于油气聚集和保存，如图 4.35 所示。但油气在剩余压力作用下通过盖层向外的散失作用并非可以一直持续下去，当下伏储层中油气剩余压力小于或等于其盖层排替压力时，油气向外散失作用便停止。油气通过盖层向外散失运移速度越快，越不利于油气聚集与保存；反之，则有利于油气聚集与保存。

为了综合定量地反映盖层封油气能力的有效程度，可利用油气在剩余压力作用下通过盖层向外散失的压力梯度大小来综合定量反映盖层封油气能力有效程度的相对好坏，如式（4.25）所示。

$$E_c = \frac{\Delta P - P_c}{H} \tag{4.25}$$

式中，E_c 为盖层封油气能力有效程度评价参数，MPa/m；P_c 为盖层岩排替压力，MPa；H 为盖层厚度，m；ΔP 为储层剩余压力，MPa。

由式（4.25）可以看出，盖层封油气能力有效程度评价参数与盖层排替压力和厚度成反比，与油气剩余压力成反比，其值越小，表明油气在剩余压力作用下通过盖层向外散失运移的压力梯度越小，油气通过盖层向外散失量越小，盖层封油气能力有效性越好，尤其是当 E_c 小于零或等于零时，表明油气不能通过盖层向外散失，更有利于油气在其下聚集与保存；反之则不利于油气在盖层下聚集与保存，由此可以看出，E_c 的相对大小可以综合定量地反映盖层封油气能力有效性的相对好坏。

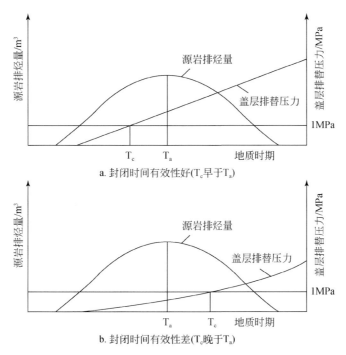

a. 封闭时间有效性好(T_c早于T_a)

b. 封闭时间有效性差(T_c晚于T_a)

图 4.35　盖层封闭时间有效性示意图

T_a. 源岩大量排烃期；T_c. 盖层封闭能力形成时期

2. 断裂破坏盖层封油气能力有效程度及其研究方法

当盖层遭到断裂破坏时，虽然其可能没有失去横向分布连续性，但其封闭能力却遭到明显破坏，此时盖层封闭能力已不再取决于其本身的封闭能力，而取决于其内断层岩的封闭能力，如图 4.36 所示。盖层封油气能力有效性也遭到了破坏，这主要表现在盖层排替压力已变成断层岩排替压力，盖层厚度已变为断接厚度，如式（4.26）所示。

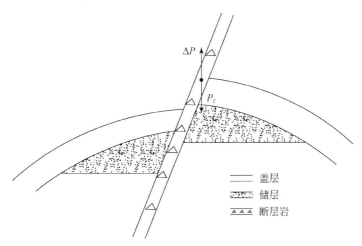

图 4.36　被断裂破坏盖层封油气能力有效性示意图

ΔP. 储层油气剩余压力；P_f. 断层岩排替压力

$$E_f = \frac{\Delta P - P_f}{H_f} \tag{4.26}$$

式中，E_f 为断裂破坏盖层封油气能力有效程度评价参数，MPa/m；H_f 为断接厚度，m；ΔP 为储层剩余压力，MPa；P_f 为断层岩排替压力，MPa。

依据式（4.25）和式（4.26），便可以得到断裂破坏盖层封油气的有效程度。

$$a_{能} = \frac{E_c - E_f}{E_c} \tag{4.27}$$

由式（4.27）可以看出，$a_{能}$ 值越大，表明断裂破坏盖层封油气能力有效程度越低；反之则越高。

式（4.25）中的 P_c 可以通过盖层样品在实验室测试直接得到，也可以利用其压实成岩埋深（若上覆地层无明显抬升剥蚀，可用现今埋深代替）和泥质含量［可用自然伽马测井法，由式（4.14）和式（4.15）求得］，由研究区盖层实测排替压力与其压实成岩埋深和泥质含量之间经验关系［式（4.16）］求得。断层岩排替压力可按照前文研究方法获取。ΔP 可利用储层压力系数和埋深由式（4.28）求得。盖层厚度可用钻井和地震资料来确定，断接厚度则可由盖层厚度和断距的差值表征。

$$\Delta P = (R - 1) P_w Z \tag{4.28}$$

式中，R 为储层压力系数，常数；Z 为储层埋深，m；P_w 为地层密度，g/cm³。

3. 应用实例

选取上述渤海湾盆地南堡凹陷南堡 5 号构造东二段为例，利用上述方法研究 F1 断裂破坏东二段泥岩盖层封油气有效性，并通过研究结果与东二段泥岩盖层之下已发现油气分布之间关系分析，验证该方法用于研究断裂破坏盖层封油气能力有效程度的可行性。

由南堡凹陷实测泥岩盖层排替压力与其压实成岩埋深和泥质含量之间关系［式（4.18）］，利用在 F1 断裂 9 条测线处东二段泥岩盖层埋深、泥质含量，对盖层排替压力进行了计算，其结果如表 4.6 所示。由表 4.6 中可以看出，在 F1 断裂 9 条测线处东二段泥岩盖层排替压力介于 2.018 ~ 4.610MPa。由钻井资料统计得到过 F1 断裂 9 条测线处东二段泥岩盖层厚度为 198 ~ 369m。由地震资料可以得到 F1 断裂在 9 条测线处的断距为 20 ~ 195m，二者相减便可以得到 F1 断裂 9 条测线处东二段泥岩盖层的断接厚度为 25 ~ 249m。由东二段泥岩盖层之下储层压力系数和埋深（表 4.6），由式（4.28）计算得到过 F1 断裂 9 条测线处的储层剩余压力为 2.881 ~ 6.865MPa。

由上述断裂在东二段泥岩盖层内埋深、倾角、停止活动时期（约为馆陶组沉积初期，距今应为 5.32Ma）、东二段泥岩盖层压实成岩时期（为其本身沉积时期，约为 25.3Ma），利用前面对 F1 断裂在 9 条测线处东二段泥岩盖层内的断层岩排替压力进行了计算，结果如表 4.3 所示。由表 4.6 可以看出，F1 断裂在 9 条测线处东二段泥岩盖层内断层岩排替压力为 0.146 ~ 0.257MPa。

表 4.6　不同测线处 F1 断裂破坏东二段泥岩盖层封油气有效性程度计算表

测线号	盖层埋深/m	盖层厚度/m	断接厚度/m	盖层泥质含量/%	盖层排替压力/MPa	断层岩泥质含量/%	断层岩排替压力/MPa	储层剩余压力/MPa	E_c	E_f	$a_{能}$
1	2340.7	269	249	94.9	3.520	62.2	0.160	−2.881	−0.024	−0.012	0.50
2	2670.5	210	25	98.9	4.610	51.4	0.146	−1.136	−0.027	−0.051	0.88
3	2634.9	243	133	99.5	4.558	67.9	0.221	0.17	−0.018	−0.001	0.94
4	2686.6	239	139	92.8	4.214	64.6	0.211	−0.415	−0.019	0	1.0
5	2628.8	369	174	85.7	3.589	75.0	0.257	1.742	−0.001	0.001	1.0
6	2648.7	305	205	72.5	2.805	70.0	0.233	6.812	0.013	0.032	1.0
7	2459.6	252	125	63.2	2.018	64.1	0.181	6.865	0.019	0.053	1.0
8	2626.1	198	118	86.9	3.671	62.9	0.195	1.842	−0.001	0.014	1.0
9	2562.3	290	240	89.6	3.706	60.7	0.178	1.489	−0.001	0.001	1.0

将上述各参数代入式（4.27）中，便可以计算得到 9 条测线处 F1 断裂破坏东二段泥岩盖层封油气能力有效程度为 0.5～1.0，除了测线 L_1 和 L_2 处外，其余测线处 F1 断裂破坏东二段泥岩盖层封油气能力有效程度均相对较低，有利于油气在 F1 断裂附近东二段泥岩盖层之下聚集和保存，这可能是南堡 5 号构造能在 F1 断裂附近东二段泥岩盖层之下能找到大量油气的根本原因。

4.5.2　断裂破坏盖层封油气时间有效程度及其研究方法

由上述分析可知，由于盖层遭到断裂破坏，不仅封闭能力遭到破坏，而且也因其封闭机理发生改变——由盖层封闭变成断层岩封闭，造成其封闭能力形成时期发生改变，从而影响了盖层封闭油气时间有效性。因此，能否准确地研究断裂破坏盖层封油气时间有效程度，对于正确认识含油气盆地断裂发育区油气聚集规律具有重要意义。

1. 断裂破坏盖层封闭时间有效程度及其影响因素

断裂之所以会对盖层封闭时间有效性产生破坏，是因为断层岩封闭能力形成时期明显晚于盖层封闭能力形成时期，如图 4.37 所示，造成断层岩封闭能力形成之前被盖层封闭的油气散失，二者时间差越大，断裂破坏盖层封闭时间有效程度越大；反之则越小。由图 4.37 中断层岩封闭能力形成时期与盖层封闭能力形成时期之间的关系可以看出，断裂破坏盖层封闭时间有效程度主要受到盖层封闭性形成时期与断层岩封闭性形成时期相对早晚的影响，断层岩封闭性形成时期相对盖层封闭性形成时期越晚，断裂破坏盖层封闭时间有效程度就越大；反之则越小，可用式（4.29）来表示。

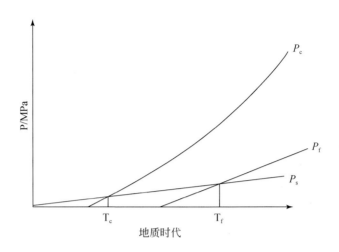

图 4.37　盖层和断层岩封闭能力形成时期示意图

P. 排替压力，MPa；P_c. 盖层排替压力，MPa；P_f. 断层岩排替压力，MPa；P_s. 下伏储层岩石排替压力，MPa；

T_c. 盖层封闭能力形成时期；T_f. 断层岩封闭能力形成时期

$$a_{时} = \frac{T_c - T_f}{T_c} \tag{4.29}$$

式中，$a_{时}$ 为断裂破坏盖层封闭时间有效程度；T_c 为盖层封闭性形成时期，Ma；T_f 为断层岩封闭性形成时期，Ma。

由式（4.29）中可以看出，$a_{时}$ 值介于 0~1，其值越大，表明断裂破坏盖层封闭时间有效程度越高；反之则越低。

2. 断裂破坏盖层封闭时间有效程度及其研究方法

要研究断裂破坏盖层封闭时间有效程度，就必须确定出泥岩盖层封闭能力形成时期和断层岩封闭能力形成时期。

盖层封闭能力形成时期的确定方法：盖层并非一经沉积就开始具有封闭能力的，而是随着埋深增加，压实成岩作用逐渐增强，孔隙性逐渐降低，排替压力逐渐增大。当其开始等于下伏储层岩石排替压力时，开始形成封闭能力，故可用盖层排替压力和下伏储层岩石排替压力和其所对应时期作为盖层封闭能力形成时期，如图 4.37 所示。由此看出，要确定盖层封闭能力形成时期，就必须首先建立盖层和储层岩石排替压力随压实成岩埋深和泥质含量之间关系，如式（4.17）所示。

$$P_s = c \cdot e^{dZ_s R_s} \tag{4.30}$$

式中，P_s 为储层岩石的实测排替压力，MPa；Z_s 为储层埋深，m；R_s 为储层泥质含量，%；c、d 为与地区有关的经验常数。

在地层古埋深恢复的基础上，假设盖层和储层岩泥质含量地质时期近似不变，便可以得到盖层和储层岩排替压力随压实成岩埋深之间的变化关系，再在二者古埋深恢复的基础上，便可以得到盖层和储层岩排替压力随时间变化关系，如图 4.19 所示，取盖层和储层岩排替压力和其处所对应时期即盖层封闭能力形成时期。

断层岩封闭能力形成时期的确定可按照前文的章节内容，确定出断层岩排替压力随时间变化关系，如图 4.37 所示。再与下伏储层岩排替压力随时间变化关系叠合，取断层岩和下伏储层岩排替压力相等处所对应时期，即断层岩封闭能力形成时期。

将上述已确定出来的盖层封闭能力形成时期和断层岩封闭能力形成时期，代入式（4.29）中，便可以求得断裂破坏盖层封闭时间有效性，其值越大，断裂破坏盖层封闭时间有效性越大；反之则越小。

3. 应用实例

选取上述渤海湾盆地南堡凹陷南堡 5 号构造为例，利用上述研究方法研究 F1 断裂破坏东二段泥岩盖层封闭时间有效性，并通过研究结果与目前东二段泥岩盖层之下已发现油气之间关系分析，验证该方法用于研究断裂破坏盖层封闭时间有效程度的可行性。

南堡 5 号构造 F1 断裂发育及其活动特征和东二段泥岩盖层发育及其分布特征详见上文，F1 断裂在测线 L_1、L_3、L_4、L_5、L_6、L_7 和 L_9 处未破坏东二段泥岩盖层，F1 断裂未对东二段泥岩盖层封闭时间有效性进行破坏，不必研究 F1 断裂破坏东二段泥岩盖层封闭时间有效性程度。而在测线 L_2 和 L_8 处 F1 断裂破坏了东二段泥岩盖层，开展 F1 断裂破坏东二段泥岩盖层封闭时间有效性程度，以便指导油气勘探。

由 F1 断裂在测线 L_2 和 L_8 处的东二段泥岩盖层自然伽马测井值，按照上述方法计算其泥质含量分别为 0.99 和 0.87。由南堡凹陷泥岩盖层实测排替压力与压实成岩埋深和泥质含量之间关系式［式（4.18）］，便可以得到测线 L_2 和 L_8 处东二段泥岩盖层排替压力与其压实成岩埋深之间关系。根据地层古厚度恢复方法，利用声波时差资料恢复得到东二段泥岩盖层及其以上地层不同时期古厚度，利用地层回剥法恢复东二段泥岩盖层在不同地质时期的古埋深，据此便可以得到测线 L_2 和 L_8 处东二段泥岩盖层排替压力随时间变化关系，如图 4.30 所示。

由 F1 断裂在测线 L_2 和 L_8 处东二段泥岩盖层之下储层岩自然伽马测井值法，和利用式（4.14）和式（4.15）计算得到东二段泥岩盖层之下的储层岩泥质含量均为 0.17，由南堡凹陷储层岩石的实测排替压力与其压实成岩埋深和泥质含量之间关系［式（4.30）］，便可以得到测线 L_2 和 L_8 处东二段泥岩盖层之下储层岩石排替压力与压实成岩埋深之间的关系，按照与上述东二段泥岩盖层古压实成岩埋深恢复相同的方法恢复东二段泥岩盖层之下储层岩的不同时期的古压实成岩埋深，据此便可以得到东二段泥岩盖层之下储层岩石排替压力随时间的变化关系，如图 4.30 所示。

取测线 L_2 和 L_8 处东二段泥岩盖层之下储层岩石排替压力与下伏储层岩石排替压力相等处所对应的时期，如图 4.30 所示，即测线 L_2 和 L_8 处东二段泥岩盖层封闭能力形成时期，距今分别约为 26.3Ma 和 26.1Ma，二者值相近，均相当于东一段沉积早期。

由 F1 断裂在测线 L_2 和 L_8 处东二段泥岩盖层内断距和被其错断地层岩层厚度和泥质含量，由式（4.17）计算得到 F1 断裂在测线 L_2 和 L_8 处东二段泥岩盖层内断层岩的泥质含量分别为 0.52 和 0.63，由南堡凹陷围岩实测排替压力与压实成岩埋深和泥质含量之间的关系［式（4.18）］，便可以得到与 F1 断裂在测线 L_2 和 L_8 处东二段泥岩盖层内断层岩泥质含量相同的围岩排替压力与压实成岩埋深之间的关系，将其从东二段泥岩盖层停止沉积时期

（距今约为 26.3Ma）移至相当于 F1 断裂断层岩开始压实成岩时期（T_0）处对应时间，将其作为 F1 断裂在测线 L_2 和 L_8 处东二段泥岩盖层内断层岩排替压力随压实成岩埋深之间的关系，再由上述压实成岩古埋深恢复方法，恢复 F1 断裂在测线 L_2 和 L_8 处东二段泥岩盖层内断层岩不同地质时期的古压实成岩埋深，据此便可以得到 F1 断裂在测线 L_2 和 L_8 处东二段泥岩盖层内断层岩排替压力随时间的变化关系，如图 4.30 所示。

　　取测线 L_2 和 L_8 处东二段泥岩盖层内断层岩排替压力与下伏储层岩石排替压力在某处所对应的时期，如图 4.30 所示，即断层岩封闭能力形成时期，分别距今为 7.4Ma 和 8Ma，二者也比较接近，均约为馆陶组沉积时期。

　　将上述已确定出的测线 L_2 和 L_8 处东二段泥岩盖层封闭能力形成时期与断层岩封闭能力形成时期代入式（4.29）中，便可以得到测线 L_2 和 L_8 处 F1 断裂破坏东二段泥岩盖层封闭时间有效程度分别为 0.72 和 0.69。测线 L_2 处 F1 断裂破坏东二段泥岩盖层封闭时间有效程度高于测线 L_8 处 F1 断裂破坏东二段泥岩盖层封闭时间有效程度，不利于油气聚集成藏，与目前测线 L_8 处东二段泥岩盖层之下储层中已发现油气，而测线 L_2 处东二段泥岩盖层之下储层中未发现油气符合。

第5章 断层伴生圈闭形成机制及研究方法

裂陷盆地断层伴生圈闭是断层生长过程中形成的圈闭构造，按照断层伴生圈闭的成因机制可以将裂陷盆地断层伴生圈闭划分为与伸展作用有关的断层伴生圈闭和与走滑作用有关的断层伴生圈闭。

5.1 断层伴生圈闭形成机制及影响因素

5.1.1 伸展作用控制下的断层伴生圈闭形成机制及影响因素

伸展作用控制下的断层伴生圈闭是指在拉张环境下，伴随断层生长过程形成的圈闭构造。受断层与地层倾角之间的关系，断层可以划分为顺向断层、反向断层、"屋脊式"断层、"反屋脊式"断层4种类型（付广等，2014）。关于顺、反向断层存在2种划分方式：一种是依据断层倾向与主干断层倾向的相对关系划分，与主干断层倾向相同的断层为顺向断层，与之倾向相反称为反向断层（杨承先，1993）；另一种是依据断层倾向与地层倾向之间的关系划分，倾向与地层倾向相同的断层为顺向断层，倾向与地层倾向相反的断层为反向断层（Cloos，1931；Hills，1941）。其中第二种分类方案在断层对油气成藏控制作用的研究中较为常见。"屋脊式"断层则是断层两盘地层与断层本身呈"屋脊"形态的组合模式，而"反屋脊式"断层与之相反（图5.1）。按照这种断层类型划分，断层伴生圈闭还可以进一步细分为顺向断层伴生圈闭、反向断层伴生圈闭和"屋脊式"断层伴生圈闭。由于"屋脊式"断层伴生圈闭的形成兼具顺向断层伴生圈闭和反向断层伴生圈闭的特征，因此，本书仅对顺向断层伴生圈闭和反向断层伴生圈闭进行详细阐述。

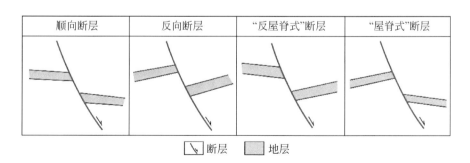

图5.1 断层类型划分

大量的野外地质资料、地质分析、物理模拟和数值模拟均证实了断层分段生长具有普遍性（Peacock，1991；Peacock and Sanderson，1991；Trudgill and Cartwright，1994；Kim and Sanderson，2005），大量小位移的孤立生长断层相互作用连接形成规模较大的断层，分段生长是裂陷盆地断层生长过程中必不可少的阶段，在各类规模、各种尺度的断层生长中均有发现。断层分段生长一般经历孤立生长阶段、软连接阶段和硬连接阶段。断层软连接是指断层生长过程中，断层之间不直接连接，但在运动学上保持协调一致，通过位移的传递导致断块变形的断层组合方式；硬连接是指两条或多条断层相交，断层之间位移可以直接转换、传递的断层组合（Peacock，1991；王海学等，2013）。

　　断层在孤立生长阶段，其位移具有中部大，向两侧端部逐渐减小为零的特征（Rippon，1985），孤立断层这种位移分布特征导致附近地层变形，在断层上盘发育向斜构造，受重力平衡效应影响，下盘抬升与上盘沉降幅度近一致，在地层掀斜翘倾作用影响下，断层下盘位移最大位置发育掀斜断块（Schlische，1995），对于反向断层而言，断层断距变化形成的掀斜断块在上倾方向受该断层遮挡，则相应的掀斜断块发育部位能够形成断鼻圈闭，圈闭形成后受次级断层复杂化影响发育的圈闭类型为断块圈闭，顺向断层下盘地层形成的掀斜断块上倾方向与地层倾向一致，无断层遮挡作用，难以形成断层伴生圈闭（图5.2）。断层生长进入软连接阶段时，断层间开始相互作用，导致地层变形形成多种类型的转换带，此阶段断层并未连接。反向断层各断层段下盘掀斜断块受断层遮挡能够形成断鼻或断块圈闭，由于分段生长部位断层不能形成有效的遮挡，顺向断层仍无法形成顺向断层伴生圈闭。断层生长进入硬连接阶段时，其分段生长连接的部位位移最小（Peacock，2002；张军龙等，2009），导致地层变形在断层上盘分段生长点处形成横向背斜构造，同时也在各断层段下盘位移最大位置受地层掀斜作用形成掀斜断块。顺向断层上盘分段生长部位发育的横向背斜构造受该条断层遮挡能够形成断鼻或断块圈闭，反向断层则在下盘断距最大位置形成的翘倾断块受该断层遮挡形成断鼻或断块圈闭（图5.2）。

　　由于"屋脊式"断层两侧地层在上倾方向均受到断层遮挡作用，根据顺向断层伴生圈闭和反向断层伴生圈闭形成机制，当其处于孤立生长阶段时，圈闭发育在断层上盘断距最大处，处于软连接阶段时，圈闭发育在每个断层段下盘断距最大处，进入硬连接阶段，圈闭在断层上、下盘均有发育，断层上盘圈闭发育在分段生长点处，下盘圈闭发育在每个断层段断距最大处，形成的圈闭类型主要为断鼻或断块圈闭。而对于"反屋脊式"断层而言，由于断层两盘上倾方向均不受断层遮挡，因此不能形成有效的圈闭。

5.1.2　走滑作用控制下的断层伴生圈闭形成机制及影响因素

　　断层在形成演化过程中受走滑作用影响，沿走向上不同部位的局部应力场与应变状态发生变化，从而形成不同类型的走滑转换带，走滑断层两侧力学性质（张性、挤压、张扭及压扭）是影响走滑转换带发育的主控因素，这些转换带是走滑作用控制下形成的断层伴生圈闭发育的有利部位。

　　走滑转换构造是指与走滑断层伴生，或者由于断层的走滑活动"转换"而形成的压性、张性、压扭性或张扭性构造。根据走滑断层伴生走滑转换带所受挤压、拉张应力状态的不同，走滑转换带通常包括增压段和释压段（Swanson，2005）。增压段为地形隆升、地

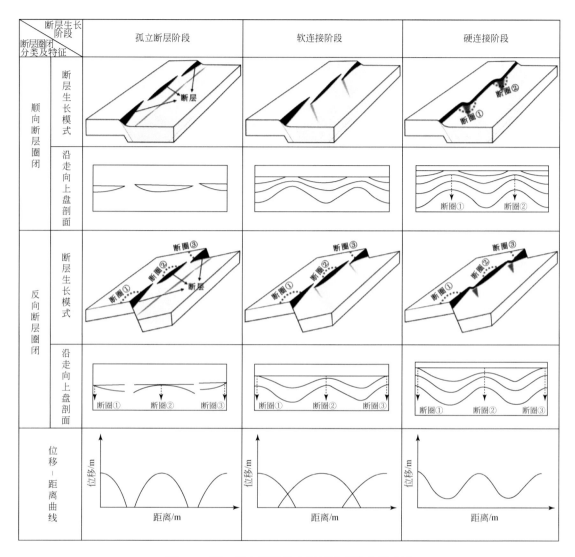

图 5.2　顺、反向断层伴生圈闭形成演化模式图

壳缩短和结晶基底暴露的环境（Segall and Pollard，1980），而释压段是以地形下沉，地壳伸展形成沉积盆地、高热流值以及可能的火山活动为特征的环境（Aydin and Nur，1982）。在地质历史时期内，这两种转换带内发育的圈闭特征也是存在明显的差异（徐长贵，2016）。

物理模拟实验表明（徐长贵，2016），增压型走滑转换带由于处于局部压扭应力环境，主控断层具有良好的封闭作用，在走滑断裂的增压段，断裂处于挤压构造应力场中，呈闭合状态，且闭合程度较高，随着走滑位移量的增大，调节断裂的挤压幅度逐渐变大，断裂逐渐封闭，并出现旋扭的现象，使增压型走滑转换带具备了遮挡流体继续运移的重要条件，形成规模较大的圈闭构造；对比同一实验中的释压型走滑转换带位置，断裂明显处于开启状态，难以阻止流体的运移，仅能发育规模较小的圈闭构造（图 5.3）。

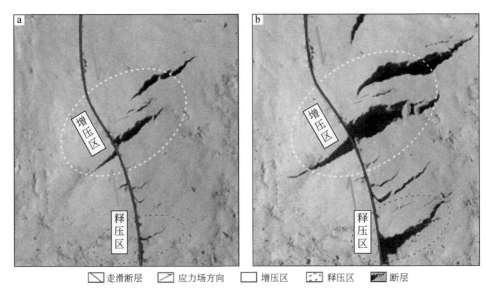

图 5.3　右旋走滑 S 形走滑转换带增压带与释压带物理模拟（徐长贵，2016）

增压型转换带内由于处于挤压应力环境或挤压应力占优势的应力环境中，次级断裂多不发育，走滑作用与挤压活动紧密相连，上部地层继承性发育，形成背斜的被走滑断层及雁列断层复杂化，形成的圈闭类型往往是背斜圈闭、断背斜圈闭或断鼻圈闭，且圈闭规模比较大，且该区域控圈断层多具有良好的侧封性，圈闭条件较好，增压型走滑转换带控制下形成的大型圈闭构造是大中型油田形成的基础。释压型转换带内处于张性环境或以张性应力环境为主的应力环境中，次级断裂发育，形成的圈闭通常是由主干走滑断裂与一系列次级断层夹持的小型断块圈闭，圈闭规模往往比较小，侧向封堵性欠佳，圈闭条件较差（图 5.4）。

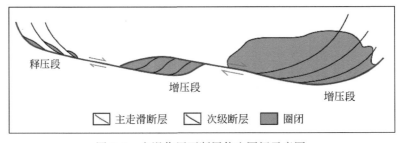

图 5.4　走滑作用下断层伴生圈闭示意图

5.2　断层伴生圈闭形成与分布的研究方法

5.2.1　伸展作用控制下的断层伴生圈闭形成与分布研究方法

伸展作用控制下的顺向断层伴生圈闭主要发育在断层上盘分段生长部位，而反向断层伴生圈闭主要发育在各断层段下盘断距最大处，因此，可以通过对断层分段生长过程分析伸展作用控制下的断层伴生圈闭形成与分布。

断层生长是不断地破坏、连接、再破坏、再连接的动态演化过程，其在不同的构造沉积环境下表现为不同的生长模式。研究表明，断层生长主要存在 4 种模式（Kim and Sanderson，2005）：①最大位移与长度比固定模式；②最大位移与长度比递增模式；③长度不变模式；④断层分段生长连接模式（图 5.5）。第一种和第二种断层生长模式在小规模的孤立断层生长中较为常见；第三种通常是受到局部应力或相邻断层阻碍断层传播的作用下，抑制了断层的生长所形成的（Manzocchi et al.，2006）；第四种分段生长模式则是指多条断层生长连接的过程，是断陷盆地最常见的一种断层生长模式。

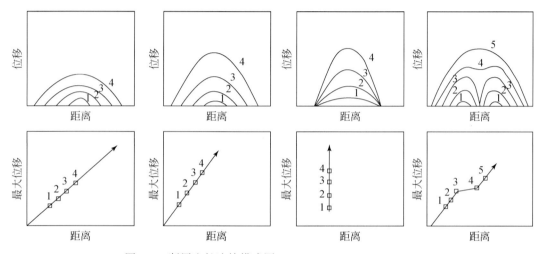

图 5.5　断层生长连接模式图（Kim and Sanderson，2005）

断层分段生长是裂陷盆地断层生长过程中必不可少的阶段，在各类规模、各种尺度的断层生长中均有发现。关于如何厘定断层生长过程，付晓飞等（2015）提出了"三图一线一剥一标准"的定量评价方法。

表征断层分段特征有两个方面：一是断层自身形态特征，孤立断层面断距等值线图整体呈椭圆形，中心断距最大，向四周断距逐渐减小，至端点处断距变为零（Barnett et al.，1987），位移–距离曲线呈现半椭圆形态，伴随两条孤立断层叠覆，二者开始相互作用，形成转换斜坡，由于能量消耗在转换斜坡上，断层断距增长缓慢，位移梯度明显增大，转换斜坡范围断层总断距相对较小，位移–距离曲线为"两高一低"形态（图 5.6a），在断层面断距等值线图上出现明显"鞍部"（图 5.6b），在断层面埋深等值线图上为"隆起区"（图 5.6c），从硬连接到完整大断层形成阶段曲线形态具有相似性。二是连接过程中在地层中构造形变的证据，由于沿着断层走向位移的变化，在断层上盘连接位置位移量小，形成背斜构造，称为横向背斜（Schlische，1995），在平行断层走向测线上表现明显（图 5.7）。因此，利用"三图（位移–距离曲线图、断层面断距等值线图和断层面埋深等值线图）一线（平行于断层走向的地震剖面线）"方法能够很好表征断层分段性。在此基础上，通过断层平面分段生长连接定量判别标准，及转换带识别（图 2.8），可以确定伸展作用控制下的断层伴生圈闭发育部位。

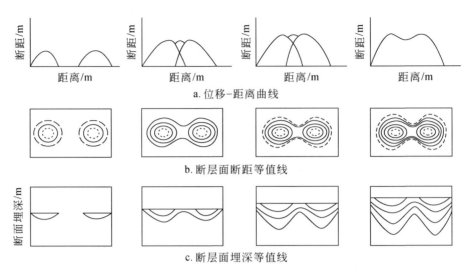

a. 位移-距离曲线

b. 断层面断距等值线

c. 断层面埋深等值线

图 5.6   断层分段生长演化阶段及定量表征（据付晓飞等，2015）

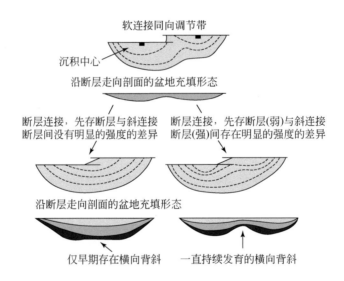

软连接同向调节带

沉积中心

沿断层走向剖面的盆地充填形态

断层连接，先存断层与斜连接断层间没有明显的强度的差异

断层连接，先存断层(弱)与斜连接断层(强)间存在明显的强度的差异

沿断层走向剖面的盆地充填形态

仅早期存在横向背斜

一直持续发育的横向背斜

图 5.7   断层分段生长连接与横向背斜的关系（据付晓飞，2014）

5.2.2   走滑作用控制下的断层伴生圈闭形成与分布的研究方法

走滑断层控制下的断层伴生圈闭主要发育在走滑断层形成的走滑转换带部位，因此，通过对走滑断层以及走滑转换带增压段、释压段的识别可以判别走滑断层控制下的断层伴生圈闭的形成与分布。

1. 走滑断层识别方法

走滑断层具有断面陡立而狭窄、沿走向断面倾向多变、常无显著的垂直升降、不同力学性质的构造在同一条断层共存、形成复杂的花状构造等特征。可以在三维地震资料精细解释的基础上，结合三维可视化、方差切片、地质特征分析等手段进行走滑断层的识别：

（1）在地震剖面上，如果断层表现为上缓下陡，到深部近于直立，深深插入沉积基底的特征，则该断层为走滑断层。在横切走滑带的剖面上，如果断层组合样式是一条主干断层（走滑断层）和若干派生断层共同组成一个类似花的结构，同时，主干断层倾角较陡，在深部近于垂直，向上有一定的倾斜，派生断层自浅向深汇集，分别相交于主干断层，每一条派生断层就是一片花瓣（图5.8a），则可以判定该主干断层为走滑断层。

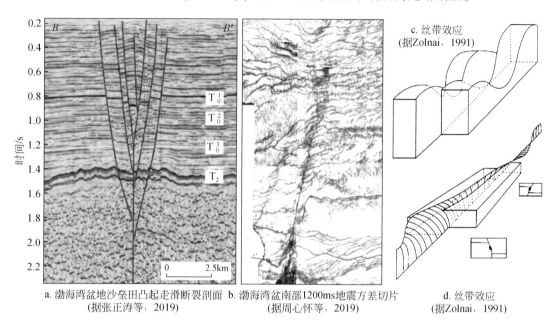

a. 渤海湾盆地沙垒田凸起走滑断裂剖面　b. 渤海湾盆南部1200ms地震方差切片
（据张正涛等，2019）　　　　　（据周心怀等，2019）

c. 丝带效应
（据Zolnai，1991）

d. 丝带效应
（据Zolnai，1991）

图5.8　走滑断层特征

（2）通过制作方差切片，从平面上看，如果断层形迹十分丰富，可以是一条光滑的连续线，也可以是由多条走滑断层构成的雁列状断层组，甚至呈现更复杂的形态，在一个地区或区块，不同期次、不同级别、不同性质的断层组合在一起，形成各种复杂的断层空间及平面展布形态（图5.8b），则可以判定为走滑断层。

（3）通过沿断层走向不同部位横切断层的地震剖面以及轨迹形态，如果断层存在"海豚效应"或"丝带效应"，则该断层为走滑断层。"海豚效应"指走滑断层有些部位表现为挤压，收紧弯曲；有些部位表现为拉张，松开弯曲。在收紧弯曲处的剖面特征表现为逆断层，在松开弯曲处表现为正断层，也就是说，同一条断层从剖面上看既是正断层又是逆断层，时而正时而逆，断层的两盘不像倾向断层那样可以十分明确地分为上升盘和下降盘，而是此起彼伏，高低错落（图5.8c）。"丝带效应"指走滑断层一般产状较陡，向深部达到近直立的程度，上部会有一定的倾角，但倾向是不固定的，可能会出现时而东倾、时而西倾的现象（图5.8d）。

（4）通过断层两侧地层厚度及沉积相识别走滑断层，由于走滑断层两盘块体的运动以走向滑动为主，会造成断层两侧同一套地层的厚度不匹配、沉积相突变的现象。

2. 走滑作用控制下的断层伴生圈闭发育部位研究方法

在走滑断层识别的基础上，通过分析不同类型走滑转换带增压段和释压段识别走滑作用控制下的断层伴生圈闭发育部位。徐长贵（2016）从油气勘探实用角度，根据走滑转换带发育的位置、几何形态以及转换带应力特征，将走滑转换带划分为断边转换带、断间转换带、断梢转换带三大类，进一步根据断层的相互作用以及转换带的形态，可以分为S形转换带、叠覆型转换带、双重型转换带、帚状转换带、叠瓦扇形转换带、共轭转换带6种类型，其中S形转换带和帚状转换带属于断边转换带，叠覆型转换带、双重型转换带和共轭转换带属于断间转换带，叠瓦扇形转换带属于断梢转换带（图5.9）。在此基础上，通过走滑断层两侧力学性质对增压段、释压段分布进行分析，从而识别走滑断层控制下的断层伴生圈闭。

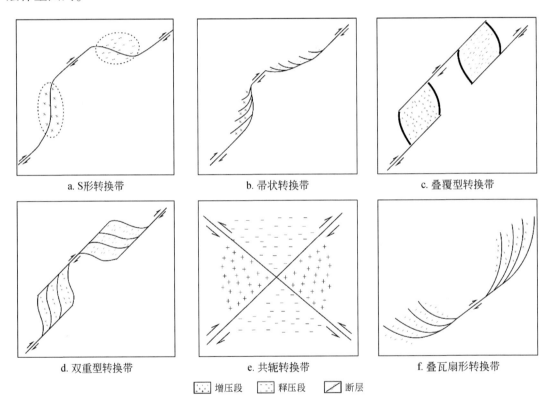

图 5.9　不同类型走滑转换带增压段与释压段分布图（据徐长贵，2016，有修改）

1）S形转换带及圈闭识别

任何一条走滑断层都不可能在长距离的走滑运动中保持产状不变，常常会由走滑断层两盘岩性的差异导致走滑受阻而形成局部的弯曲段，这种局部弯曲段就是常见的S形走滑转换带。根据区域应力场特征、断层两侧力学性质，结合断层形态，识别S形转换带增压段和释压段分布（图5.9a），进一步明确圈闭发育部位。不同阶式、弯曲方式的S形转换带增压段、释压段分布均存在差异，例如，郯庐断层在古近纪以来为右旋走滑断层，所以在郯庐断层中，右旋左阶 S 形转换带处于挤压应力状态，属于增压型转换带，而右旋右阶 S 形转换带处于伸展应力状态，属于释压型转换带。S 形转换带增压段常形成大型的鼻状构造或半背斜构造，从而形成大型圈闭；而 S 形转换带释压段常形成负地形或者小型的伸展断块圈闭。

2）帚状转换带及圈闭识别

帚状转换带走滑作用强烈时，主走滑断层常常不分叉，当走滑作用减弱的时候，形成尾部发散、向主走滑带汇聚且相互搭接的转换带。根据断裂平面形态及相互搭接关系，结合断裂级次、应力场特征，识别该类型转换带增压段与释压段分布（图 5.9b），从而寻找圈闭发育部位。若帚状转换带各分支断层规模大，形成的圈闭规模就大，若各分支断层规模小，形成的圈闭规模就小。

3）叠覆型转换带及圈闭识别

叠覆型转换带是指多条主走滑断层首尾相互重叠但不互相连接的交替排列，在这些排列的断层之间形成的过渡区称之为叠覆型转换带（图 5.9c）。根据断层应力场特征、排列方式识别、增压段与释压段分布，再结合增压段和释压段内断层控制圈闭发育特征寻找圈闭发育部位。增压型叠覆转换带常形成反转背斜类构造，且规模较大，是圈闭的有利发育位置。根据不同阶式、弯曲方式可以将叠覆型转换带划分成多种类型，其中，右旋左阶叠覆型转换带和左旋右阶叠覆型转换带都属于增压型转换带，而右旋右阶叠覆型转换带和左旋左阶叠覆型转换带都属于释压型转换带。

4）双重型转换带及圈闭识别

双重型转换带是指两条或多条走滑断层相互叠覆并相连接围合形成双重构造带，在剖面上呈现花状构造，走滑双重构造也是两条走滑断层相互转换的一种形式（图 5.9d）。根据主走滑断层的排列方式、断层剖面组合样式、断层应力场特征判别增压段和释压段分布，从而识别圈闭发育部位。例如，郯庐断层中的左阶式走滑双重转换带属于增压型转换带，右阶式走滑双重转换带属于释压型转换带。增压双重转换带由于局部的挤压作用常形成复杂的断背斜构造，且规模较大。而释压型的双重转换带由于局部的伸展作用，常常形成塌陷型断块圈闭。

5）共轭转换带及圈闭发育部位

共轭转换带是指两条近于垂直的走滑断裂之间形成的走滑转换带（图 5.9e）。根据断层级次、平面组合形态以及应力场特征可以识别共轭转换带增压段和释压段分布，从而寻找圈闭发育部位。如郯庐右旋走滑断层和张蓬左旋走滑断层是两组方向不同、旋向相反、基本同时发育的两条共轭断层，这两条巨型的断层多个位置交叉叠置，形成了典型的共轭转换带，在共轭转换带中存在增压型共轭转换带和释压型共轭转换带，增压带圈闭规模大，而释压带圈闭规模一般较小。

6）叠瓦扇形转换带及圈闭发育部位

叠瓦扇形转换带常常表现为一组马尾状的断层组成扇形的形状（图 5.9f），在剖面上常常表现为复杂的"半花状构造"或者复式的 Y 形构造样式。根据断层应力场特征、断层平面形态、剖面组合样式及叠瓦断块的活动特点，能够识别叠瓦扇形转换带增压段和释压段分布，进而寻找圈闭发育部位。活动性最强的断层在前缘称之为前缘型叠瓦扇转换带，反之则称之为后缘型叠瓦扇转换带。在右旋走滑断层体系中，前缘型叠瓦扇转换带是增压型的，有利于圈闭形成，后缘型叠瓦扇是释压型的，不利于形成圈闭。

5.3　应　用　实　例

5.3.1　伸展作用下断层伴生圈闭形成与分布研究实例

文安斜坡位于渤海湾盆地冀中拗陷霸县凹陷东侧，整体近北北东走向，是一个东抬西倾的沉积斜坡（图 5.10）。该区自下而上发育古近系沙河街组、东营组和新近系馆陶组、

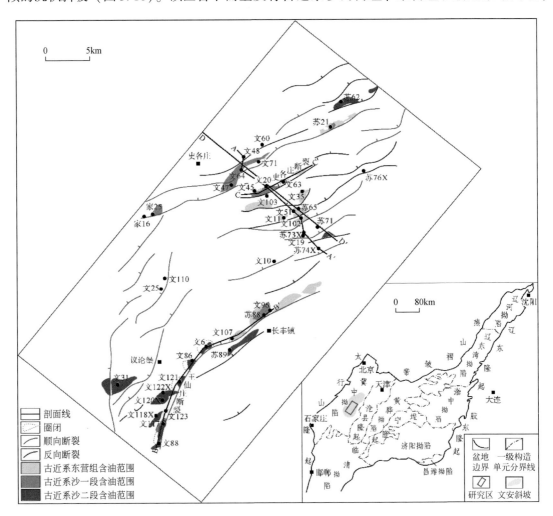

图 5.10　文安斜坡构造位置及油气分布图

明华镇组以及第四系地层。渐新世以来,受张家口—蓬莱左旋走滑断层和渤海湾盆地霸县—汤阴右旋走滑断层的影响,冀中拗陷整体处于转换拉张的应力场环境,纵向上发育两套断层体系,分别为裂陷期发育的北北东向伸展断层和拗陷期转换拉张作用下所形成的次级断层(滕长宇等,2014)。文安斜坡经历了多期构造运动,但构造活动强度较弱,地层弯曲程度低,褶皱作用不明显,属于典型的弱构造带(高长海等,2014),同时,华北地区在新生代以来整体差异升降运动下,张性断层效应显著,不易导致地层弯曲变形,构造变形以拉张作用为主。

文安斜坡中南部发育的史各庄鼻状构造、长丰镇鼻状构造以及议论堡鼻状构造带面向生油洼槽,是油气运移的主要指向(郭凯等,2015),截至目前,文安斜坡中南部发现的油气主要分布在 3 个鼻状构造带的古近系沙二段、沙一段和东营组。从油气分布情况来看,文安斜坡中部史各庄地区,油气主要富集在古近系沙一段反向断层下盘,南部议论堡地区油气分布在古近系沙二段地层,已发现的油气藏主要沿王仙庄断层上盘呈牙刷状分布,针对这一油气分布现象,分别选取研究区议论堡地区王仙庄断层和史各庄地区史各庄断层开展断层伴生圈闭形成与分布研究。

王仙庄断层位于文安斜坡南部,断面西倾,平面延伸长度约为 27km,是议论堡地区重要的控圈断层,油气在王仙庄断层控制下主要在沙二段富集。应用断距-距离曲线厘定议论堡地区王仙庄断层分段性及其分段生长点发育部位结果表明(图 5.11),王仙庄断层为典型的分段生长断层,在沙二段地层共发育 7 个分段生长点,表现出 8 段式生长特征,分段生长点分别发育在 L1182、L1246、L1438、L1534、L1646、L1790 和 L1990 处,上盘分段生长点处形成轴向垂直于断层走向的横向背斜构造(图 5.12)。

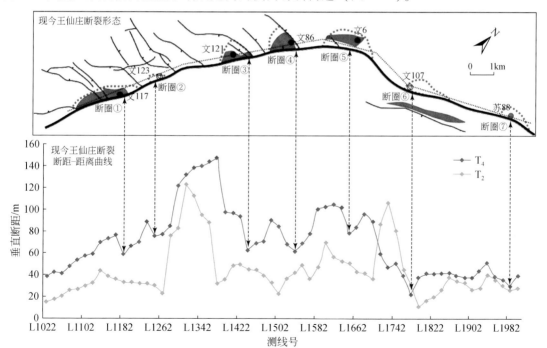

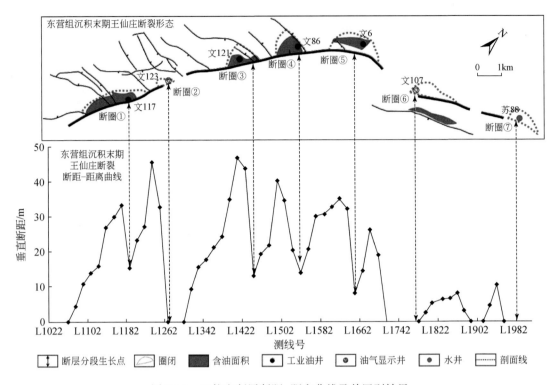

图 5.11　王仙庄断层断距-距离曲线及其回剥结果

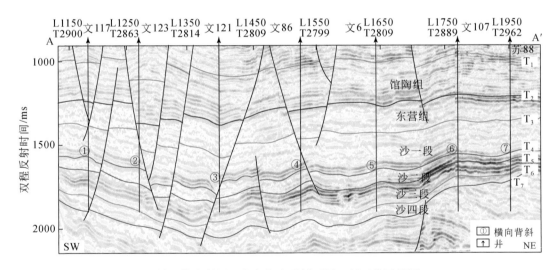

图 5.12　沿王仙庄断层上盘走向地震剖面图（剖面位置见图 5.11）

　　根据断层平面组合模式的判别标准（图 2.8），判别王仙庄断层各分段生长点处分段生长阶段，结果表明，王仙庄断层 7 个分段生长部位均处于硬连接阶段（表 5.1），配合断层分段生长点处横向背斜的发育能够形成相应的断鼻或断块圈闭。

表 5.1　文安斜坡断层转换位移与离距关系

断层名	测线号	转换位移 D/m	离距 S/m	D/S	组合方式
王仙庄断层	L1182	67	55	1.2	硬连接
	L1246	134	36	3.7	硬连接
	L1438	57	48	1.2	硬连接
	L1534	41.3	30	1.4	硬连接
	L1646	134	66	2.0	硬连接
	L1790	33	25	1.3	硬连接
	L1990	36	20	1.8	硬连接

　　史各庄断层是斜坡中部重要的控圈反向断层，在其控制下，附近油气主要分布在断层下盘沙一段地层。断距-距离曲线表明，史各庄断层在沙一段发育 1 个分段生长点，表现为两段式生长特征（图 5.13），在断层下盘分段生长点两侧断距最大位置形成掀斜断块构造（图 5.14），并且受该条断层遮挡形成断鼻圈闭。

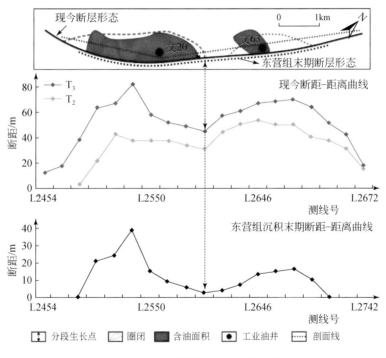

图 5.13　史各庄断层断距-距离曲线和回剥结果

　　针对王仙庄断层部分圈闭发育但无油气聚集，开展伸展作用下断层伴生圈闭形成时期的研究，断层分段生长是一个动态的过程，因此需要恢复油气成藏期断层古断距来计算伸展作用控制下的断层伴生圈闭的有效性。目前古断距恢复主要有 2 种方法（David and Bruced，2009）：垂直断距相减法（Chapman and Meneilly，1991；Childs et al.，1993）和最大断距相减法（Rowan et al.，1998）。垂直断距相减法是指沿断层延伸方向从下部层位

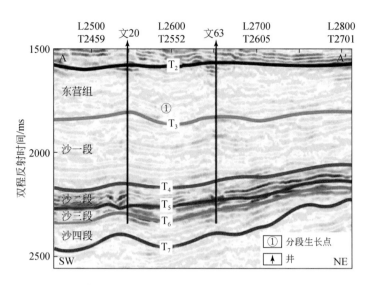

图 5.14　沿史各庄断层上盘走向地震剖面图（剖面位置见图 5.13）

断距减去其上部层位相对应测线位置的断距，该法仅适用于"位移累积－长度固定"的断层生长模式，具有一定局限性。最大断距相减法是指沿断层延伸方向从下部层位断距分别减去上部层位各断层段相应的最大断距（图 5.15）。从国内外断层数据统计来看，断层分段生长过程中，最大位移与延伸长度呈幂指数关系（Watterson，1986；Walsh and Watterson，1988；Cowie and Scholz，1992）。研究表明，断层分段生长过程中最大位移与延伸长度呈线性递增关系（Kim and Sanderson，2005），即断层位移累积过程中，断层延伸长度也相应增长。因此，最大断距相减法更能真实反映断层分段生长演化历史。

如果断层生长进入硬连接阶段早于或与油气成藏期同期，则顺向断层和屋脊式断层上盘分段生长部位发育圈闭有利于油气聚集；如果断层形成时期早于或与油气成藏期同期，则反向断层和屋脊式断层各断层下盘最大断距处发育的伴生圈闭有利于油气聚集。

通过对比王仙庄断层和史各庄断层发育的断层伴生圈闭含油气性可知，王仙庄断层发育 7 个顺向断层伴生圈闭，仅 4 个圈闭有油气富集，而史各庄断层发育 2 个反向断层伴生圈闭，均有油气富集（图 5.11，图 5.13）。通过顺、反向断层形成演化过程中断层伴生圈闭形成时期与源岩大量排烃期时间匹配关系可以确定断层伴生圈闭形成时期是否有利于油气聚集。源岩生排烃高峰期和圈闭形成时间匹配关系表明（万桂梅等，2007），若圈闭形成时期早于烃源岩大量排烃期或同期，则有利于油气在圈闭内聚集成藏，反之，则不利于圈闭捕获油气。

通过最大断距相减法恢复王仙庄断层在成藏期东营组沉积末期沙二段顶面的古断距，并绘制古断距－距离曲线（图 5.11），结果表明，在东营组沉积末期，L1182、L1438、L1534 和 L1646 处即断层分段生长部位，圈闭已经形成，其形成时期与成藏期匹配良好，有利于油气聚集成藏，文 117 油藏、文 121 油藏、文 86 油藏和文 6 油藏分别位于断层伴生圈闭①、断层伴生圈闭③、断层伴生圈闭④和断层伴生圈闭⑤内，勘探效果较好。而东营组沉积末期在 L1246、L1790 和 11990 测线处断层尚未形成，在油气成藏期时，圈闭不发

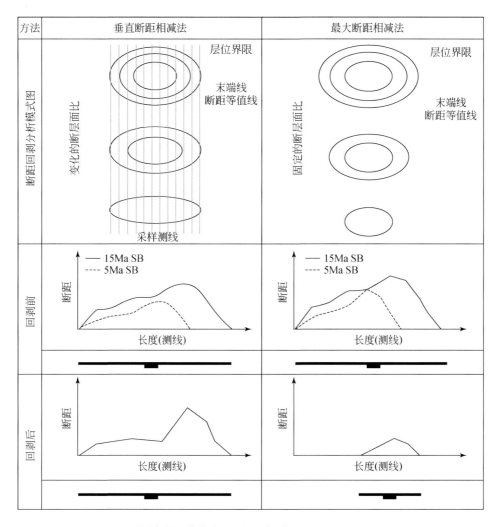

图 5.15　不同古断距恢复方法对比图（据 David and Bruced，2009）

育，不能有效地聚集油气，这就导致了位于断层伴生圈闭②、断层伴生圈闭⑥和断层伴生圈闭⑦内的文 123 井、文 107 井和苏 88 井钻探失利。其中文 123 井和文 107 井为油气显示井，说明 L1246 和 L1790 处曾发生过油气运移，圈闭尚未形成是导致油气不能聚集的主要原因。

　　应用断距回剥方法恢复史各庄断层伴生圈闭形成时期与油气成藏期时间匹配关系，结果表明，该断层形成的反向断层伴生圈闭在东营组沉积末期已经形成，有利于油气聚集，文 63 油藏和文 20 油藏分别位于分段生长点两侧的反向断层伴生圈闭内，油气较为富集（图 5.13）。

5.3.2　走滑作用下断层相关圈闭形成与分布研究实例

　　据李强等（2019）研究，辽东湾拗陷位于渤海海域东北部，为渤海湾盆地下辽河凹陷向渤海海域的延伸部分；其形态狭长，为在中生界基底之上发育的新生代拗陷（图5.16）。辽东湾拗陷受控于郯庐走滑断层，由西至东被分割为辽西凹陷、辽西凸起、辽中凹陷、辽东凸起和辽东凹陷，表现为三凹两凸的构造格局。辽中凹陷为辽东湾拗陷的二级构造单元，为东断西超的半地堑断陷，平面上呈 NE-SW 向展布。

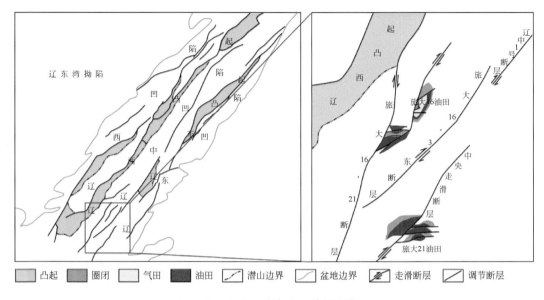

图 5.16　辽中凹陷南洼区域构造位置

在辽东湾海域南部辽中凹陷南洼，郯庐断层从南至北走向由 NNE 突变为 NE 向，走向的突变导致该区构造活动强烈，并在辽中凹陷南洼发育中央走滑断层、旅大 16-3 断层、旅大 16-21 断层及相应的调节断层。3 条走滑断层的弯曲和叠覆形成一系列走滑转换构造。勘探实践表明，构造转换带是辽中凹陷南洼油气勘探的有利场所，在走滑断层的不同部位发育不同类型的构造转换带，进而具有不同的发育特征和油气富集特点，因此，针对辽中凹陷南洼的 2 个大中型油田，开展走滑转换带类型及对圈闭形成的控制作用研究。

利用三维地震资料对辽中凹陷南洼进行构造解释，并将剖面解释与平面成图分析相结合，以近年新发现的旅大 21 油田和旅大 16 油田为例，从勘探实践角度，根据走滑转换带发育模式（图5.9），对这 2 个油田的构造转换带类型进行划分，并分析其发育特征。

利用三维地震资料开展构造解释工作，并结合方差切片分析，在旅大 21 油田识别落实中央走滑断层，其走向从南至北由 NNE 突变为 NE 向，长度为 40～50km，倾向为 SE 向，倾角为 70°～80°（图5.17）。中央走滑断层是辽中凹陷南洼的东部控洼断层，并将旅大 21 油田分为东、西两部分，在剖面上与走滑调节断层形成负花状构造，具有典型的走滑构造标志；平面上该断层呈 NE 向穿过旅大 21 油田，具有左阶 S 形弯曲的特点，结合郯庐断层自古近纪以来具有右旋走滑的特征，在中央走滑断层的局部弯曲段形成旅大 21 油田增压型 S 形走滑转换带，发育依附于中央走滑断层的旅大 21 油田大型半背斜圈闭，最大单块圈闭面积达 12.5km² （图 5.17）。

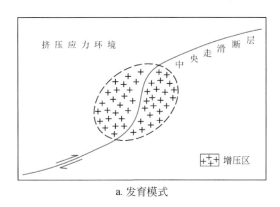
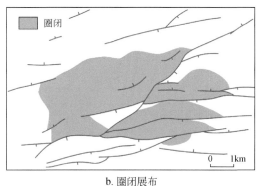

a. 发育模式 b. 圈闭展布

图 5.17 旅大 21 油田构造转换带发育模式及圈闭展布

在旅大 16 油田识别落实旅大 16-3 断层和旅大 16-21 断层。根据断层弯曲和叠覆特征，将旅大 16 油田分为北部、中部和南部 3 部分。旅大 16-21 断层为辽中凹陷南洼的西部控洼断层，近 SN 走向，长度为 60~65km，断面陡直，略微南倾。其在剖面上与东侧走滑调节断层形成半花状构造，平面上具有右阶 S 形弯曲的特点，释压段在旅大 16-21 断层南部带，发育最大断块圈闭面积为 3.7km²（图 5.18）。

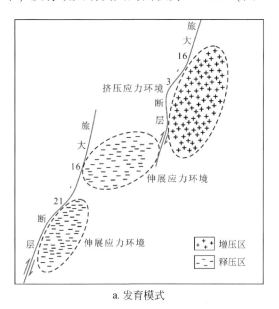
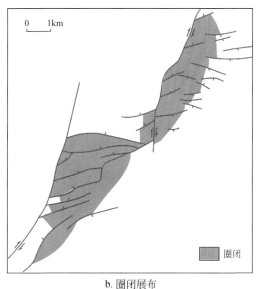

a. 发育模式 b. 圈闭展布

图 5.18 旅大 16 油田构造转换带发育模式及圈闭展布

旅大 16-3 断层位于旅大 16-21 断层东部，为洼中走滑断层，近 NE 走向，长度为 20~25km。在剖面上，断面直立，控制小型洼陷的形成，东盘发育反转构造，平面上具有左阶 S 形弯曲的特点，增压段发育在旅大 16 油田北部（图 5.18），发育最大断块圈闭面积为 7.3km²。

　　在旅大 16 油田中部，旅大 16-3 断层和旅大 16-21 断层表现为首尾互相叠覆，在这 2 条走滑断层之间发育被调节断层复杂化的断块构造。旅大 16-3 断层和旅大 16-21 断层右阶排列，在叠覆区形成叠覆型转换带释压段，形成逐级下掉的小型断块圈闭，最大单块圈闭面积为 2.3km^2（图 5.18）。

第6章 断裂控制油气运移机制及研究方法

在含油气盆地中由于受到沉积旋回作用的影响,沉积地层中砂泥岩互层分布,多套泥岩盖层的分隔作用使得下伏源岩生成的油气难以通过地层岩石孔隙向上运移,而只是通过断裂才能使下伏源岩生成的油气向上覆地层中运移和聚集。断裂作为油气运移的运移通道,不仅对油气垂向运移起着运移作用,而且还可以对油气侧向运移起到连接作用。

6.1 断裂控制油气垂向运移机制及研究方法

含油气盆地中油气生储盖组合既有下生上储式,又有上生下储式,断裂虽均是垂向输导油气,但油气运移方向不同,其输导油气机制及其研究方法也就不同。

6.1.1 断裂控制油气垂向向上运移机制及其研究方法

1. 油气沿断裂向上运移动力来源

断裂之所以可以向上输导油气,除了其活动形成的伴生裂缝较地层岩石具有相对更高的孔渗性以外,更重要的是油气沿断裂运移要具有一定的动力,这种动力除油气本身的浮力外,更重要的是剩余地层孔隙流体压差。在断裂形成过程中,地层中应力变化使岩层发生剪切破裂,断裂附近的应力得到释放,引起岩石膨胀、体积增大、孔隙度、渗透率增大,促使断裂破碎带中的孔隙流体压力下降,导致围岩中的孔隙流体向断裂破碎带中运移,包括源岩生成的油气和早先储集在多孔岩石中的油气,如图6.1所示,进入到断裂破碎带中的油气自然会剩余一定的孔隙流体压力,油气在此剩余孔隙流体压力差的作用下沿断裂向上运移。

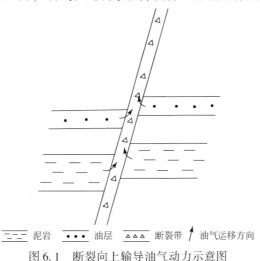

===== 泥岩 •••• 油层 △△△ 断裂带 ↑ 油气运移方向

图6.1 断裂向上输导油气动力示意图

2. 油气沿断裂运移优势路径及其研究方法

大量研究成果表明，断裂之所以可以输导油气，是因为其断裂带具有孔渗性，那么断裂输导油气的通道是什么呢？为了解决此问题，就必须研究断裂带内部结构及其孔渗性。

1）断裂带内部结构及其孔渗性：

A. 断裂带内部结构特征

大量野外观察与钻井资料揭示，断裂是地下重要的地质体，并不是地震剖面上所观察的简单的二维地质体，而是较为复杂的三维地质体（Chester and Logan，1986；Forster and Evans，1991；付晓飞等，2012）。断裂通常是呈带状分布的，具二元结构，即断层核和破碎带，如图6.2所示。

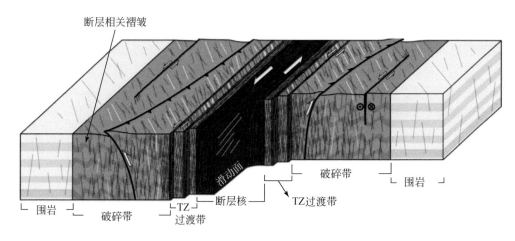

图6.2　断裂带内部结构

a. 断层核

断层核是在断裂带内部局部较为复杂调节大多数位移和强剪切共同作用的结果，其主要是由大量的破裂滑动面和断层岩组成的，如图6.2所示。其中滑动面是由于吸收断裂大部分位移造成的。而断层核内断层岩类型主要取决于母岩性质及不同变形期断裂变形机制，应包括解聚带、碎裂岩、层状硅酸盐框架结构（Hesthammer et al.，2000；Clausen et al.，2003）和泥岩涂抹及胶结作用形成的断层岩。

b. 破碎带

所谓破碎带是指空间上与断裂有关的高裂缝岩石变形区，其特点是较断层核具有低的应力和较小的强烈变形，包含一些次级构造，如次级断裂、裂缝以及与断裂相关的纹理（Faulkner et al.，2003；Flodin and Aydin，2004；Childs et al.，2009）。根据破碎带中次级断裂在断裂周围位置和拓展模式的不同，可分以下4种类型：

端部破碎带：发生在断层的端部，较易识别，是断裂端部应力集中及调节位移较快速变化而产生的构造样式，与晶体物质中裂缝拓展产生的过程带相似。

围岩破碎带：裂缝发生在断层的围岩中，随着远离断层裂缝发育强度逐渐降低。断裂生长的不同过程中围岩破碎带的发育特点不相同，较难加以区分。

连接破碎带：发育于断裂叠覆区的高密度裂缝，可由叠覆区的端部破碎带发育而来，也可能受到断裂变化过程中调节叠覆部位的累积运移而产生。

分散破碎带：主要分布在断裂周围的岩石中。它发生在断裂形成前，并对断层和破碎带产生一定的影响。

B. 断裂带物性特征：

断层核吸收了大部分位移，变形程度最强，随着远离断层核断裂带变形越来越弱。因此裂缝带发育程度、颗粒的破碎程度和黏土矿物成分及含量均从断层核到破碎带呈规律性变化：①裂缝带密度随着距离断层核增加而逐渐减小，最后与区域性裂缝密度趋于一致；②断层核颗粒破碎程度最高，分选最差，粒径最小，泥质含量最大，分形维数最大。远离断层核，颗粒破碎程度更低，分选更好，粒径更大，泥质含量更低，分形维数更小；断层核内几乎不发育层状泥岩，伊利石含量剧增，高岭石和绿泥石含量增加（Hesthammer et al., 2000；Clausen et al., 2003；付晓飞等，2012）。

由于碎裂、研磨和胶结作用使得断层核孔隙度和渗透率明显降低，孔隙度一般比围岩小 2%~4%，渗透率一般比围岩低 1~8 数量级，主要起到遮挡作用。如果断裂破碎带发育，孔渗性明显增强，渗透率比围岩增加 1~3 个数量级（Faulkner et al., 2003；Flodin and Aydin, 2004；Childs et al., 2009；付晓飞等，2012）。因此，如果不考虑胶结作用，断层核渗透性往往比破碎带低很多，如图 6.3 所示。

2）油气沿断裂运移优势通道及其研究方法

在断裂发育的不同时期输导油气机制及通道特征研究的基础上，前人在对油气沿断裂运移过程的研究中，发现油气并非沿断裂所有部位均衡地进行运移，而是呈现强烈的非均一性，因此存在油气沿断裂运移优势通道，并且油气勘探结果也表明，油气并非在断裂附近均有分布，而是仅仅分布在某些部位，这除了受到砂体和圈闭是否发育的影响外，很大程度上受到了油气沿断裂运移优势通道分布的影响，只有位于油气沿断裂运移优势通道及其附近的圈闭，才能从下部有效烃源岩处获得油气，并运聚成藏；否则其他条件再好，也无油气分布。因此，能否准确地识别出油气沿断裂运移的优势通道，对于含油气盆地下生上储式生储盖组合油气勘探具有重要意义。

油气断裂不同时期的运移机制及通道特征均不同，因此油气沿断裂不同时期运移优势通道也不同，需要分为活动期和停止活动时期分别进行研究识别。一方面，断裂在形成演化过程中其活动强度会产生阶段性幕式变化，不同地质时期活动强度不同；另一方面，油气沿断裂运移作用主要发生在油气成藏期。因此，需要重点研究断裂在油气成藏期的活动强度，并且根据活动强度相对大小可以划分出断裂活动期和断裂停止活动时期。

以冀中拗陷大柳泉地区为例进行研究，基于前人对冀中拗陷大柳泉-河西务地区油气成藏期的相关认识可知，冀中拗陷大柳泉-河西务地区主要存在 2 个油气成藏期，分别为沙二段—东营组沉积时期和馆陶组—明化镇组沉积时期，如图 6.4 所示；再根据前人关于冀中拗陷大柳泉-河西务地区断裂活动特征研究结果可知，研究区内不同地质时期断裂活动速率存在明显差异变化，其中沙二段—东营组油气成藏期断裂活动性较强，而馆陶组—明化镇组油气成藏期断裂活动性较弱，明化镇组沉积之后的第四纪断裂不再活动，如

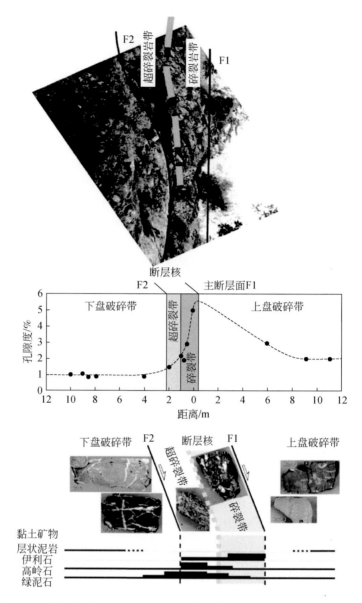

图 6.3　希腊 Corinth 裂谷碳酸盐岩地层中 Pirgaki 断裂带黏土矿物成分变化（付晓飞等，2012）

图 6.4 所示。因此，将沙二段—东营组油气成藏期划分为冀中拗陷大柳泉地区断裂活动期；馆陶组—明化镇组油气成藏期为停止活动时期；第四纪则为断裂封闭时期，如图 6.4 中所示。

　　A. 断裂活动期油气运移优势通道识别及其分布特征

　　a. 断裂活动期油气运移优势通道识别方法

　　根据油气沿断裂运移机制及通道特征研究可知，断裂在活动期通常活动性较强，呈现泵式输导油气机制（华保钦，1995），油气运移通道主要为伴生裂缝，油气运移能力较强，速率较快，因而在此阶段断裂的活动强度对输导油气作用最为重要。通常情况下断裂活动

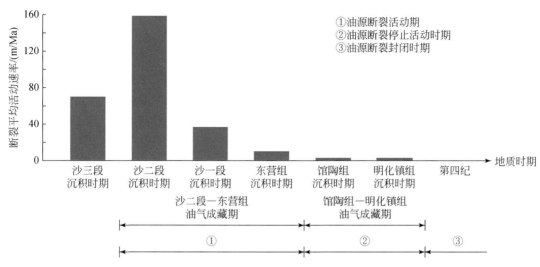

图 6.4 冀中拗陷大柳泉–河西务地区断裂不同时期划分示意图

强度越大，所产生的伴生裂缝越发育，输导油气通道连通开启程度越高，越有利于油气运移。因此，断裂活动期输导油气主要的影响因素为断裂活动强度。然而，断裂不同部位在活动期的活动强度是不同的，导致断裂活动期不同部位伴生裂缝发育程度也不同。

前人曾对断裂活动强度与伴生裂缝发育程度以及油气分布之间的关系开展过研究，一方面发现断裂活动速率越大，伴生裂缝越发育，其输导油气能力越强（付广和王浩然，2018）；另一方面将断裂在主要油气成藏期的活动速率与油气分布相结合发现，当断裂某些部位在主要油气成藏期活动速率大于一定数值时，该断裂部位往往具有油气分布，而活动速率低于该值的断裂部位则往往无油气分布（刘峻桥等，2017）。因此，可以将这一活动速率值确定为断裂伴生裂缝连续分布所需的最小活动速率值，只有当断裂活动期活动速率大于该值时，断裂伴生裂缝才能连续分布，输导油气通道连通开启程度才高，因此，断裂活动期活动速率大于伴生裂缝连续分布所需的最小活动速率值的部位即可厘定为断裂活动期油气运移优势通道，如图 6.5 所示。

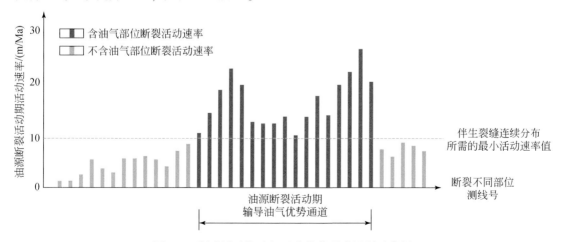

图 6.5 断裂活动期油气运移优势通道识别示意图

　　要厘定断裂活动期油气运移优势通道，需要确定出断裂活动期不同部位的活动速率以及伴生裂缝连续分布所需的最小活动速率值。断裂活动速率可以定义为断裂在一定时期内的活动变化量与该时期持续时间的比值，也有学者将断裂活动速率定义为某一地层单元在一定时期内由于断裂活动形成的落差与相应沉积时间的比值，这两种定义方式所求取的断裂活动速率结果相同，只是采用的计算方法略有不同，其原理是相同的。通过总结前人关于断裂活动速率的计算方法可知（吴智平等，2004），针对不同类型的断裂需要采用不同的断裂活动速率计算公式。当断裂类型为同沉积正断层时，其活动速率计算公式为式（6.1）；当断裂类型为边界正断层时，其活动速率计算公式为式（6.2）；当断裂类型为逆断层时，其活动速率计算公式为式（6.3）。

$$V_f(\text{同沉积正断层}) = \frac{\text{上盘沉积厚度} - \text{下盘沉积厚度}}{\text{时间}} \tag{6.1}$$

$$V_f(\text{边界正断层}) = \frac{\text{上盘沉积厚度} + \text{下盘剥蚀厚度}}{\text{时间}} \tag{6.2}$$

$$V_f(\text{逆断层}) = \frac{\text{上盘剥蚀厚度} + \text{下盘沉积厚度}}{\text{时间}} \tag{6.3}$$

　　因此，当计算断裂在主要油气成藏期的活动速率时，需要根据断裂类型选择合适的计算公式。当断裂不同部位的活动速率均已获取之后，还需要确定伴生裂缝连续分布所需的最小活动速率值，这一数值的确定需要结合断裂活动期活动速率与油气分布的相互关系，具体情况具体分析，不同地区伴生裂缝连续分布所需的最小活动速率值也不同。

　　为了确定冀中坳陷大柳泉–河西务地区伴生裂缝连续分布所需的最小活动速率值，需要选取发育典型的大型油源断裂，且要求其附近油气富集程度较高，因此选取了 F7 断裂为例进行研究。F7 断裂及其附近油气分布如图 6.6a 所示，F7 断裂活动期活动速率分布如图 6.6b 所示，通过将 F7 断裂附近油气分布与活动期活动速率相结合，分析二者相互关系，最终可以得出在 F7 断裂活动期活动速率大于 10m/Ma 的部位油气分布最为富集，而活动速率小于 10m/Ma 的部位油气分布较为稀少，如图 6.6a 所示。因此，可将冀中坳陷大柳泉–河西务地区伴生裂缝连续分布所需的最小活动速率值确定为 10m/Ma，而冀中坳陷大柳泉–河西务地区断裂活动期油气运移优势通道即断裂活动速率大于 10m/Ma 的部位。

　　b. 断裂活动期油气运移优势通道识别及其分布特征

　　在建立了断裂活动期油气运移优势通道识别方法之后，选取冀中坳陷大柳泉地区所发育的 F7 油源断裂，应用该方法识别其活动期油气运移优势通道。

　　首先，需要对 F7 油源断裂在活动期即沙二段—东营组油气成藏期内的断裂活动速率进行计算。通过利用三维高分辨地震资料，从中等间距地挑选与断裂垂直相交的主测线剖面，在每条主测线剖面中依次读取断裂上下两盘与主要层位顶底界面相交点的双程反射时间，通过利用单井资料与地震资料相结合，建立地震双程反射时间与实际埋深之间的时深转换公式，如式（6.4）所示，根据式（6.4）对地震双程反射时间进行换算求取相交点的实际埋深值，求得断裂上下两盘不同层位顶底界面的埋深值。

$$Z = -9 \times 10^{-9} T^3 + 0.0001 T^2 - 1.039 T \tag{6.4}$$

式中，Z 为实际埋深，m；T 为地震双程反射时间，ms。

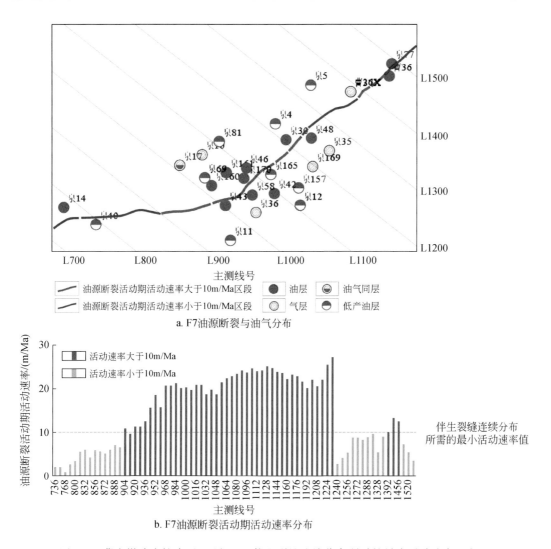

a. F7油源断裂与油气分布

b. F7油源断裂活动期活动速率分布

图 6.6　冀中拗陷大柳泉–河西务地区伴生裂缝连续分布所需的最小活动速率厘定图

　　根据不同层位顶底界面的埋深值相减即可求得断裂上下两盘不同层位的地层沉积厚度，由于冀中拗陷大柳泉–河西务地区断裂均为同沉积正断层，因此可以选取式（6.1）对断裂活动期的活动速率进行计算。通过计算断裂上下两盘沙二段—东营组地层沉积厚度之差，再除以沙二段—东营组地层沉积时间，便可求得到断裂活动期的活动速率。利用该方法计算冀中拗陷大柳泉–河西务地区 F7 油源断裂在每条主测线相交部位的活动速率，可确定 F7 油源断裂活动期不同部位的活动速率分布，如图 6.7 所示。根据前文冀中拗陷大柳泉–河西务地区伴生裂缝连续分布所需的最小活动速率值为 10m/Ma，在 F7 油源断裂中活动期活动速率大于 10m/Ma 的断裂部位，可将其识别为断裂活动期油气运移优势通道，如图 6.7 所示。

　　通过识别冀中拗陷大柳泉–河西务地区 F7 油源断裂活动期油气运移优势通道，根据结果可确定 F7 油源断裂活动期油气运移优势通道的分布特征，如图 6.8 所示。

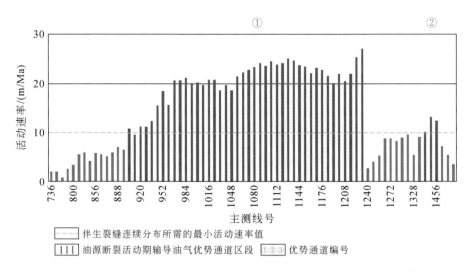

图 6.7　冀中拗陷大柳泉–河西务地区 F7 油源断裂活动期活动速率分布及油气运移优势通道识别图

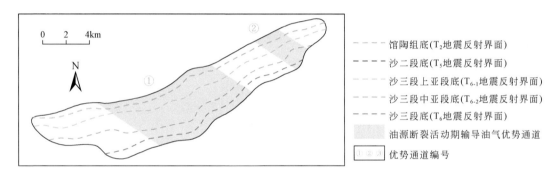

图 6.8　冀中拗陷大柳泉–河西务地区 F7 油源断裂活动期油气运移优势通道分布图

　　根据冀中拗陷大柳泉–河西务地区 F7 油源断裂活动期油气运移优势通道分布特征，通过汇总 F7 油源断裂活动期各油气运移优势通道的宽度、活动速率、断距、倾角以及断穿层位等分布特征，如表 6.1 所示。

表 6.1　冀中拗陷大柳泉–河西务地区 F7 油源断裂活动期油气运移优势通道分布特征汇总表

断裂活动期油气运移优势通道编号	宽度/km	活动速率/(m/Ma)	断距/m	倾角/(°)	断穿层位
F7①	7.48	10 ~ 27	16 ~ 284	13 ~ 41	馆陶组—沙四段
F7②	1.33	10 ~ 13	0 ~ 217	27 ~ 54	馆陶组—沙三段

　　B. 断裂停止活动时期油气运移优势通道识别及其分布特征

　　a. 断裂停止活动时期油气运移优势通道识别方法

　　根据油气沿断裂运移机制及通道特征研究可知，断裂停止活动时期伴生裂缝在上覆沉积载荷和区域主压应力的作用下紧闭愈合，失去裂缝输导油气能力，此时以断裂填充物孔隙为主要运移通道，油气运移能力相对较弱，运移速率较慢，但断裂停止活动时期持续时间相对较长，可对油气垂向运移起到长效作用，因此同样控制油气运聚成藏。正是由于断裂停止活动时期油气运移速率较慢，油气在断裂内呈缓慢渗流状态，因此断裂断面流体势展布对油气运移控制作用更为明显。通常断裂不同部位的断面形态不同，导致流体势也不同，而油气在缓慢渗流运移过程中主要受控于流体势展布规律，由高势区向低势区运移，会形成油气运移方向汇聚和发散等不同分布特征，其中油气运移方向汇聚部位输导油气量大，更易运聚油气；而油气运移方向发散部位输导油气量少，不易运聚油气（Hindle，1997）。

　　前人曾对断裂断面流体势展布控制油气运聚开展过一定的研究，发现断裂断面形态变化多样，主要可划分为凸面、凹面和平面三种不同类型，对油气运移方向起到不同控制作用。凸面形态可以汇聚油气，凹面形态可以分散油气，平面形态则对油气运移方向改变不明显，因此人们总结得出了断面凸面形态油气运移能力较强，其附近油气也更富集的结论；而前人进一步研究发现，断面形态控制油气运聚其本质在于断面流体势展布规律，断面流体势展布规律控制油气由高势区向低势区运移，不同类型的断面形态形成不同的流体势展布规律，根据断面流体势等值线分布特征可将断面流体势展布主要划分为汇聚脊和发散槽2种类型部位（Hindle，1997），如图6.9所示，其中油气主要由发散槽部位向汇聚脊部位运移汇聚，导致该部位油气汇聚集中，油气运移量大，最易输导油气，因此可将断面流体势汇聚脊部位厘定为断裂停止活动时期油气运移优势通道。

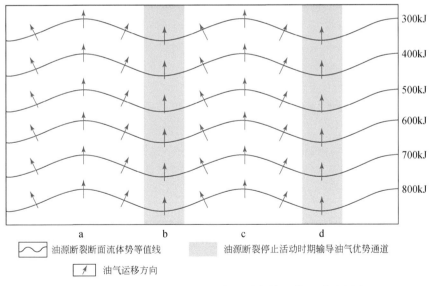

| 〰 油源断裂断面流体势等值线 | ▨ 油源断裂停止活动时期输导油气优势通道 |

↗ 油气运移方向

图 6.9　断裂停止活动时期油气运移优势通道识别示意图

a，c 发散槽；b，d 汇聚脊

　　由上可知，要识别断裂停止活动时期油气运移优势通道，需要计算分析断裂停止活动时期的断面流体势，因此首先需要明确断裂停止活动时期的时间，将断裂现今断面埋深恢复至停止活动时期，再利用断裂停止活动时期断面埋深数据，分别根据式（6.5）和式（6.6）对断裂停止活动时期断面流体压力和不同埋深处的油气密度进行计算，最终根据式（6.7）对断裂停止活动时期断面流体势进行计算，从而确定断裂停止活动时期断面流体势分布特征。

$$P = \rho_w g Z \qquad (6.5)$$

$$\rho_o = 1 - \frac{Z}{16000} \qquad (6.6)$$

$$\phi = gZ + \frac{P}{\rho_o} \qquad (6.7)$$

式中，ϕ 为断裂停止活动时期断面流体势，kJ；Z 为断裂停止活动时期断面埋深，m；P 为断裂停止活动时期断面流体压力，MPa；ρ_o 为不同埋深处油气密度，g/cm^3；ρ_w 为地层水密度，g/cm^3；g 为重力加速度，取 $9.8 m/s^2$。

根据断裂停止活动时期断面流体势等值线分布规律，可以从中识别出汇聚脊和发散槽2 种类型部位，其中断面流体势汇聚脊部位为断裂停止活动时期油气运移优势通道，其在断裂停止活动时期输导油气量最大，最易输导油气，可对油气垂向运移起到长效作用，进而影响油气聚集成藏，因此可用断面流体势汇聚脊中央脊线部位作为断裂停止活动时期油气运移优势通道。

b. 断裂停止活动时期油气运移优势通道识别及其分布特征

在确定出断裂停止活动时期油气运移优势通道识别方法之后，可将该方法应用于冀中拗陷大柳泉-河西务地区 F7 油源断裂，识别其停止活动时期油气运移优势通道。

首先，需要对 F7 油源断裂在停止活动时期即馆陶组—明化镇组油气成藏期内的断面流体势进行计算。先利用高分辨率三维地震资料，分别等间距地挑选与断裂垂直相交的主测线剖面，在每条主测线剖面中依次读取断裂上下两盘与主要层位界面相交点的横纵坐标以及双程反射时间，进而根据已建立的地震双程反射时间与实际埋深之间的时深转换公式［式（6.4）］，对地震双程反射时间进行换算求取相交点的实际埋深值，综上即可求得断裂与不同层位界面相交点的横纵坐标以及现今埋深值，将与断裂垂直相交的所有主测线剖面相交点数据进行整理汇总，即可获取断裂现今断面埋深展布特征。由于冀中拗陷大柳泉-河西务地区 F7 油源断裂的停止活动时期即馆陶组—明化镇组油气成藏期距现今时间较短，晚期构造运动微弱，因此可以利用断裂现今的断面埋深求取断裂停止活动时期的断面流体势。通过利用断裂断面埋深数据，分别根据式（6.5）和式（6.6）对断裂停止活动时期断面流体压力和不同埋深处的油气密度进行计算，再根据式（6.7）对断裂停止活动时期的断面流体势进行计算，最终可以确定断裂停止活动时期断面流体势的分布特征。

冀中拗陷大柳泉-河西务地区 F7 油源断裂停止活动时期断面流体势分布如图 6.10 所示，根据断面流体势展布规律可识别断面流体势汇聚脊部位，即 F7 油源断裂停止活动时期油气运移优势通道，如图 6.10 所示。

通过识别冀中拗陷大柳泉-河西务地区 F7 油源断裂停止活动时期油气运移优势通道，根据结果可以确定 F7 油源断裂中所发育的停止活动时期油气运移优势通道的分布特征，如图 6.10 所示。

根据冀中拗陷大柳泉-河西务地区 F7 油源断裂停止活动时期油气运移优势通道的分布特征，通过汇总 F7 油源断裂停止活动时期各油气运移优势通道的宽度、幅度、倾角以及断穿层位等分布特征，如表 6.2 所示。

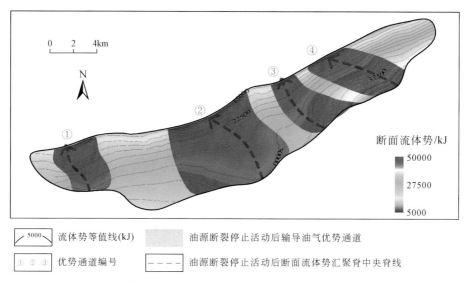

图 6.10 冀中拗陷大柳泉–河西务地区 F7 油源断裂停止活动
时期断面流体势及油气运移优势通道识别分布图

表 6.2 冀中拗陷大柳泉–河西务地区 F7 油源断裂停止活动时期油气运移优势通道分布特征汇总表

断裂停止活动时期油气运移优势通道编号	宽度/km	幅度/m	倾角/(°)	断穿层位
F7①	1.79 ~ 2.09	26 ~ 89	25 ~ 30	馆陶组—沙三段
F7②	4.04 ~ 5.08	2 ~ 193	5 ~ 70	馆陶组—沙四段
F7③	1.29 ~ 2.23	25 ~ 218	20 ~ 29	馆陶组—沙四段
F7④	1.74 ~ 2.74	1 ~ 28	26 ~ 50	馆陶组—沙四段

3. 油气沿断裂运移能力及其研究方法

在断裂不同时期油气运移优势通道识别的基础上,前人对其研究还不全面,得到的认识也存在一定问题。一方面,断裂活动期活动速率大于伴生裂缝连续分布所需的最小活动速率的部位并不是均有油气分布;另一方面,也不是所有断裂停止活动时期断面流体势汇聚脊部位均能形成油气富集。之所以会产生油气沿断裂运移优势通道与油气分布之间并不完全对应,主要与前人研究沿油气沿断裂运移优势通道时未考虑其输导油气能力有关。

通过综合分析断裂不同时期油气运移优势通道特征,确定其输导油气能力的影响因素,可建立断裂不同时期优势通道输导油气能力的定量评价方法。

根据前文中冀中拗陷大柳泉–河西务地区 F7 油源断裂不同时期油气运移优势通道识别及其分布特征,可知其不同时期、不同部位以及不同层位的优势通道输导油气能力均不同,导致油气聚集有利部位在平面和剖面的富集程度也不同。因此,需要对冀中拗陷大柳泉–河西务地区 F7 油源断裂不同时期油气运移优势通道在不同部位和不同层位的输导油气能力进行定量评价,才能综合确定断裂不同时期优势通道的输导油气能力,进而综合分析其对油气成藏的控制作用。

1) 断裂活动期优势通道输导油气能力定量评价

A. 断裂活动期优势通道输导油气能力影响因素

根据油气勘探结果表明，在断裂活动期油气运移优势通道附近并非均有油气富集，在优势通道不同层位以及不同优势通道部位之间油气富集程度均存在差异。之所以会存在这一现象，主要是由于断裂活动期油气运移优势通道在不同层位之间输导油气并非均匀一致，同一优势通道在不同层位中的输导油气能力会发生变化，而不同优势通道之间其输导油气能力则更是差异明显。因此，须分别研究断裂活动期油气运移优势通道在优势通道不同层位和不同优势通道部位之间的输导油气能力差异变化。

断裂活动期优势通道的输导油气能力主要受到以下 5 种因素的影响：

a. 断裂活动速率

如前文所述，断裂活动期输导油气机制主要为泵式机制，输导油气通道主要为伴生裂缝，而断裂活动期活动速率主要影响伴生裂缝的发育程度和开启程度，只有当断裂活动期活动速率大于伴生裂缝连续分布所需的最小活动速率值时，伴生裂缝才能大量发育且开启，如图 6.11 所示，并且断裂活动速率越大，伴生裂缝的发育程度和开启程度越高，其输导油气能力也越强。因此，断裂活动期活动速率是影响断裂活动期优势通道输导油气能力的一个重要因素。

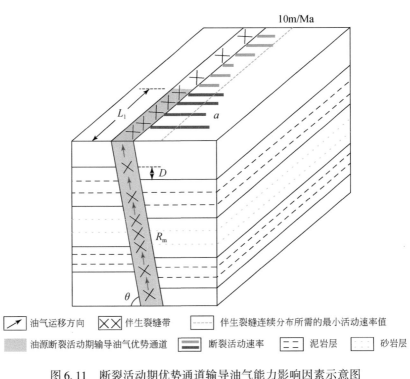

图 6.11　断裂活动期优势通道输导油气能力影响因素示意图

a. 断裂活动速率；*θ*. 倾角；R_{m}. 断裂两侧地层泥质含量；L_1. 宽度；*D*. 断距

b. 油气沿断裂运移优势通道宽度

断裂活动期油气运移优势通道仅是其中的某一部位，因此具有一定的宽度，如

图 6.11 所示，而且在不同层位中优势通道的宽度也是不同的。断裂活动期油气运移优势通道宽度影响输导油气规模的大小，其宽度越大则优势通道范围越广，输导油气规模越大，形成的输导油气能力也越强；反之宽度越小则输导油气能力越弱。

c. 断裂断距

伴生裂缝是断裂活动期输导油气的主要通道，伴生裂缝的发育规模对优势通道的输导油气能力影响至关重要，而伴生裂缝的发育规模与断裂断距具有明显关系。前人通过研究发现，断裂断距越大，断裂错断地层规模也越大，所形成的断裂带内部结构和伴生裂缝的发育规模也越大，断裂断距与伴生裂缝的发育规模呈正相关关系，因此断裂断距也与输导油气能力之间呈正相关关系。通常断裂在不同层位和不同部位的断距各不相同，如图 6.11 所示，因此，断裂断距越大，其输导油气能力越强；反之则输导油气能力越弱。

d. 断裂倾角

断裂活动期优势通道的输导油气能力不仅受到宽度和断距等特征的影响，还受到产状特征的影响，断裂在地下具有一定倾斜角度，如图 6.11 所示，并且不同断裂以及同一断裂不同部位的倾斜角度也不同，因此断裂活动期油气运移优势通道也具有一定倾角且不同部位倾角不同，导致断裂活动期优势通道具有不同的油气运移动力，从而影响输导油气能力强弱。通常断裂活动期优势通道倾角越大，油气运移动力所产生的沿油气运移方向分力也越大，输导油气能力越强；反之则输导油气能力越弱。

e. 被断裂错断地层泥质含量

除去断裂活动期优势通道的发育规模和形态之外，断裂活动期输导油气通道即伴生裂缝的发育程度和开启程度也并非仅受到断裂活动性的控制，在很大程度上还要受到断裂两盘地层岩性的影响，如图 6.11 所示。断裂两盘地层岩石不仅构成了断裂内部结构的断层岩成分，其地层岩性也决定了断裂伴生裂缝发育和开启的难易程度。断裂两盘地层的泥质含量越大，裂缝发育程度越差，开启程度也越低，导致输导油气能力越弱；反之则输导油气能力越强。

综上可知，断裂活动期优势通道输导油气能力的主要影响因素为断裂活动速率、油气沿断裂运移优势通道宽度、断裂断距、断裂倾角以及断裂两盘地层泥质含量，只有综合分析以上 5 种主要影响因素才能定量评价断裂活动期优势通道的输导油气能力。

B. 断裂活动期优势通道输导油气能力评价方法

根据断裂活动期优势通道输导油气能力影响因素分析，可将各影响因素归纳为发育特征、动力特征和伴生裂缝发育程度 3 个方面，选取出断裂活动期优势通道输导油气能力定量评价的 5 个主要参数。

从发育特征而言，断裂活动期优势通道输导油气能力主要受到油气沿断裂运移优势通道的宽度和断距 2 个参数的控制，优势通道宽度越大，输导油气能力越强；断距越大，输导油气能力也越强。

从动力特征而言，断裂活动期优势通道输导油气能力主要受到断裂活动速率和断裂倾角 2 个参数的控制，断裂活动速率越大，输导油气能力越强；断裂倾角的正弦值越大，输导油气能力也越强。

从伴生裂缝发育程度而言，断裂活动期优势通道输导油气能力主要受到断裂两盘地层泥质含量的控制,其机理是泥岩层内裂缝不发育,不利于油气运移,而砂地比与裂缝发育程度呈现正相关关系。断裂两盘地层泥质含量越大,伴生裂缝越不发育,运移通道连通性越差,输导油气能力越弱。因此,断裂活动期输导油气能力与断裂两盘地层泥质含量成反比关系,而与非泥质含量成正比关系。

综上所述,断裂活动期优势通道输导油气能力定量评价的 5 个主要参数分别为断裂活动期油气运移优势通道的宽度、断距、断裂活动速率、断裂倾角以及断裂两盘地层泥质含量,综合这 5 个主要参数即可建立计算公式,如式(6.8)所示,可对断裂活动期优势通道输导油气能力进行定量评价。

$$T_1 = aDL_1(1-R_m)\sin\theta \qquad (6.8)$$

式中,T_1 为断裂活动期优势通道输导油气能力评价参数;a 为断裂活动速率,m/Ma;D 为断裂断距,m;L_1 为油气沿断裂运移优势通道宽度,km;R_m 为断裂两盘地层泥质含量,%;θ 为断裂倾角,°。

在断裂活动期优势通道输导油气能力定量评价过程中,以上 5 个主要参数不仅在不同优势通道中不同,需要分别进行求取;而且在同一优势通道不同层位中也不同,也需要分别进行求取。

断裂活动期活动速率 a 的求取首先需要对不同层位界面埋深进行回剥至活动期,然后根据式(6.7)分别计算出断裂活动期在不同层位内不同测线处的活动速率值,最后通过不同测线处求取平均值作为不同层位内断裂活动期活动速率。

断裂断距 D 的求取需要利用最大断距相减法对断裂活动期各层位界面断距进行回剥古恢复,通过不同测线处各层位顶底界面断距的平均值作为该层位内断裂活动期断距。

断裂活动期油气运移优势通道宽度 L_1 的求取是根据优势通道测线部位,结合不同层位顶底界面构造图中的断裂发育特征,计算各层位顶底界面中优势通道宽度的平均值作为该层位内断裂活动期油气运移优势通道宽度。

断裂两盘地层泥质含量 R_m 的求取是根据自然伽马资料,由式(4.2)计算求得,确定不同层位内地层泥质含量分布,再于断裂活动期油气运移优势通道中分层位插入取样点求取平均值作为断裂两盘不同层位地层泥质含量。

断裂倾角 θ 的求取是根据三维高分辨地震数据体中断裂展布形态,分别导出断裂断面倾角分布数据并成图,再于断裂活动期油气运移优势通道中分层位插入取样点求取平均值作为断裂在不同层位中的倾角。

C. 断裂活动期优势通道输导油气能力评价

根据上述断裂活动期优势通道输导油气能力评价方法,以冀中拗陷大柳泉-河西务地区 F7 油源断裂为例,首先对 F7 油源断裂活动期优势通道输导油气能力定量评价的 5 个主要参数分别进行求取,结果如图 6.12 中所示,再对断裂活动期优势通道输导油气能力 T_1 进行计算求取,首先在平面上对不同部位所发育的断裂活动期油气运移优势通道分别进行研究,在剖面上再对优势通道内不同层位输导油气能力评价参数分别进行计算,实现冀中拗陷大柳泉-河西务地区 F7 油源断裂活动期优势通道输导油气能力的定量评价,如图 6.12 所示。

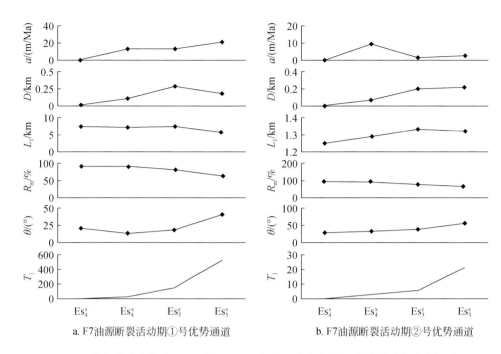

a. F7油源断裂活动期①号优势通道　　　　　　b. F7油源断裂活动期②号优势通道

图 6.12　冀中拗陷大柳泉–河西务地区 F7 断裂活动期优势通道输导油气能力评价图

2）断裂停止活动时期优势通道输导油气能力定量评价

A. 断裂停止活动时期优势通道输导油气能力影响因素

与断裂活动期相似，根据油气勘探结果表明，在断裂停止活动时期油气运移优势通道及其附近也并非均有油气分布，在优势通道内部不同层位以及不同优势通道部位之间油气富集程度均存在差异。之所以会存在这一现象，主要在于断裂停止活动时期油气运移优势通道不同层位之间特征并非均匀一致，导致同一优势通道在不同层位的输导油气能力会发生变化，而不同优势通道之间其输导油气能力则更是差异明显。因此，须分别研究断裂停止活动时期油气运移优势通道在优势通道不同层位和不同优势通道部位之间的输导油气能力差异变化。

断裂停止活动时期优势通道的输导油气能力主要受到以下 4 种因素的影响：

a. 油气沿断裂运移优势通道宽度

断裂停止活动时期油气运移优势通道（断面流体势汇聚脊）具有一定宽度，且在不同层位优势通道的宽度是不同的，如图 6.13 所示。断裂停止活动时期油气运移优势通道宽度可以影响断裂汇聚油气的规模以及输导油气能力的强弱，其宽度越大，汇聚油气规模越大，形成的输导油气能力越强；反之宽度越小，则输导油气能力越弱。

b. 油气沿断裂运移优势通道幅度

断裂停止活动时期油气运移优势通道不仅具有一定宽度，还具有一定幅度，其幅度即断面流体势汇聚脊顶底之间的高度差，不同优势通道的幅度不同，同一优势通道在不同层位的幅度也不同，如图 6.13 所示。油气沿断裂运移优势通道幅度越大，油气汇聚效率越高，汇聚规模越大，形成的输导油气能力越强；反之幅度越小，则输导油气能力越弱。

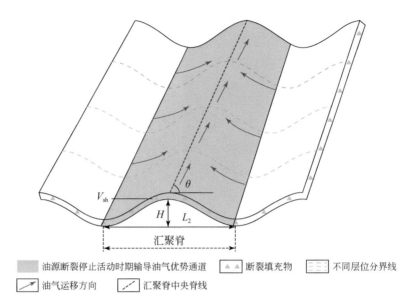

图 6.13　断裂停止活动时期优势通道输导油气能力影响因素示意图

θ. 倾角；V_{sh}. 泥质含量；L_2. 宽度；H. 幅度

c. 断裂倾角

断裂停止活动时期油气运移优势通道不仅受宽度和幅度的影响，还受到形态特征的影响。断裂在地下具有一定倾角，且不同断裂以及同一断裂不同部位的倾角都不同，因此断裂停止活动时期油气运移优势通道也具有一定倾角且存在变化，如图 6.13 所示。不同倾角会导致断裂停止活动时期油气运移优势通道内油气运移动力不同，影响输导油气能力强弱。断裂倾角越大，油气运移动力越大，输导油气能力越强；反之倾角越小，则输导油气能力越弱。

d. 断裂填充物泥质含量

除考虑断裂停止活动时期油气运移优势通道的发育规模和形态特征之外，还需考虑断裂停止活动时期输导油气通道即断裂填充物孔隙的开启程度，而断裂填充物泥质含量会对断裂填充物孔隙的开启程度以及输导油气能力起到重要影响。断裂填充物泥质含量越高，断裂填充物孔隙开启程度越低，输导油气能力越弱；反之断裂填充物泥质含量越低，则输导油气能力越强。

综上可知，断裂停止活动时期优势通道输导油气能力的主要影响因素为断裂停止活动时期油气运移优势通道的宽度、幅度、断裂倾角以及断裂填充物泥质含量，只有综合分析以上 4 种主要影响因素才能定量评价断裂停止活动时期优势通道的输导油气能力。

B. 断裂停止活动时期优势通道输导油气能力评价方法

根据断裂停止活动时期优势通道输导油气能力影响因素分析，可将各影响因素归纳为发育特征、动力特征和阻力特征 3 个方面，选取出断裂停止活动时期优势通道输导油气能力评价的 4 个主要参数。

从发育特征而言，断裂停止活动时期优势通道输导油气能力主要受到油气沿断裂运移优势通道宽度和幅度的控制，宽度越大，断面流体势汇聚脊汇聚油气规模越大，输导油气能力越强；幅度越大，断面流体势汇聚脊汇聚油气效果越好，汇聚油气规模也越大，输导油气能力也越强。因此，断裂停止活动时期油气运移优势通道的宽度和幅度均与输导油气能力成正比关系。

从动力特征而言，断裂停止活动时期优势通道输导油气能力主要受到断裂倾角的控制，断裂倾角的正弦值越大，输导油气能力越强。因此，断裂停止活动时期倾角正弦值与输导油气能力成正比关系。

从阻力特征而言，断裂停止活动时期优势通道输导油气能力主要受到断裂填充物泥质含量的控制，断裂填充物泥质含量越大，断裂填充物孔隙越不发育，形成阻力越强，输导油气能力越弱。因此，断裂停止活动时期优势通道输导油气能力与断裂填充物泥质含量成反比关系，而与非泥质含量成正比关系。

综上所述，断裂停止活动时期优势通道输导油气能力定量评价的 4 个主要参数分别为断裂停止活动时期油气运移优势通道的宽度、幅度、断裂倾角以及断裂填充物泥质含量，综合这 4 个主要参数可建立计算公式，如式（6.9）所示，对断裂停止活动时期优势通道输导油气能力进行定量评价。

$$T_2 = L_2 H (1 - \text{SGR}) \sin\theta \qquad (6.9)$$

式中，T_2 为断裂停止活动时期优势通道输导油气能力评价参数；L_2 为油气沿断裂运移优势通道宽度，km；H 为油气沿断裂运移优势通道幅度，m；SGR 为断裂填充物泥质含量，小数；θ 为断裂倾角，°。

在断裂停止活动时期优势通道输导油气能力定量评价过程中，以上 4 个主要参数不仅在不同优势通道中各不相同，需要分别进行求取；而且在同一优势通道不同层位中也各不相同，也需要分别进行求取。

断裂停止活动时期油气运移优势通道宽度 L_2 的求取是根据断面流体势汇聚脊的分布范围，结合不同层位顶底界面在断面上的分布特征，测算不同层位中部断面流体势汇聚脊的宽度作为该层位内断裂停止活动时期油气运移优势通道的宽度。

断裂停止活动时期油气运移优势通道幅度 H 的求取是根据断面流体势汇聚脊的分布范围，结合不同层位顶底界面在断面上的分布特征，分别在各层位中断面流体势汇聚脊的中央脊线处和两侧边缘处插入取样点，分别获取对应的断面埋深，通过计算其差值即可求得不同层位内断裂停止活动时期油气运移优势通道的幅度。

断裂填充物泥质含量（SGR）无法直接获取，根据前人研究方法可通过断裂所断穿的地层泥质含量及断距，利用式（4.4）进行求取［其中地层泥质含量主要根据自然伽马测井资料利用式（4.2）求取］，从而获得断裂填充物泥质含量的分布特征。以此为基础，通过在断裂停止活动时期油气运移优势通道中分层位插入取样点求取平均值作为不同层位中断裂填充物泥质含量。

断裂倾角 θ 的求取是根据三维高分辨地震数据体中断裂展布形态，分别导出各断裂的断面倾角分布数据并成图，再于断裂停止活动时期油气运移优势通道中分层位插入取样点求取平均值作为断裂在不同层位中的倾角。

C. 断裂停止活动时期优势通道输导油气能力评价

根据上述断裂停止活动时期优势通道输导油气能力评价方法，以冀中拗陷大柳泉-河西务地区 F7 油源断裂为例，首先对 F7 油源断裂停止活动时期优势通道输导油气能力定量评价的 4 个主要参数分别进行求取，结果如图 6.14 中所示，进而计算求取断裂停止活动时期优势通道输导油气能力 T_2，首先在平面上对不同部位所发育的断裂停止活动时期油气运移优势通道分别进行研究，在剖面上再对各优势通道内不同层位输导油气能力评价参数分别进行计算，实现冀中拗陷大柳泉-河西务地区 F7 油源断裂停止活动时期优势通道输导油气能力的定量评价，如图 6.14 中所示。

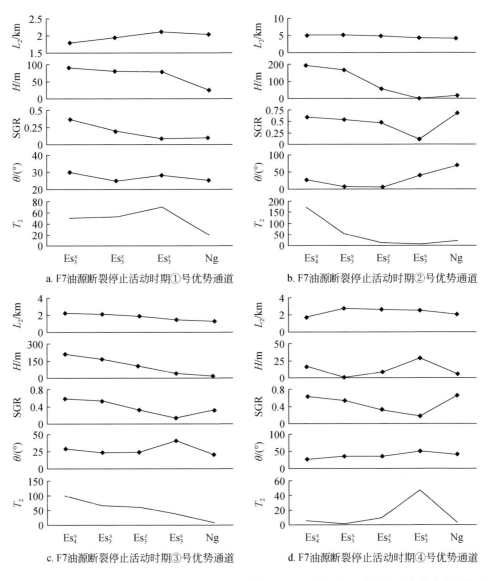

图 6.14　冀中拗陷大柳泉-河西务地区 F7 油源断裂停止活动时期优势通道输导油气能力定量评价图

4. 油气沿断裂运移时空有效性及其研究方法

1）油气沿断裂运移时空有效性的影响因素

油气沿断裂运移空间有效性是指油气沿断裂运移优势通道和不同等级源岩之间的空间匹配关系，与油气沿断裂运移优势通道匹配的源岩等级越好，越有利于油气沿断裂运移，油气沿断裂运移空间有效性越好，反之油气沿断裂运移空间有效性越差。如图 6.15 中断裂输导油气优势通道，1、2、3 分别与好、中、差等级源岩匹配，1 号优势通道油气沿断裂运移时空有效性好，其次是 2 号优势通道，较差的是 3 号优势通道。

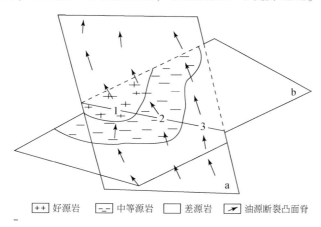

图 6.15　源断空间配置油气有效性示意图

a. 油源断裂；b. 源岩；1. 油源断裂输导油气有效性好；2. 油源断裂输导油气有效性中等；
3. 油源断裂输导油气有效性差

所谓油气沿断裂运移时间有效性是指油气沿断裂运移时期（活动时期）与源岩大量排烃期之间的匹配关系，断裂活动时期与大量生排烃期（图 6.16 中断裂活动时期 f_1 和 f_2 与源岩生排烃高峰期 a 同期）断裂可运移源岩生或排出的大量油气，油气沿断裂运移时间有效性好。相反，如果断裂活动时期与源岩大量排烃期不同期（图 6.16 中断裂活动时期 f_1 和 f_2 早于或晚于源岩大量生排烃期 a），二者时间差越大，越不利于断裂运移源岩生或排出油气，油气沿断裂运移时间有效性相对越差，反之越好。

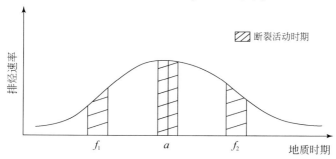

图 6.16　源断时间配置输导油气时间有效性示意图

a. 源岩排烃高峰期；f_1、f_2. 油源断裂活动时期

2）油气沿断裂运移时空有效性研究方法

要研究油气沿断裂运移空间有效性，就必须确定出油气沿断裂运移优势通道，和不同等级源岩分布。

油气沿断裂运移优势通道的确定方法可详细参见前文，不同等级源岩分布可在源岩分布研究的基础上，首先根据源岩有机质丰度的相对大小将其划分为好、中、差3个等级，再由有机质演化程度确定是否进入生排烃门限，二者结合便可以得到源岩好（有机质丰度高，且进入生排烃门限）、中（有机质丰度中等，且进入生排烃门限）、差（有机质丰度低，且未进入生排烃门限）3个等级的分区。

将上述已确定出来的油气沿断裂运移优势通道与好、中、差3个源岩等级分区叠合，便可以得到油气沿断裂运移空间有效性，如图6.15所示。

要研究油气沿断裂运移空间有效性，就必须确定出断裂活动时期与源岩生排烃期。断裂活动时期可利用前文方法由断裂生长指数或活动速率来确定，源岩生排烃可以依据源岩厚度和其地化指标（丰度、类型和演化程度），利用源岩生排烃模拟计算方法求得各地质时期源岩生排烃量，再除以时间便可以得到源岩生排烃速率，由源岩生排烃速率随时间变化关系图（图6.16），便可以确定源岩生排烃期。

将上述已确定出的断层活动时期与源岩生排烃期叠合，便可以得到油气沿断裂运移时间有效性的相对好坏，如图6.16所示。

3）应用实例

选取渤海湾盆地冀中拗陷饶阳凹陷留楚地区东二段和东三段作为应用实测，利用上述方法研究油气沿断裂运移时空有效性，并通过研究成果与目前东二段和东三段以发现油气分布之间关系分析，证实该方法用于研究油气沿断裂运移时空有效性是可行的。

留楚地区是饶阳凹陷中部的北东走向的一个不对称背斜（背斜东翼陡，西翼缓，背斜核部位于中北部和北部）。油气钻探指示的地层有古近系的孔店组、沙河街组、东营组和新近系的馆陶组、明化镇组及第四系。油气主要发现在东二段和东三段，油气主要来自下伏沙一段源岩。留楚地区东二段和东三段目前已发现的油气主要分布在北部的留楚背斜核部，少量分布在中北部留楚背斜核部，剩余广大地区油气分布少或没有，如图6.17所示。

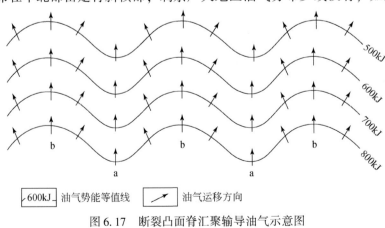

图6.17　断裂凸面脊汇聚输导油气示意图

a. 凸面脊；b. 凹面脊

这除了与东二段和东三段之下的沙一段的源岩品质差和圈闭不发育等条件有关外，还受到油气沿断裂运移时空有效性的影响，能否正确认识留楚地区东二段和东三段油气沿断裂运移时空有效性，对正确认识留楚地区东二段和东三段油气分布规律和指导油气勘探均有重要意义。

留楚地区东二段和东三段内发育多种类型断裂，只有中期走滑伸展-晚期张扭和早期伸展-中期走滑伸展-晚期张扭 2 类断裂才是沙一段源岩生成油气向上覆东二段和东三段的断裂，因为它们连接了下伏沙一段源岩和东二段和东三段目的层，且在油气成藏期——明化镇组沉积中晚期活动。由图 6.18 可以看出，留楚地区东二段和东三段内这类断裂发育，主要分布在其中东部地区，北部略多于南部。断裂主要是北北东向展布。

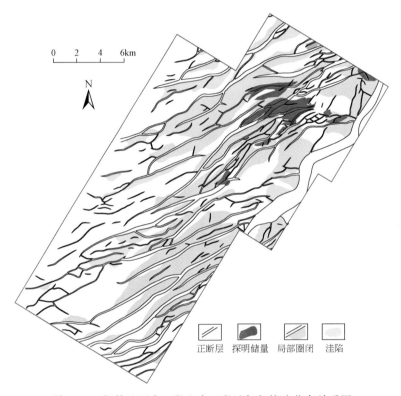

图 6.18　留楚地区东二段和东三段油气与构造分布关系图

按照上述油气沿断裂运移优势通道的确定方法，可以得到留楚地区东二段和东三段内油气沿断裂运移优势通道，由图 6.19 可以看出，留楚地区东二段和东三段内油气沿断裂运移优势通道主要分布在中东部北部，其次是中东部南部，其余地区油气沿断裂运移优势通道分布相对较少。由钻井资料揭示，留楚地区沙一段源岩主要分布在其北部和南部，最大厚度可达到 200m 以上，由此向其周围沙一段源岩厚度逐渐减小，在边部减少至 50m 以下，如图 6.20 所示。有机地球化学分析测试结果表明，留楚地区沙一段源岩有机质丰度相对较高，有机碳含量主要分布在 0.5%～1%，其次是 0%～0.5%，1%～2% 相对较少，如图 6.21a 所示；氯仿沥青"A"以 0%～0.05% 最多，其次是 0.05%～0.1% 和 0.15%～0.2%，0.1%～0.15% 含量最少，如图 6.21b 所示。生烃潜力 S_1+S_2 以 0～0.3mg/g 最多，其次是 0.3 ~ 0.6mg/g，最少为 0.6 ~ 0.9mg/g，如图 6.21c 所示。有机质类型以 II_1 和 II_2 型干酪根为主。有机质演化已进入生烃门限，R_o 主要分布在 0.5% ~ 0.75%，如图 6.21d

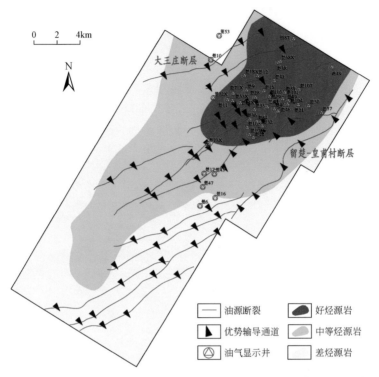

图 6.19　留楚地区东二段和东三段油气沿断裂运移有利部位与不同等级源岩分布之间关系图

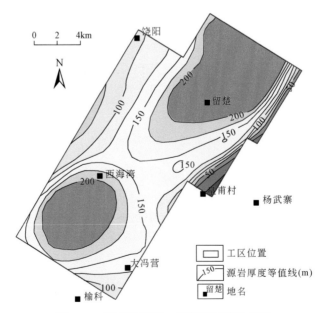

图 6.20　留楚地区沙一段源岩厚度分布图

所示。按照源岩是否生烃门限（深度约为 3000m）和有机碳含量>0.8%，0.4% <有机碳含量<0.8%，有机碳含量<0.4% 为极值，将留楚地区沙一段源岩划分为好、中、差 3 个等级，其平面分布如图 6.19 所示，可以看出，留楚地区沙一段好源岩主要分布在其北部地区，中等源岩则主要分布在其中部地区，差源岩则主要分布在其南部和东西边部地区。

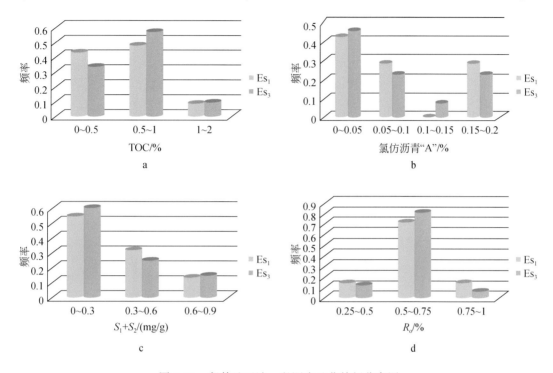

图 6.21　留楚地区沙一段源岩地化特征分布图

　　将上述已确定出来的留楚地区东二段和东三段油气沿断裂运移优势通道与不同等级沙一段源岩分区叠合，便可以得到油气沿断裂运移空间有效性的相对好坏，如图 6.19 所示，可以看出，留楚地区东二段和东三段油气沿断裂运移空间有效性好的地区主要分布在其北部，中等地区主要分布在其中部地区，南部及其东西边部地区油气沿断裂运移空间有效性相对较差。

　　由留楚地区典型剖面断裂生长指数和活动速率（图 6.22）研究得到，留楚地区断裂主要有 3 个活动时期，分别是沙三段、东营组和馆陶组 3 个沉积时期。由于留楚地区目前缺少源岩生排烃模拟资料，所以只能利用 R_o 随时间变化关系来反映留楚地区沙一段源岩生排烃能力随时间变化关系，由图 6.23 中可以看出，留楚地区沙一段源岩目前有机质演化程度相对较低，在明化镇组沉积时期进入生排烃门限，目前尚未进入大量生排烃期。

　　将上述断裂活动时期与源岩生排烃期叠合（图 6.23）可以看到，留楚地区断裂在沙三段和东营组沉积时期活动时，沙一段源岩没有沉积刚刚开始生成油气，无油气或仅有少量油气沿断裂向上覆东二段和东三段运移，油气沿断裂运移时间有效性相对较差。只有馆陶组沉积时期断裂活动，此时沙一段源岩已进入生排烃门限，沙一段源岩生成的大量油气

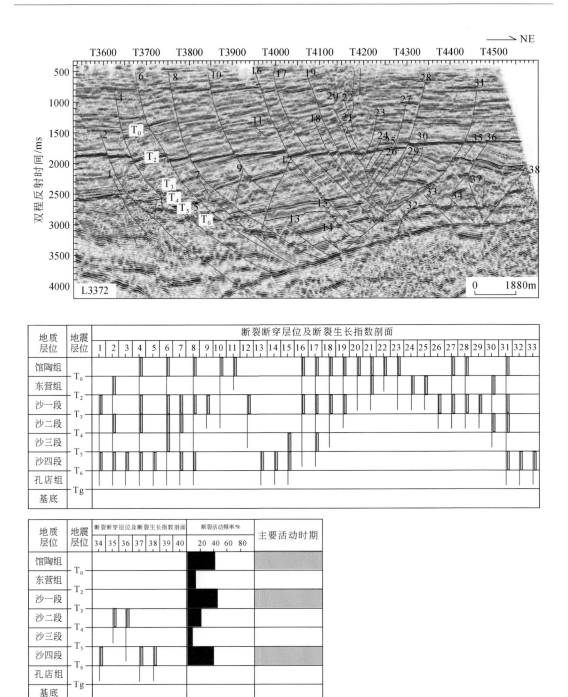

图 6.22　留楚地区典型剖面断裂生长指数和活动速率分布图

沿断裂运移，油气沿断裂运移时间有效性相对较好，应是留楚地区东二段和东三段油气成藏的主要时期。与目前利用储层流体包裹体温度，结合埋藏史和热史得到的油气成藏为馆陶组沉积中晚期相吻合。

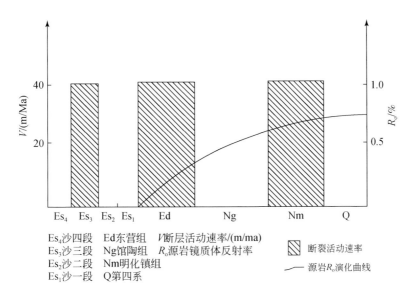

图 6.23　留楚地区东二段和东三段断裂活动时期与源岩演化匹配关系图

由图 6.19 可以看出，留楚地区东二段和东三段目前已发现的油气主要分布在油气沿断裂运移空间有效性好区内，少量分布在油气沿断裂运移空间有效性中等区内，油气沿断裂运移空间有效性差区内无油气分布。这是因为只有东二段和东三段断裂圈闭位于油气沿断裂运移空间有效性好和中等区内，才能通过油气沿断裂运移优势通道从下伏沙一段源岩处获得大量油气，克服运移过程中各种油气损耗后进行运聚成藏，油气勘探才有油气发现；否则在油气沿断裂运移空间有效性差区内的断裂圈闭，通过油气沿断裂运移优势通道从下伏沙一段源岩处获得油气少，不能克服运移过程中各种油气损耗，也就无油气聚集成藏，油气钻探也就无油气发现。然而，由图 6.23 可以看出，留楚地区油气沿断裂运移时间有效性相对较差，油气沿断裂运移量有限，不利于油气大规模运聚成藏，这可能是造成留楚 4 地区东二段和东三段目前已发现油气仅分布留楚背斜核部，少量分布在留楚南背斜核部的重要原因。

6.1.2　断裂控制油气垂向向下运移机制及其研究方法

油气勘探实践表明，断裂除了向上输导油气外，在某些特定的地质条件下还可以向下输导油气，但其输导油气机制及其研究方法明显不同于断裂向上输导油气机制及其研究方法。

1. 断裂垂向向下输导油气机制及动力学条件

通常情况下，源岩生成的油气是在剩余孔隙流体压力差及浮力作用下沿断裂向上覆地层中运移的，并使油气在断裂附近的上覆地层中运聚成藏，这是下生上储式生储盖组合中油气运移规律。而对上生下储式生储盖组合来说，断裂向下输导油气，其所遇到的阻力除了像向上输导油气所遇到断裂带运移阻力（包括毛细管阻力、岩石对油气的吸附阻力和油气本身运移的黏滞力等）外，还会遇到地层孔隙流体压力差（ΔP_d）和油气本身浮力（P_f）的阻挡，阻力明显较向上输导油气阻力要大。通常情况下源岩生成的油气是不会沿断裂向下伏地层中运移的，如图 6.24 所示，源岩生成的油气只有具有超压，且超压大小能够克服断裂向下输导油气所遇到的各种阻力之和，断裂方可向下输导油气；否则断裂面很难向下输导油气。

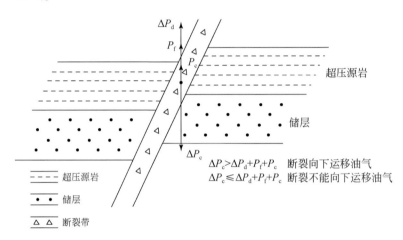

图 6.24　断裂向下输导油气动力条件示意图

ΔP_e. 源岩古超压；ΔP_d. 地层孔隙流体压力差；P_c. 油气沿断裂带运移遇到的阻力；P_f. 油气浮力

2. 断裂垂向向下输导油气最大深度及其预测方法

1）断裂垂向向下输导油气最大深度预测方法

由上述断裂向下输导油气动力条件［式（6.11）］已知，断裂向下输导油气应存在着一个最大深度，其值应等于源岩输导油气动力与其各种阻力相等时的深度，当深度小于这个最大深度时，油气沿断裂运移动力大于各种阻力，可以向下输导油气；相反，如果深度大于这个最大深度，油气沿断裂运移动力小于各种阻力，则不能向下输导油气。据此可以推导得到断裂向下输导油气最大深度：

$$\Delta P_e > \Delta P_d + P_f + P_c \tag{6.10}$$

式中，ΔP_e 为源岩古超压，MPa；ΔP_d 为地层孔隙流体压力差，MPa；P_f 为油气浮力，MPa；P_c 为断裂带油气运移遇到的阻力，MPa。

深度为 Z_h 时所需的动力条件如式（6.11）所示，由式中可以看出，源岩古超压值与断裂向下输导油气所遇到各种阻力之和之间的差距越大，断裂向下输导油气的最大深度越大；反之越小。

$$Z_h = \frac{\Delta P_e - \Delta P_d - P_f - P_c}{\rho_w - \rho_h} \tag{6.11}$$

式中，Z_h 为断裂向下输导油气的最大深度，m；ρ_w 为地层水密度，g/cm^3；ρ_h 为油气密度，g/cm^3；ΔP_e、ΔP_d、P_f、P_c 符号意义同上。

由图 6.25 可以看出，通常情况下凹陷中心处源岩古超压值相对较大，断裂向下输导油气的最大深度也就相对较大，向凹陷边部源岩古超压值逐渐减小，断裂向下输导油气的最大深度也逐渐减小。

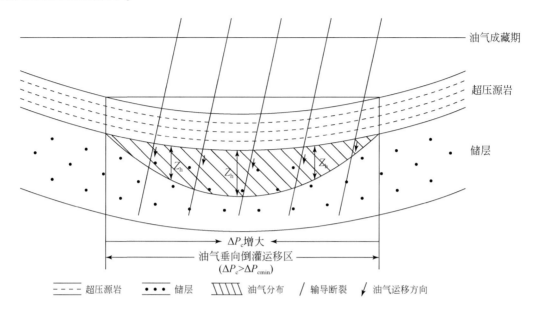

图 6.25　油气垂向倒灌运移最大深度与油气动力条件关系示意图

ΔP_c. 源岩古超压值；ΔP_{cmin}. 油气垂向倒灌运移所需的最小古超压值；Z_h. 油气垂向倒灌运移最大深度

由上可知，要确定断裂向下输导油气的最大深度，就必须确定源岩古超压值和断裂向下输导油气所遇到的各种阻力。

源岩古超压值的确定可以首先利用源岩声波时差资料随埋深变化曲线判断其是否存在超压，若存在超压（其声波时差明显增大），可利用声波时差资料由式（6.12）求取源岩现今超压值。然后在地层古厚度恢复的基础上，恢复断裂向下输导油气时源岩古埋深和古声波时差值，再将其代入式（6.12）中，便可以求得断裂向下输导油气时其源岩古超压值（ΔP_c）。

$$\Delta p = \rho_r Z - \frac{\rho_r - \rho_w}{c} \ln \frac{\Delta t}{\Delta t_0} - \rho_w Z \tag{6.12}$$

式中，Δp 为源岩超压值，MPa；Z 为泥岩埋深，m；Δt 为源岩声波时差值，$\mu s/ft$；Δt_0 为地壳处声波时差值，$\mu s/ft$；c 为源岩压实系数；ρ_r 为沉积岩平均密度，g/cm^3；ρ_w 为地层水密度，g/cm^3。

断裂向下输导油气所遇到的地层孔隙压力差等于断裂向下输导油气最大深度处地层孔隙流体压力减去断裂开始向下输导油气深度（或泥岩底界的深度）处的地层孔隙流体压力，断裂向下输导油气最大深度由式（6.13）计算求得。断裂向下输导油气所遇到的油气浮力可利用断裂向下输导油气最大深度由式（6.14）计算得到。而断裂向下输导油气所遇到断裂带阻力（P_c）由于受钻井和取心等因素的影响，目前条件下是无法通过实测得到的，只能利用间接方法求得。

$$\Delta P_d = \rho_w(Z_0 + Z_h) - \rho_w Z_0 = \rho_w Z_h \qquad (6.13)$$

式中，ΔP_d 为地层孔隙流体压力差，MPa；Z_h 为断裂向下输导油气的最大深度，m；Z_0 为泥岩底界埋深，m。

$$P_f = (\rho_w - \rho_h) \cdot Z_h \qquad (6.14)$$

式中，P_f 为油气浮力，MPa；Z_h 为断裂向下输导油气的最大深度，m；ρ_w 为地层水密度，g/cm³；ρ_h 为油气密度，g/cm³。

由图 6.26 中泥岩古超压值与断裂向下输导油气最大深度（通常用泥岩底部深度来表示）之间关系可以看出，当断裂向下输导油气深度为零时，即 $Z_h = 0$，此时地层孔隙流体压力差 $\Delta P_d = 0$，油气浮力 $P_f = 0$，由式（6.13）便可以得到断裂向下输导油气所遇到的断裂带阻力（P_c）应等于泥岩最小古超压值（ΔP_{cmin}），即 $P_c = \Delta P_{cmin}$。

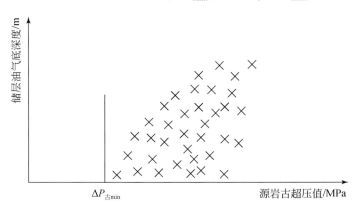

图 6.26　断裂向下输导油气所需的最小源岩古超压值（或油气沿断裂带运移阻力）确定示意图

$\Delta P_{古min}$. 油气垂向倒灌运移所需的最小源岩古超压值

其具体确定方法为首选通过上述方法利用声波时差资料计算研究区已知井点处源岩在断裂向下输导油气时期的古超压值；然后统计对应井点处源岩之下储层中油气底深度（将其作为断裂向下输导油气的最大深度）；再通过源岩古超压值与断裂向下输导油气最大深度之间关系（图 6.26），取断裂向下输导油气深度为零时的源岩古超压值（ΔP_{cmin}），便可以得出断裂向下输导油气所遇到的断裂带阻力（ΔP_c）。最后将已确定出的 ΔP_c、ΔP_d、P_f 和 p_c 代入式（6.10）中整理，便可以得到断裂向下输导油气的最大深度的计算公式为

$$Z_h = \frac{\Delta P - \Delta P_{cmin}}{2\rho_w - \rho_h} \qquad (6.15)$$

2）应用实例

选取松辽盆地三肇凹陷为例，利用上述方法研究断裂运移青一段源岩生成油气向下扶杨油气的最大深度，并通过研究成果与目前三肇凹陷扶杨油层已发现油气之间关系分析，验证该方法用于研究油气沿断裂运移最大深度的可行性。

三肇凹陷位于松辽盆地中央凹陷区内，是松辽盆地油气主要产区，该区从下至上发育的地层为下白垩统的火石岭组、沙河子组、营城组、登娄库组、泉头组及上白垩统的青山口组、嫩江组、四方台组、明水组和新生界。位于泉头组三段和四段的杨大城子油层和扶余油层（简称扶杨油层）是其主要产油层位。目前三肇凹陷扶杨油层已发现了升平、肇州、榆树林和宋芳屯油田，油源对比表明，其油主要来自青山口组一段源岩，属于典型的上生下储式生储盖组合。由声波时差随埋深变化关系可知，三肇凹陷青一段源岩目前普遍欠压实，存在超压，超压值最大可达到 14MPa 以上。三肇凹陷青一段源岩超压为断裂向下伏扶杨油层输导油气提供动力。由三维地震资料解释成果可知，三肇凹陷扶杨油层内发育不同类型的断裂，但能够运移青一段源岩生成油气向下伏扶杨油层向下运移的断裂只有连接青一段源岩和扶杨油层，且在油气成藏期——明水组沉积末期活动的断裂，由图 6.27 可以看出，三肇凹陷向下运移青一段源岩生成的油气向扶杨油层运移的断裂整个凹陷分布，其中凹陷中断裂相对发育，东西两侧断裂相对较少，主要为近南北向展布，少数为北西向和北东向展布。这些断裂为青一段源岩生成油气向下伏扶杨油层运移提供了通道。

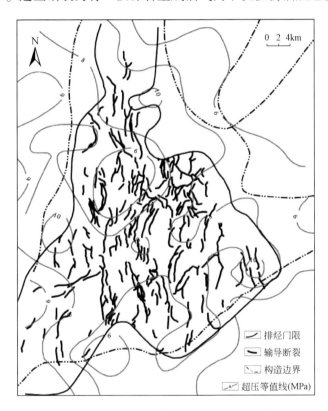

图 6.27 三肇凹陷青一段源岩排烃门限、古超压与运移断裂分布之间关系图

由钻井资料可知，三肇凹陷青一段源岩单层厚度大，有机质丰富，有机碳含量高，有机质类型以 I 型干酪根为主，有机质演化正进入成熟阶段。由源岩排烃模拟结果可知，三肇凹陷青一段源岩除凹陷边部局部地区外，几乎整个凹陷均已进入排烃门限，如图 6.27 所示，可以生成排出油，为断裂向下伏扶杨油层输导油气提供了油源。

综上所述可以看出，三肇凹陷具备了断裂向下运移青一段源岩生成油气进入扶杨油层运移的条件，能否准确预测出三肇凹陷断裂向下运移青一段源岩生成油进入扶杨油层的最大深度，对指导三肇凹陷扶杨油层勘探至关重要。

　　由地层古厚度恢复方法恢复三肇凹陷青一段源岩在油气成藏期—明水组沉积末期的古埋深，利用声波时差资料，由式（6.14）计算青一段源岩在明水组沉积末期的古超压值，由图 6.27 可以看出，三肇凹陷青一段源岩在明水组沉积末期古超压值可达 10MPa 以上，主要分布在凹陷东部、西部和北部局部地区，由此向其四周青一段源岩古超压值逐渐减小，在凹陷中北部从东、西、南边部青一段古超压值减小至 6MPa 以下。

　　通过统计三肇凹陷已知井点处青一段源岩古超压值和对应井点下伏扶杨油层油底深度之间关系，由图 6.28 可以得到三肇凹陷断裂向下输导油气所遇到的断裂带阻力 P_c 约为 5MPa。将三肇凹陷青一段源岩古超压值（图 6.27）、断裂向下输导油气所遇到的断裂带阻力（5MPa）、地层水密度取 $1g/cm^3$、油密度取 $0.85g/cm^3$，便可以计算得到三肇凹陷断裂向下输导油气的最大深度，由图 6.29 可以看出，三肇凹陷断裂向下运移青一段源岩生成油进入扶杨油层的最大深度可达到 400m 以上，主要分布在凹陷东部的树 19 井处、西部的肇 13 井处、北部宋深 1 井和中南部地区的之处，由 4 个高势区向其四周断裂向下运移青一段源岩生成油进入扶杨油层最大深度逐渐减小，在凹陷边部断裂向下运移青一段源岩生成油进入扶杨油层最大深度减小至 100m 以下。

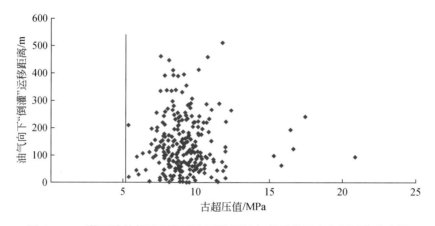

图 6.28　三肇凹陷扶杨油层断裂向下输导油气所需的最小古超压值确定图

　　通过钻井油气显示资料统计得到，三肇凹陷扶杨油层目前已发现的油底深度最大可达到 350m，主要分布在三肇凹陷东北部和北部 5 个局部地区，由 5 个局部高值区向其四周扶杨油层的油底深度逐渐减小，在凹陷北部和西南边部扶杨油层油底深度减小至 50m 以下，如图 6.30 所示。由图 6.29 和图 6.30 中可以看出，三肇凹陷扶杨油层目前已发现的油除了在凹陷中部局部地区油底深度大于断裂向下运移青一段源岩生成油进入扶杨油层的最大深度外，其余广大地区扶杨油层油底深度均小于断裂向下运移青一段源岩生成油进入扶杨油层的最大深度。这是因为在凹陷北部局部地区青一段源岩生成的油达到断裂向下运移青一段源岩生成油进入扶杨油层的最大深度后，又发生侧向运移使扶杨油层油底深度大于断裂向下运移青一段源岩生成油进入扶杨油层的最大深度。而其余广大地区是因为青一段源岩生成的油还未到达断裂向下运移青一段源岩生成油进入扶杨油层的最大深度时便发生侧向运移，使扶杨油层油底深度小于断裂向下运移青一段源岩生成油进入扶杨油层的最大深度。

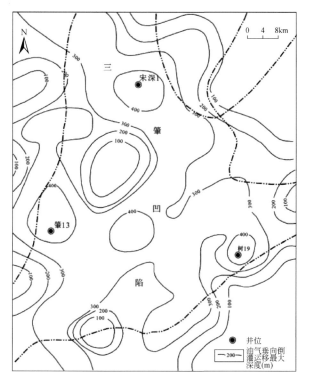

图 6.29 三肇凹陷扶杨油层断裂向下输导油气最大深度分布图

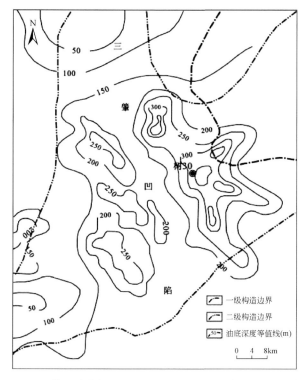

图 6.30 三肇凹陷扶杨油层油底深度分布图（据冯志强等修改）

3. 油气沿断裂垂向向下运移优势通道及其研究方法

1) 油气沿断裂向下运移优势通道及其影响因素

由于断裂本身发育特征的差异性造成断裂向下输导油气并非大面积进行的,而应是沿着某些优势通道向下输导油气的,其模式如图 6.31 所示,断裂向下输导油气的优势通道会受到断裂产状的影响,由于凸面脊处构造位置相对较高,为油气侧向运移的低势区,而凹面槽处构造位置相对较低,是油气侧向运移的高势区。在源岩古超压的作用下,断裂在向下输导油气过程中,凹面槽处油气会向凸面脊处汇聚运移,形成油气沿断裂向下运移优势通道,如图 6.31 所示。因此,油气沿断裂向下运移优势通道的影响因素是凸面脊和凹面槽的分布。

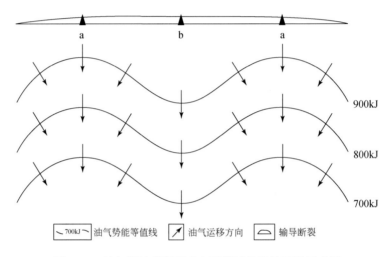

图 6.31 油气沿运移断裂垂向倒灌运移优势通道示意图

a. 断层面凸面脊,断裂向下输导油气有利部位;b. 断层面凹面脊,断裂向下输导油气非有利部位

2) 油气沿断裂向下运移优势通道预测方法

由上可知,要预测油气沿断裂向下运移优势通道,就必须确定出断裂向下输导油气区和断裂凸面脊分布,二者叠合便可得到油气沿断裂向下运移优势通道,即断裂向下输导油气区内的断裂凸面脊。

要确定断裂向下输导油气区,就必须确定出源岩排烃区、具备断裂向下输导油气超压分布区和断裂分布区,三者叠合的重合区即断裂向下输导油气区。源岩生排烃区可以利用源岩厚度及其地化特征由源岩生烃模拟软件计算得到的生排烃门限值来圈定,如图 6.32 所示,大于源岩排烃门限深度范围内的源岩为源岩生排烃区。由地层古厚度恢复方法恢复源岩在油气成藏时期的古埋深和古声波时差值,由式 (6.12) 计算源岩在油气成藏期的古超压值。再通过统计源岩古超压值与下伏储层油底深度之间关系,确定断裂向下输导油气所需的最小古超压值 (图 6.26),由源岩古超压值,结合断裂向下输导油气所需的最小古超压值,便可以得到断裂向下输导油气超压分布区,即大于断裂向下输导油气所需的最小古超压值的区域,如图 6.32 所示,由三维地震资料拆分源岩内发育的不同类型断裂,将连接源岩和下伏源岩且在油气成藏期活动的断裂圈在一起,即断裂分布区,如图 6.32 所示，将上述已确定出来的源岩排烃区、断裂向下输导油气超压分布区和断裂分布区叠合，三者叠合区即断裂向下输导油气区。

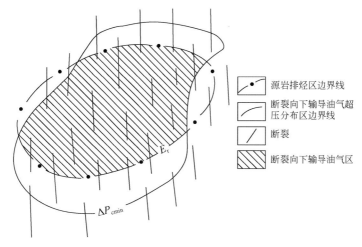

图 6.32　断裂向下输导油气区厘定示意图

E_{r}. 源岩排烃门限；ΔP_{cmin}. 断裂向下输导油气所需的最小古超压值

3）应用实例

选取上述松辽盆地三肇凹陷扶杨油层为例，利用上述方法预测断裂向下运移青一段源岩生成油进入扶杨油层的优势通道，并通过预测结果与目前扶杨地层已发现油气间关系分析，证实该方法用于预测油气沿断裂向下运移优势通道的可行性。

由上可知，三肇凹陷断裂运移青一段源岩生成的油进入扶杨油层后，其运聚成藏与分布主要受到断裂向下运移青一段源岩生成油进入扶杨油层的优势通道分布的控制，能否准确地预测出断裂向下运移青一段源岩生成油进入扶杨油层的优势通道分布，是指导三肇凹陷扶杨油气的勘探的关键。

由源岩生排烃模拟结果可知，三肇凹陷青一段源岩排烃门限深度均为 1700m，由此结合青一段源岩分布区的埋深，可以得到三肇凹陷青一段源岩排烃区主要分布在凹陷中部的大部分地区，仅在凹陷东、西、南边部青一段源岩不能向外排烃，如图 6.33 所示。

由图 6.28 中得到的三肇凹陷断裂向下运移青一段源岩生成油进入扶杨油层所需的最小古超压值，结合三肇凹陷青一段源岩古超压分布（图 6.34），可以得到断裂向下运移青一段源岩生成油进入扶杨油层超压分布区如图 6.31 所示，由图 6.33 可以看出，整个三肇凹陷青一段源岩所具有的古超压，均可满足断裂向下运移青一段源岩生成油进入扶杨油层的需要。

由三维地震解释成果得到断裂穿层性，结合油气成藏期，可以得到三肇凹陷扶杨油层作为运移青一段源岩生成油气向下伏扶杨油层运移的断裂分布，如图 6.33 所示，整个凹陷断裂分布，其中凹陷中部断裂相对发育，东西两侧断裂不发育，断裂主要呈近南北向、北北东向和北西向展布。由三维地震资料追索断裂断层的空间分布，由断层面埋深计算其油势能场分布，可以得到三肇凹陷扶杨油层断裂凸面脊发育，由图 6.33 可以看出，三肇凹陷扶杨油层断裂凸面脊主要分布凹陷中部地区，东西两侧相对较少。

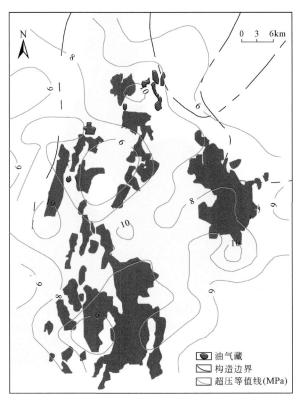

图 6.33　三肇凹陷扶杨油层油气沿断裂向下运移优势通道与油气分布之间关系图

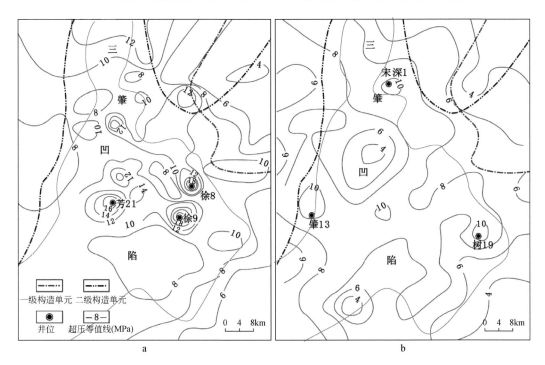

图 6.34　三肇凹陷青一段源岩古超压平面分布图

　　将上述已确定出来的青一段源岩排烃区、断裂向下输导油气超压分布区和断裂凸面脊分布叠合。便可以得到三肇凹陷断裂向下运移青一段源岩生成油进入扶杨油层的优势通道如图 6.33 所示，可以看出，三肇凹陷断裂向下运移青一段源岩生成油进入扶杨油层的优势通道主要分布在凹陷中部，东西两侧断裂向下运移青一段源岩生成油进入扶杨油层的优势通道相对不发育。

　　由图 6.33 可以看出，三肇凹陷扶杨油层目前已发现的油藏主要分布在断裂向下运移青一段源岩生成油进入扶杨油层的优势通道处或附近，这是因为只有位于断裂向下运移青一段源岩生成油进入扶杨油层的优势通道处或附近的断层圈闭，才能从上覆青一段源岩处获得大量的油气，克服运移途中的各种损耗，进行聚集成藏，如肇州构造、榆树林构造、宋芳平构造和升平鼻状构造。否则，其他成岩条件再好，也无油气聚集成藏。

6.2　断裂控制油气侧向运移机制及研究方法

6.2.1　断裂控制油气侧向运移机制及条件

　　所谓侧向运移是指油气沿断裂走向方向上的流动。通常情况下油气沿断裂运移是向上运移的，这已是不争的事实，但油气勘探的实践证实，断裂确实存在着侧向输导油气现象。然而，由于受到剩余地层孔隙流体压力和浮力作用的影响，正常情况下断裂是不会侧向输导油气的，主要是向上输导油气。断裂侧向输导油气应是有条件的，第一，断裂向上输导油气受到区域性泥岩盖层的阻挡，区域性盖层断接厚度大于或等于其封油气所需的最小断接厚度、区域性盖层垂向封闭，油气不能沿断裂穿过区域性盖层向上运移，如图 6.35 所示；第二，区域性盖层处于倾斜状态，被区域性盖层阻挡的油气在其下在剩余地层孔隙流体压力差和浮力等的作用下，发生沿断裂的侧向运移，如图 6.35 所示，其输导油气通道应为断裂伴生裂缝和断裂带填充物连通孔隙（因其较两侧围岩地层具有更高的孔渗性，尤其是在断裂活动时期，伴生裂缝具有相对更高的孔渗性），可为断裂侧向输导油气提供运移通道。

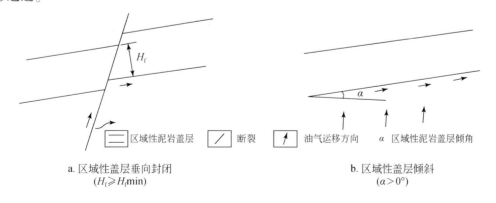

a. 区域性盖层垂向封闭　　　　　　　　　　b. 区域性盖层倾斜
$(H_{\mathrm{f}} \geqslant H_{\mathrm{f}}\min)$　　　　　　　　　　　　$(\alpha > 0°)$

图 6.35　断裂侧向输导油气所需条件示意图

6.2.2　断裂控制油气侧向运移区及其研究方法

1. 断裂侧向输导油气区预测方法

由上可知，要预测断裂侧向输导油气区，就必须确定出区域性泥岩盖层倾斜区和区域性泥岩盖层垂向封闭区，二者叠合即断裂侧向输导油气区。

区域性泥岩盖层垂向封闭性可以根据前文所述的方法来确定。区域性盖层的倾斜区可以通过地层倾角大小分布范围确定，即倾角大于零的分布区。二者叠合的重合区即断裂侧向输导油气区，如图 6.36 所示。

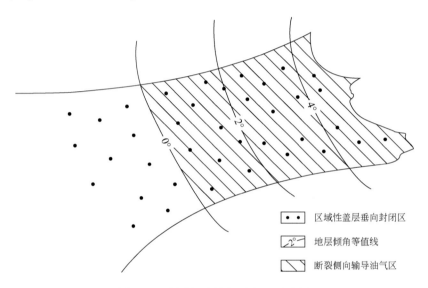

图 6.36　断裂侧向输导油气区示意图

2. 应用实例

选取松辽盆地北部西部斜坡区敖古拉断裂为例，利用上述方法预测其侧向输导油气区，并通过预测结果与目前萨葡高油层（萨尔图油层，葡萄花油层，高台子油层）已发现油气分布之间关系分析，验证该方法用于预测断裂侧向输导油气区的可行性。

敖古拉断裂位于松辽盆地中央拗陷区与西斜坡区交界部位，是一条长期继承性发育的北东向展布的正断层，正好与松辽盆地齐家–古龙凹陷青一段源岩生成油气进入上部萨葡高储层向西部斜坡区的运移路径相交，敖古拉断裂能否起到阻断萨葡高油层油气继续向西运移，而改向沿断裂走向向北（地层向北上倾）运移的作用，是造成敖古拉断裂北部油气可否富集重要因素。因此，能否准确地预测出敖古拉断裂侧向输导油气区，对于正确认识敖古拉断裂南北萨葡高油层油气富集规律和指导其油气勘探均具有重要意义。

敖古拉断裂走向总体上为北东向，平面延伸长度约为 26.6km，如图 6.37 所示。断裂向西倾斜，整条断裂倾角变化不大，介于 31°～33°，断距为 10～80m，从下至上断距变小。敖古拉断裂从下伏基底一直断至古近系地层中，是一条长期继承性发育的断裂，其不同部位断裂在各反射层发育特征也有所差异，如表6.3所示。

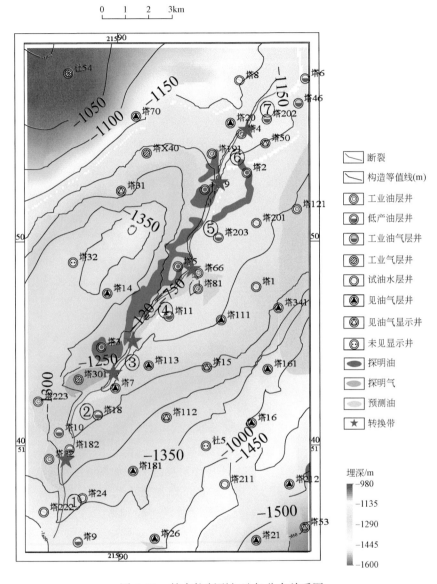

图 6.37　敖古拉断裂与油气分布关系图

表 6.3　敖古拉断裂几何特征统计表

部位	反射层位	断距/m	断裂密度/(条/km²)	倾角/(°)	走向	长度/km
1	T_2	51	2	32	近南北	4.06
	T_1	27	3			
	T_{06}	25	2			

部位	反射层位	断距/m	断裂密度/(条/km²)	倾角/(°)	走向	长度/km
2	T_2	45	3	33	北东	5.43
	T_1	30	3			
	T_{06}	30	2			
3	T_2	48	6	31	北东	1.92
	T_1	65	4			
	T_{06}	39	3			
4	T_2	41	7	33	北东	4.78
	T_1	34	6			
	T_{06}	10	5			
5	T_2	80	7	33	北北东	4.67
	T_1	30	6			
	T_{06}	28	6			
6	T_2	53	3	32	北北东	3.16
	T_1	51	2			
	T_{06}	36	2			
7	T_2	29	5	33	北东	2.58
	T_1	25	2			
	T_{06}	28	1			

由图6.38可以看出，敖古拉断裂错断了嫩一段和嫩二段区域性泥岩盖层（底界面为T_1反射界面），由钻井资料统计的得出，敖古拉断裂处嫩一段和嫩二段区域性泥岩盖层发育，最大厚度可达到200m以上，主要分布在敖古拉断裂南部，由此向北嫩一段和嫩二段区域性泥岩盖层厚度逐渐减小，至其北部减小至100m以下，如图6.39所示。由于嫩一段和嫩二段区域性泥岩盖层厚度相对较大，敖古拉断裂在嫩一段和嫩二段内的断距相对较小，断裂在其内分段生长上下未连接，不是油气穿过嫩一段和嫩二段区域性泥岩盖层的运移通道，油气不能沿敖古拉断裂穿嫩一段和嫩二段区域性盖层向上运移，目前在嫩一段和嫩二段区域性泥岩盖层之上无油气发现，如图6.40所示，表明嫩一段和嫩二段区域性盖层与敖古拉断裂处垂向上均是封闭的。

由图6.37中可以看出，敖古拉断裂从南至北构造位置从低至高变化，从−1350m变化至−1150m，地层倾角约为2°，表明敖古拉断裂处嫩一段和嫩二段区域性泥岩盖层向西南倾斜。

综合上述分析可以看出，敖古拉断裂具备了活动期侧向输导油气条件，可以侧向输导萨葡高油层油气沿敖古拉断裂从南向北运移，从图6.41中敖古拉断裂附近萨葡高油层的密度和黏度的变化特征上看出，油气确实沿敖古拉断裂从南至北运移，原油密度和黏度从南至北逐渐增大。敖古拉断裂侧向运移萨葡高油层油气运移的结果，使得敖古拉断裂南部萨葡高油层中的油气向其北部附近萨葡高油层中侧向运移和聚集，造成敖古拉断裂北部萨葡高油层油气富集程度明显高于其南部，如图6.41和图6.42所示。

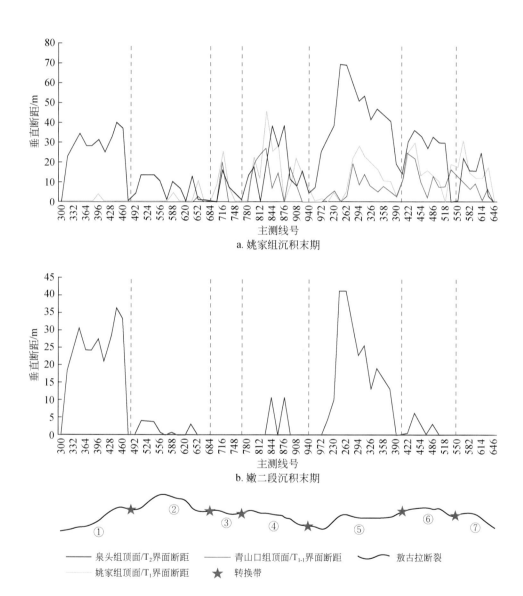

图 6.38　不同地质时期敖古拉断裂断距—位移曲线变化关系图

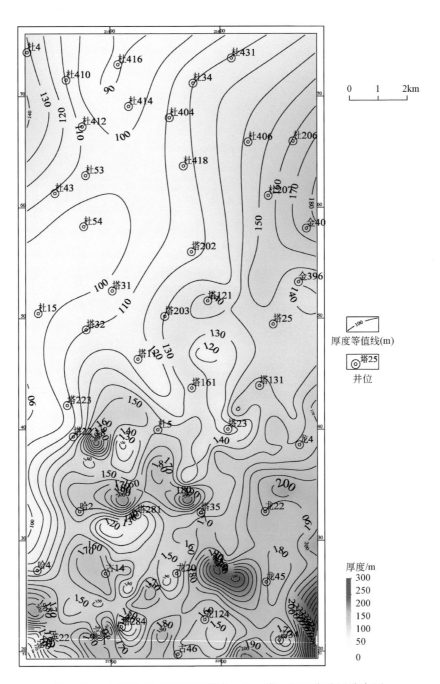

图 6.39　小林克-哈拉海断裂带嫩一段、嫩二段泥岩盖层分布图

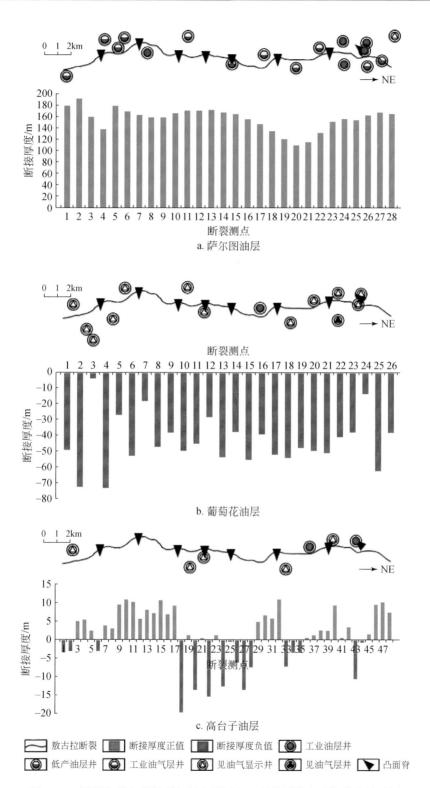

图 6.40　同层位敖古拉断裂与泥岩隔层配置断接厚度和油气分布关系图

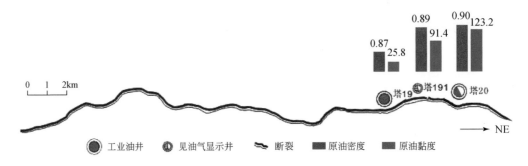

图6.41　敖古拉断裂对油沿其侧向运移区剖面分布图

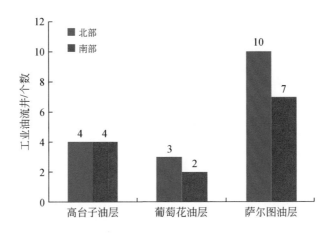

图6.42　敖古拉断裂南北萨葡高油层工业油流井数对比图

6.2.3　断裂对油气侧向运移作用类型及其分布区预测方法

油气勘探实践证实含油气盆地斜坡区油气在沿砂体侧向运移过程中，不可避免地遇到断裂（油气成藏期活动断裂），这些断裂对含油气盆地斜坡区沿砂体侧向输导油气产生的作用类型不同，油气运移路径分布特征不同，造成油气分布规律也就不同。能否准确预测出断裂对油气侧向运移作用类型及其分布，对含油气盆地斜坡区油气勘探具有重要意义。

1. 断裂对油气侧向运移作用类型及其所需要的条件

斜坡区油气在沿砂体侧向运移过程中遇到断裂，断裂会对沿砂体侧向输导油气产生3种作用。第一种是变径作用，其条件是泥岩盖层断裂厚度小于其封油气所需的最小断接厚度，泥岩盖层垂向不封闭，沿砂体侧向输导油气将不再沿砂体侧向运移，而是沿断裂穿过泥岩盖层进行垂向运移，断裂对沿砂体侧向输导油气起变径作用如图6.43a所示。第二种是侧接作用，其条件是泥岩盖层的断接厚度大于或等于其封油气所需的最小断接厚度，泥岩盖层垂向封闭，但断裂侧向不封闭，沿砂体侧向输导油气不能沿断裂穿过泥岩盖层向上运移，只能穿过断裂向对盘砂体中继续进行侧向运移，断裂对沿砂体侧向输导油气起侧接作用，如图 6.43b 所示。第三种是阻止作用，其条件是泥岩盖层的断接厚度大于或等于其封油气所需的最小断接厚度，泥岩盖层垂向封闭，且断层侧向封闭。沿砂体侧向输导油气既不能沿断裂穿过泥岩盖层向上进行垂向运移，又不能通过断裂向另一盘砂体中进行侧向运移，只能在断裂处聚集，断裂对沿砂体侧向输导油气起阻止作用，如图 6.43c 所示。

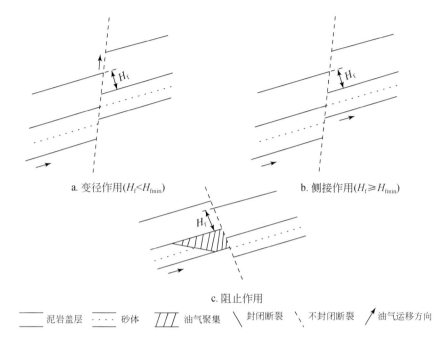

a. 变径作用($H_f < H_{fmin}$)　　　　　　　　b. 侧接作用($H_f \geq H_{fmin}$)

c. 阻止作用

―― 泥岩盖层　······ 砂体　▨ 油气聚集　╲ 封闭断裂　╲ 不封闭断裂　↗ 油气运移方向

图 6.43　断裂影响斜坡区油气在砂体中侧向运移的作用示意图

H_f. 泥岩盖层断接厚度；H_{fmin}. 泥岩盖层封油气所需的最小断接厚度

2. 断裂对沿砂体侧向输导油气区的预测方法

由上可知，断裂对沿砂体侧向运移作用类型不同，其所需的条件不同，其分布区预测方法也就不同。

1）断裂沿砂体侧向输导油气变径作用区的预测方法

要预测断裂对沿砂体侧向输导油气变径区，就必须确定出泥岩盖层垂向不封闭区和砂体侧向输导油气区，泥岩盖层不封闭区的预测方法为：首先由研究区已知井点处断裂的断距和对应处泥岩盖层厚度求取泥岩厚度的断接厚度。然后统计泥岩盖层上下油气分布特征，取油气分布泥岩盖层之下的最小断接厚度作为泥岩厚度封油气所需的最小断接厚度，如图 6.44 所示。再由研究区所有断裂断距和泥岩盖层求取泥岩盖层断接厚度，将泥岩盖层断接厚度小于封油气所需的最小断接厚度的断裂部位圈在一起即泥岩盖层的封闭区。

由于砂体能否侧向输导油气主要受到砂体连通性的控制，只有连通砂体方可以侧向输导油气，否则是无法侧向输导油气的。勘探阶段探井较少，难以用连井对比方法确定砂体的横向连通性，所以只能借助于间接方法，统计研究区已知井点处地层砂地比值与砂体中含油气关系，取含油气砂体的最小砂地比值作为砂体连通所需的最小砂地比值，如图 6.45

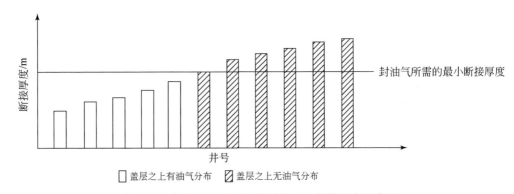

图 6.44   泥岩盖层封油气所需的最小断接厚度厘定图

所示，因为只有砂体连通，油气才能进入砂体中进行运聚成藏，油气钻探才会发现油气；反之则无油气分布。通过利用钻井和地震资料统计砂体所在地层的砂地比值，由砂体连通所需的最小砂地比值，便可以得到砂体侧向输导油气变径区，如图 6.46 所示。

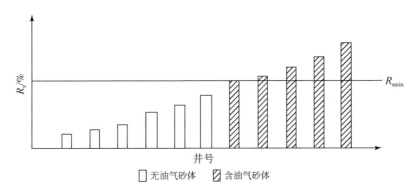

图 6.45   砂体连通所需最小砂地比值厘定示意图

R_s. 砂体所在地层砂地比值；R_{smin}. 含油气砂体所在地层砂地比值

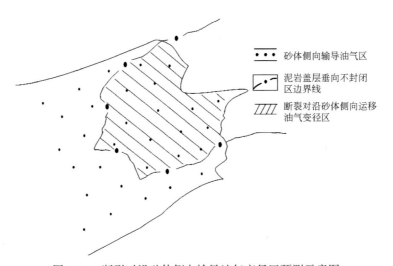

图 6.46   断裂对沿砂体侧向输导油气变径区预测示意图

将上述已确定出的泥岩盖层不封闭区和砂体侧向输导油气区叠合，便可以得到断裂对沿砂体侧向输导油气变径区，如图 6.46 所示。

2）断裂对沿砂体侧向输导油气侧接作用区的预测方法

要预测断裂对沿砂体侧向输导油气侧接作用区，就必须确定出砂体侧向输导油气区、泥岩盖层封闭区和断裂侧向运移不封闭区，三者的重合区即断裂对沿砂体侧向输导油气侧接作用区。

泥岩盖层封闭区可按照上述相同法进行预测，将泥岩盖层断接厚度大于或等于其封油气所需的最小断接厚度的断裂部位圈在一起，即泥岩盖层垂向封闭区。砂体侧向输导油气区也可按上述方法进行预测。

断裂侧向不封闭区的预测方法是：首先由研究区已知井点处断裂的断距和被其错断地层岩层厚度和泥质含量，由式（4.4）求取断裂填充物泥质含量，将其由小至大排列，再统计被断裂所封闭砂体的油气显示特征，取含油气砂体处断裂填充物最小泥质含量作为断层封闭油气所需的断裂填充物最小泥质含量，如图 6.47 所示。再统计研究所有断裂的断距和被其错断地层岩层厚度和泥质含量，由式（4.4）计算断裂填充物泥质含量，将断裂填充物泥质含量小于其油气所需的最小泥质含量的断裂部位圈在一起，即断裂侧向不封闭区，如图 6.48 所示。

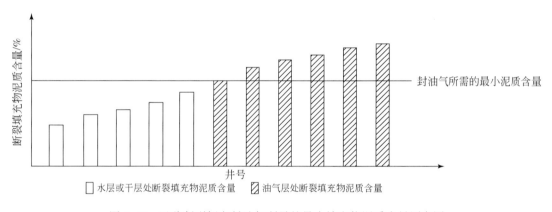

图 6.47　运移断裂侧向封油气所需的最小填充物泥质含量厘定图

将上述已确定出的泥岩盖层不封闭区、砂体侧向输导油气区和断裂侧向不封闭区叠合，三者叠合区即断裂对沿砂体侧向输导油气侧接作用区，如图 6.48 所示。

3）断裂对沿砂体侧向输导油气阻止作用区的预测方法

要预测断裂对砂体侧向输导油气阻止作用区，就必须确定出泥岩盖层封闭区、砂体侧向输导油气区和断层侧向封闭区，三者的重合区即断裂对沿砂体侧向输导油气阻止作用区。

泥岩盖层垂向封闭区和砂体侧向输导油气区可按照上述相同方法进行预测，断层侧向封闭区也可按照上述方法进行预测，只是要将断裂填充物泥质含量大于或等于其封油气所需的最小泥质含量的断裂部位围在一起，即断层侧向封闭区。

将上述已确定出的泥岩盖层垂向封闭区，砂体输导油气区和断层侧向封闭区叠合，三者重合区即断裂对沿砂体侧向输导油气阻止作用区，如图 6.49 所示。

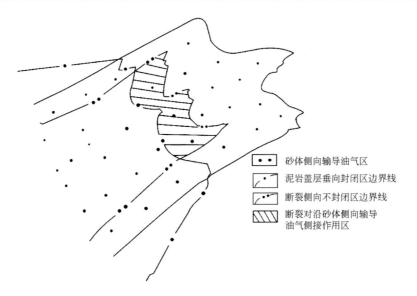

图 6.48　断裂对沿砂体侧向输导油气侧接作用区预测示意图

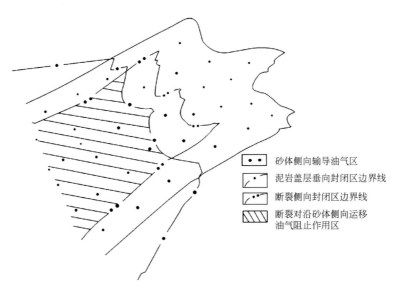

图 6.49　断裂对沿砂体侧向输导油气阻止作用区预测示意图

4) 应用实例

选取渤海湾盆地冀中拗陷霸县凹陷文安斜坡区作为应用实例，利用上述方法预测断裂对沿沙二段砂体侧向运移作用区，并通过预测结果与目前沙二段已发现油气分布之间关系分析，证实该方法用于预测断裂对沿砂体侧向输导油气作用区的可行性。

文文安斜坡区是霸县凹陷东侧一西低东高的斜坡，该区发育的地层有古近系的孔店组、沙河街组、东营组和新近系的馆陶组、明化镇组及第四系，油气主要分布在沙一段和沙二段，少量分布在东营组和馆陶组。霸县凹陷沙一段源岩生成的油气通过侧向断裂侧接进入沙二段砂体中再向文安斜坡区侧向运移，油气在沿沙二段砂体侧向运移过程中会遇到多条断裂，能否准确地预测出断裂对沿沙二段砂体侧向输导油气作用区，对于正确认识文安斜坡区断裂附近沙二段油气分布规律和指导油气勘探均具重要作用。

由于文安斜坡区沙二段为河流相沉积，砂体相对发育，砂地比大于20%，横向分布连续性好，可作为霸县凹陷油气向文安斜坡区侧向运移的运移通道。由钻井揭示，文安斜坡区沙二段油气盖层为沙一段下部发育的泥岩，最大厚度可达到300m以上，主要分布在其西部临近霸县凹陷一侧，由西向东沙一段下部泥岩盖层厚度逐渐减小，在其东部边部减小至30m以下，如图6.50所示。由已知井点处断裂断距和被其错断沙一段下部泥岩盖层厚度计算得到的沙一段下部泥岩盖层断接厚度，结合沙一段下部泥岩盖层上下油气分布特征，可以得到沙一段下部泥岩盖层封油气所需的最小断接厚度约为147m，如图6.51所示。由文安斜坡区沙一段下部泥岩盖层内所有断裂断距和对应处沙一段下部泥岩盖层厚度计算得到的沙一段下部泥岩盖层断接厚度，按照图6.51中沙一段下部泥岩盖层封油气所需的最小断接厚度，便可以得到文安斜坡区沙一段下部泥岩盖层垂向封闭和不封闭区，由图6.52中可以看出，文安斜坡区沙一段下部泥岩盖层垂向封闭区主要分布在其西部边部的中部和南部地区，分布面积相对较小。而沙一段下部泥岩盖层垂向不封闭区分布面积相对较大，主要分布在文安斜坡区的中东部地区。

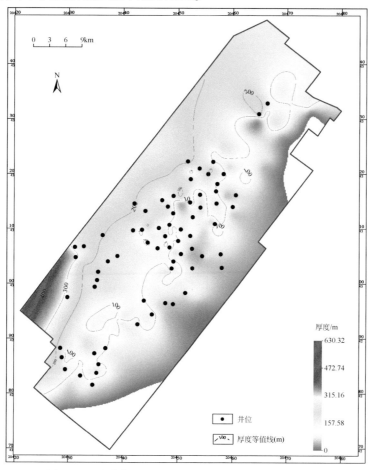

图 6.50　文安斜坡区沙一段下部泥岩盖层厚度分布图

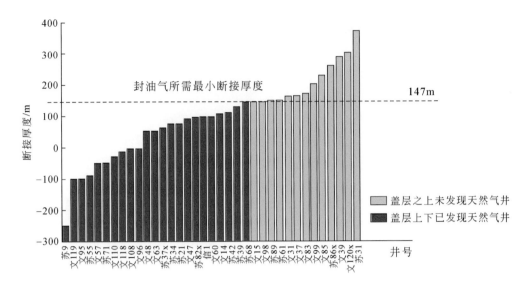

图 6.51　文安斜坡区沙一段底部泥岩盖层封油气所需的最小断接厚度厘定图

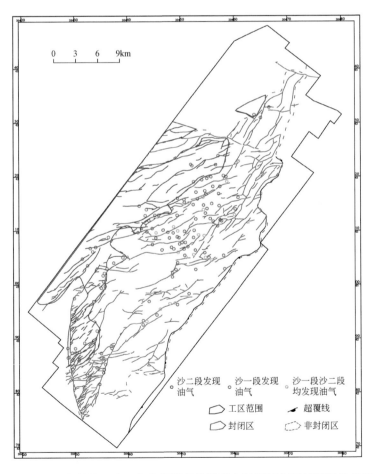

图 6.52　文安斜坡区沙一段底部泥岩盖层垂向封闭区和不封闭区分布图

　　由文安斜坡区沙二段已知井点处断裂断距和被其错断地层岩层厚度和泥质含量，由式（4.4）求得断裂填充物泥质含量，再统计其附近沙二段砂体中的油气显示特征，由图 6.53 中可以得到文安斜坡区沙二段断层侧向封闭所需的最小泥质含量约为 30%。由文安斜坡区沙二段内所有断裂的断距和被其错断地层岩层厚度及泥质含量，由式（4.4）计算断裂填充物泥质含量，按照图 6.47 中断层侧向封闭油气所需的最小泥质含量，便可以得到文安斜坡区沙二段内断层侧向封闭区和不封闭区，由图 6.54 可以看出，文安斜坡区沙二段断层侧向封闭区主要分布在其中部地区，少量分布在其中北部、南部、西部地区，其余广大地区皆为断裂侧向不封闭区。

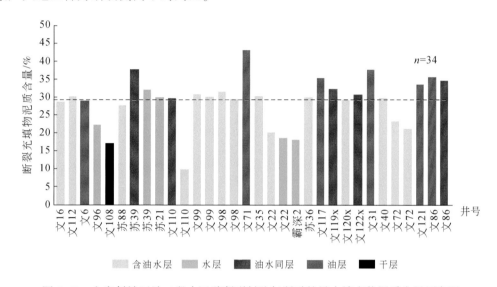

图 6.53　文安斜坡区沙二段内运移断裂封油气所需的最小填充物泥质含量厘定图

　　将上述已确定出的文安斜坡区沙一段下部泥岩盖层垂向封闭区、垂向不封闭区，沙二段断层侧向封闭区、不封闭区和沙二段砂体侧向输导油气区叠合，便可以得到文安斜坡区断裂对沿沙二段砂体侧向输导油气变径作用区、侧接作用区和阻止作用区，如图 6.55 所示。由图 6.55 可以看出，文安斜坡区断裂对沿沙二段砂体侧向输导油气变径作用区主要分布在其中东部广大地区，分布面积相对较大。断裂对沿沙二段砂体侧向输导油气侧接作用区主要分布在其西部的中部和南部地区，分布面积明显小于断裂对沿沙二段砂体侧向输导油气变径作用区的分布面积。断裂对沿沙二段砂体侧向输导油气阻止作用区仅分布在文安斜坡区西部中部的局部地区，分布面积相对较小。

　　由图 6.55 可以看出，文安斜坡区沙二段目前已发现油气主要分布在断裂对沿沙二段砂体侧向输导油气阻止作用区内，这是因为只有位于断裂对沿沙二段砂体侧向输导油气阻止作用区内的断层圈闭，沿沙二段砂体侧向输导油气才不能穿过沙一段下部源岩盖层向上运移，也不会通过断裂进行侧向运移，只能在断裂附近聚集成藏的缘故。在文安斜坡区断裂对沙二段砂体侧向输导油气所控作用区内发现的油气相对较少，是因为在断裂对沿沙二段砂体侧向输导油气区内，虽然油气不能穿过沙一段下部泥岩盖层向上运移，但油气可以穿过断裂侧向运移，不利于油气在断裂附近聚集成藏的缘故。在文安斜坡区断裂对沿沙二

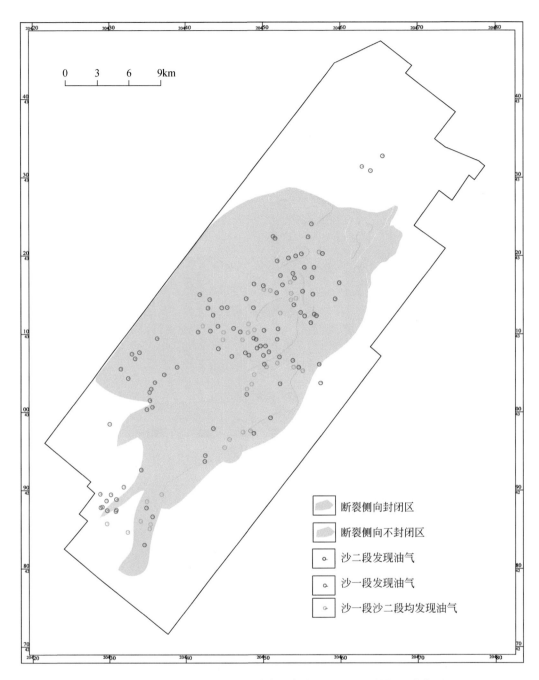

图 6.54　文安斜坡区沙二段运移断层侧向封闭区和不封闭区分布图

段砂体侧向输导油气变径作用区内至今未发现油气,而在其上覆的沙一段、东营组和馆陶组中找到了大量油气。这是因为在断裂对沿沙二段砂体侧向输导油气变径作用区内,沙一段下部泥岩盖层和断裂均不能封闭油气,油气可以穿过沙一段下部泥岩盖层向上覆沙一段、东营组、馆陶组中运移并聚集成藏的缘故。

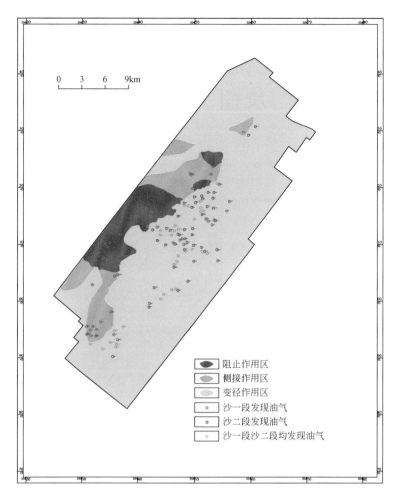

图 6.55　文安斜坡区沙二段运移断裂对沿砂体侧向输导油气作用区与油气分布关系图

第7章 断砂配置侧向分流运移油气机制及研究方法

油气勘探实践表明，断裂在油气垂向运移过程中，往往与砂体配合形成复合输导体系使油气在含油气盆地中进行立体运移，能否正确认识断砂配置侧向分流运移油气机制，建立一套适用于断砂配置侧向分流运移油气的研究方法，对于正确认识含油气盆地下生上储式油气分布规律和指导油气勘探均具重要作用。

7.1 断砂配置侧向分流运移油气机制及所需条件

通常情况下，由于断裂伴生裂缝较其两侧砂体具有相对更高的孔渗性，在剩余地层孔隙流体压力差和浮力的作用下油气沿断裂运移是不会向其两侧砂体中发生侧向分流运移的。只有遇到了区域性盖层阻挡，且区域性泥岩盖层垂向封闭，沿断裂垂向运移的油气只能在区域性盖层之下向其两侧砂体中发生侧向分流运移，如图7.1a所示，否则油气沿断裂运移将穿过区域性盖层向上运移，不会发生向两侧砂体的侧向分流运移，如图7.1b所示。

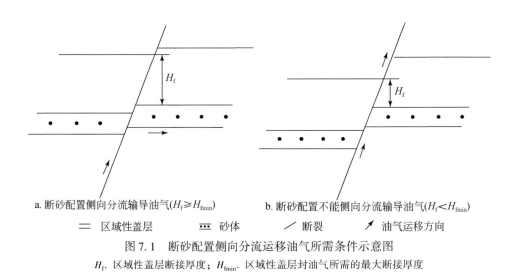

a. 断砂配置侧向分流输导油气($H_f \geq H_{fmin}$) b. 断砂配置不能侧向分流输导油气($H_f < H_{fmin}$)

〓 区域性盖层 ▥ 砂体 ╱ 断裂 ↗ 油气运移方向

图7.1 断砂配置侧向分流运移油气所需条件示意图

H_f. 区域性盖层断接厚度；H_{fmin}. 区域性盖层封油气所需的最大断接厚度

7.2 断砂配置侧向分流运移油气层位及研究方法

由上可知，断裂向上运移油气受到垂向封闭盖层阻挡后，便向其两侧砂体发生侧向分流运移。然而断裂两侧往往发育有多套砂体，油气沿断裂运移应向哪套砂体中发生侧向分流运移呢？从理论上讲，只要断裂向砂体运移油气的动力（剩余地层孔隙流体压力差和浮力合力的分力）大于油气向砂体侧向分流运移所遇到的阻力，油气均可向砂体中发生侧向分流运移。但由于受到目前研究手段的限制，在多层砂岩和泥岩叠置的一套地层中，还不能准确地确定出剩余地层孔隙流体压力差和每一层砂体油气侧向分流运移的阻力，也就无法判断油气是向哪层砂体中发生侧向分流运移，因此只能利用间接方法来判别。油气通常会向其阻力小于油气沿断裂运移动力分力的砂体（物性相对较好的砂体）中发生侧向分流运移，如图 7.2 所示，那么如何判断断砂配置侧向分流运移油气层位呢？本书将介绍以下几种方法。

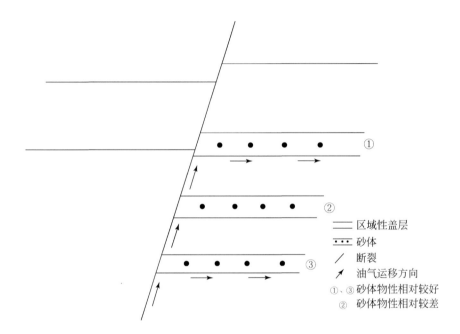

图 7.2　断砂配置侧向分流运移油气层位示意图

7.2.1　地层砂地比值法

由于受钻井和取心的影响，难以获取所有被断裂错断地层砂体的物性，也就无法利用砂体物性相对好坏，来直接判断断砂配置侧向分流运移油气层位，只能借助于间接方法来判断。具体方法是统计研究区已知井点处断裂附近砂体所在地层的砂地比值与油气分布之间关系（图 7.3），确定含油气砂体所在地层的最小砂地比值，将其作为断砂配置侧向分流运移所需的最小地层砂地比值，因为油气沿断裂运移只有向砂体中侧向分流运移，才会有油气在砂体中聚集成藏，油气钻探才能发现油气；相反，如果油气沿断裂运移没有向砂体中侧向分流运移，也就无油气在砂体中聚集成藏，油气钻探也就无油气发现。再统计所要研究断裂附近砂体所在地层砂地比值，如果砂体所在地层砂地比值大于断裂向砂体侧向分流所需的最小地层砂地比值，那么断砂配置能够侧向分流运移油气，砂体所在层位即断砂配置侧向分流运移油气层位；反之则不是断砂配置侧向分流运移油气层位。

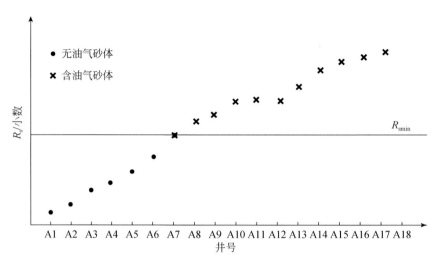

图7.3　断砂配置侧向分流运移油气所需最小砂地比值厘定示意图

R_s. 砂体所在地层砂地比；R_{smin}. 含油气砂体所在地层的最小砂地比值

　　选取渤海湾盆地南堡5号构造F4断裂作为实例，利用上述方法研究断砂配置侧向分流运移层位，并通过研究成果与目前F4断裂附近已发现油气层位之间关系，验证该方法用于研究断砂配置侧向分流运移油气层位的可行性。

　　F4断裂是南堡5号构造的一条规模相对较大的北东向断裂，分布在其中部，延伸距离相对较大，如图4.29所示，F4断裂是该区域典型的生长断裂，从基底至明化镇组沉积时期一直活动，断裂断距为30~50m。F4断裂连接了下伏沙三段或沙一段源岩和上覆东营组储层，且在油气成藏期明化镇组沉积中晚期活动，是一条东营组储层的油源断裂。下伏沙三段或沙一段源岩生成的油气在沿F4断裂向上运移的过程中，由于受到东二段泥岩盖层的阻挡，油气向东营组砂体中发生侧向分流运移，能否准确地确定出断砂配置侧向分流运移层位，直接影响南堡5号构造油气层位的勘探。

　　由图4.29可以看出，南堡5号构造F4断裂附近东营组发育2套区域性盖层，从下至上分别为东三段泥岩盖层和东二段泥岩盖层，其厚度分别为99m和230m。东三段泥岩盖层和东二段泥岩盖层分别被F4断裂错断，但并未完全错开。由F4断裂在东三段及东二段内的断距和东三段及东二段泥岩盖层厚度，计算得到东三段泥岩盖层和东二段泥岩盖层断接厚度分别为99m和197m，由于东三段泥岩盖层断接厚度小于其封油气所需的最小断接厚度（图7.4），垂向不封闭，油气可以穿过东三段泥岩盖层向上运移，在东三段泥岩盖层上下砂体中发生侧向分流运移。而东二段泥岩盖层断接厚度大于其封油气所需的最小断接厚度（图7.5），油气不能穿过东二段泥岩盖层向上运移，只能在东二段泥岩盖层之下发生侧向分流运移。由此看出，F4油气沿断裂运移主要是在东二段泥岩盖层之下砂体发生侧向分流运移。

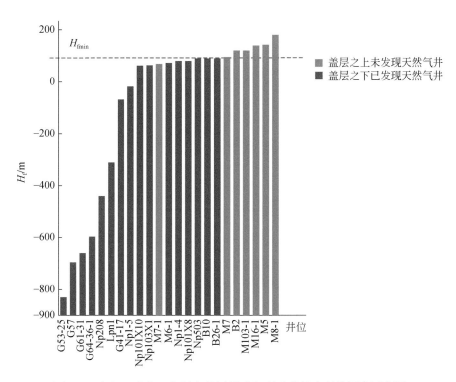

图 7.4　南堡凹陷东三段泥岩盖层封油气所需的最小断接厚度厘定图

H_f. 泥岩盖层断接厚度，m；H_{fmin}. 封油气所需的最小断接厚度，m

通过钻井资料统计得到南堡 5 号构造被 F4 断裂错断地层的砂地比值，如图 7.6 所示，南堡 5 号构造东营组地层的东三段下部地层砂地比值最大，地层砂地比值大于 30%，其次是东三段上部，地层砂地比值约 20%，最小为东二段，地层砂地比值小于 20%，由前文可知南堡凹陷断砂配置侧向分流运移油气所需的最小砂地比值约 20%，可以得到南堡 5 号构造 F4 油气沿断裂运移侧向分流运移油气层位主要是东三段下部。

由图 4.29 中可以看出，南堡 5 号构造 F4 断裂附近目前已发现的油气主要分布在东三段下部，少量分布在东三段上部，这是因为东三段下部是 F4 断裂运移下伏沙三段或沙一段源岩生成油气侧向分流运移的主要层位，油气主要向东三段下部侧向分流运移，有利于油气聚集成藏的缘故。而东三段上部不是 F4 断裂运移下伏沙三段或沙一段源岩生成油气侧向分流运移的主要层位，油气向东三段上部侧向分流运移油气相对较少，不利于油气聚集成藏，发现油气相对较少。

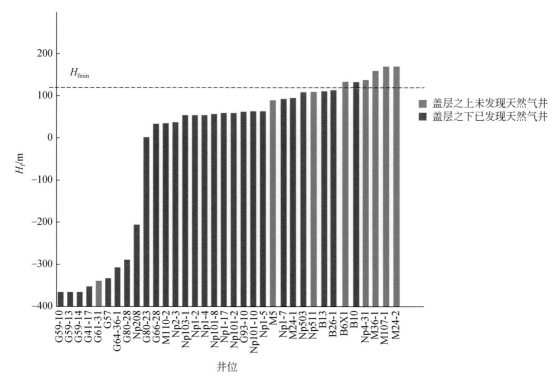

图 7.5　南堡凹陷东二段泥岩盖层封油气所需的最小断接厚度厘定图

H_{f}. 泥岩盖层断接厚度，m；H_{fmin}. 封油气所需的最小断接厚度，m

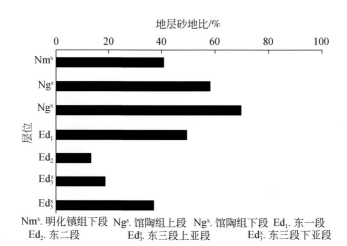

图 7.6　南堡 5 号构造中浅层地层砂地比分布图

7.2.2　地层砂地比和活动速率综合法

由上可知，断砂配置侧向分流运移油气优先向高砂地比地层中的砂体发生侧向分流运移，是因为高砂地比地层被断裂错断后，落入到断裂带中的填充物砂质成分较高，断层垂向封闭性变差,有利于油气沿断裂运移过程中向砂体中侧向分流;相反,如果被断裂错断的是低砂地比地层,落入到断裂带中的填充物以泥质为主,断层垂侧向封闭性相对好,不利于油气沿断裂运移后向砂体中侧向分流。除此之外,断砂配置侧向分流运移油气层位还要受到断裂本身活动特征的影响,断裂活动强度(可用活动速率表示)越大的层位,断裂伴生裂缝越发育,越有利于断砂配置侧向分流运移油气。由此看出,断砂配置侧向分流运移油气层位应受到断裂活动速率和被错断地层砂地比值相对大小的共同控制。因此要研究断砂配置侧向分流运移油气层位,就必须确定出区域性盖层之下断裂活动速率相对较大层位和地层砂地比值相对较高的层位,二者耦合层位即断砂配置侧向分流运移油气层位。

按照上述相同的方法,利用地层砂地比相对大小可以确定出断砂配置侧向分流运移油气的可能层位(砂地比大于断砂配置侧向分流运移油气所需的最小地砂地比的层位),如图 7.7a 所示。利用三维地震资料统计断裂在区域性盖层之下不同地层中的断距,除以断裂活动时间,便可以得到断裂在不同层位的活动速率,如图 7.7b 所示,再统计研究区已知井点处断裂活动速率与油气显示之间的关系(图 7.8),取油气井最小的断裂活动速率作为断砂配置侧向分流运移油气所需的最小断裂活动速率,因为断裂活动速率大于此值,伴生裂缝发育,有利于油气沿断裂运移后向砂体中侧向分流,形成油气聚集;相反,如果断裂活动速率小于此值,伴生裂缝不发育,不利于油气沿断裂运移后向砂体中侧向分流。断裂活动速率大于断砂配置侧向分流运移所需的最小断裂活动速率的层位,如图 7.7b 中的 B、C,即断砂配置侧向分流运移油气可能层位。

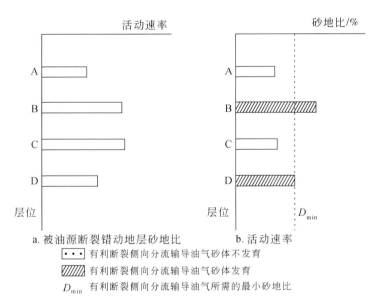

图 7.7 油源断裂侧向分流运移油气有利层位预测示意图

将上述由断裂活动速率和地层砂地比相对大小得到的两种断砂配置侧向分流运移油气可能层位耦合,二者重合层位即断砂配置侧向分流运移油气层位,如图 7.7b 所示。

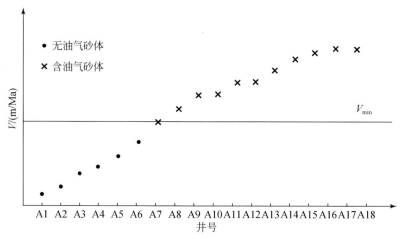

图7.8 断砂配置侧向分流运移油气所需的最小活动速率厘定示意图

V. 断裂活动速率（m/Ma）；V_{min}. 断砂配置侧向分流输导油气所需的最小断裂活动速率

如上述渤海湾盆地南堡凹陷南堡5号构造的F4断裂，利用地层砂地比值的相对大小，研究得到断砂配置侧向分流运移油气层位主要是东三段下段，其次是东三段上段。

利用三维地震资料统计南堡5号构造F4断裂在东营组不同层位的断距，除以断裂活动时间，可以得到F4断裂在东营组不同层位的活动速率，如图7.9所示，南堡5号构造F4断裂在东三段内古活动速率最大，其次是东一段，东二段断裂活动速率相对较小。由文献中断砂配置侧向分流所需的最小断裂活动速率（图7.10），可以得到断砂配置侧向分流运移油气的可能层位为东三段、东二段和东一段。

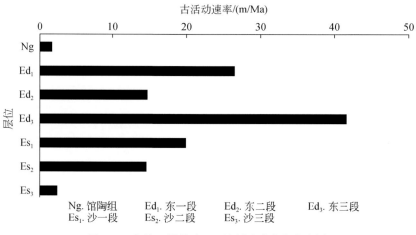

图7.9 南堡5号构造F4断裂活动速率分布图

将上述从砂地比和断裂活动速率得到的2种断砂配置侧向分流运移油气可能层位进行耦合，取二者重合层位便可以得到南堡凹陷F4号断裂与砂体配置侧向分流运移油气主要层位是在东三段下部，其次是东三段上部。

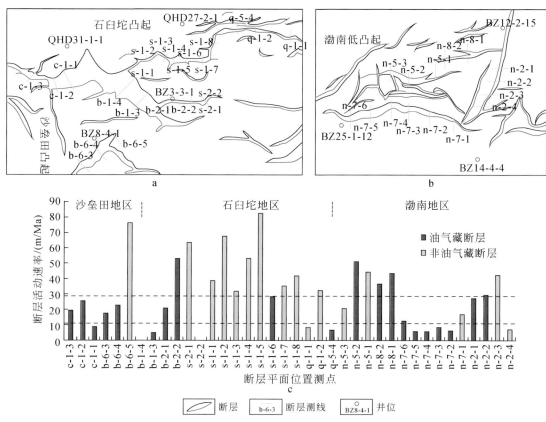

图 7.10　渤中凹陷断层活动速率与油藏之间的对应关系

由图 4.29 中可以看出，南堡 5 号构造 F4 断裂附近目前已发现的油气主要分布在东三段下部，少量分布在东三段上部，与断砂配置侧向分流运移油气层位是一致的，这是因为东三段下段为断砂配置侧向分流运移油气的主要层位，有利于 F4 断裂输导下伏沙三段或沙一段源岩生成的油气向东三段下段侧向分流和聚集；而东三段上段不是断砂配置侧向分流运移油气主要层位，不利于断砂配置侧向分流运移油气向其运移和聚集，油气钻探发现的油气相对较少。

7.2.3　断砂排替压力对比法

断裂之所以向上运移油气除了伴生裂缝为油气运移提供运移通道外，还因为断裂向上运移油气动力（剩余地层孔隙流体压力差和浮力）大于其所遇到的阻力（断裂填充物排替压力、油气黏滞力和岩石对油气的吸附力等）；否则断裂不能向上运移油气。因此，砂体侧向分流运移油气，除了要求砂体连续分布可为油气运移提供运移通道外，其运移油气动力（浮力）也应大于其遇到的阻力（砂体排替压力）；否则砂体也不能侧向分流运移油气。然而，当断裂和砂体均可作为油气运移通道时，且油气运移动力一定的条件下，断砂配置能否侧向分流运移油气主要取决于断裂填充物排替压力和砂体排替压力相对大小，如

图 7.11 所示。断裂填充物排替压力大于等于砂体排替压力，断砂配置侧向分流运移油气；反之断砂配置不能侧向分流运移油气。由此不难看出，断裂填充物排替压力是否大于砂体排替压力是决定断砂配置是否侧向分流运移油气的根本条件。

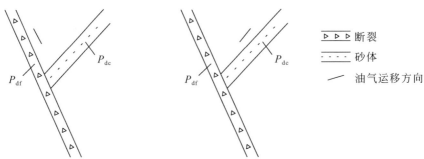

a. 油气沿断裂垂向运移 ($P_{df} < P_{dc}$)　　b. 油气沿断裂垂向运移 ($P_{df} \geqslant P_{dc}$)

图 7.11　断砂配置中油气沿断裂垂向运移与沿砂体侧向运移机制示意图

P_{df}. 断裂充填物排替压力；P_{dc}. 砂体排替压力

由上可知，要研究断砂配置侧向是否侧向分流运移油气，就必须确定出断裂填充物排替压力和砂体的排替压力。

在断裂处于活动期时，由于断裂活动将围岩刮削下来并掉入断层裂缝中的断裂填充物还未压实成岩，相当于沉积物沉积早期，其排替压力主要受到其泥质含量的影响，而不像断层岩还要受到压实成岩埋深的影响，断裂填充物排替压力与其泥质含量之间为正比关系，即泥质含量越大，断裂填充物排替压力越大；反之则越小，二者之间的表达式如式 (7.1) 所示。

$$P_d = ce^{dR_f} \tag{7.1}$$

式中，P_d 为断裂填充物排替压力，MPa；R_f 为断裂填充物泥质含量，小数；c、d 为与地区有关的经验常数。

由于受钻井、取心等因素的影响，在实验室内很难大量测试得到断层岩的排替压力，更无法测试得到未压实成岩断裂填充物的排替压力。只能利用实测沉积物排替压力与泥质含量之间关系代替断裂填充物排替压力与其泥质含量之间关系，由断裂填充物泥质含量来求取断裂填充物排替压力。

为了获得实测沉积物排替压力与其泥质含量之间关系，将黏土和粉砂按照 100∶0、80∶20、60∶40、40∶60、80∶20 和 0∶100 比例分别进行混合配成沉积物，倒入搅拌器中，设置搅拌速率，启动搅拌器，将不同比例的黏土和粉砂混合搅拌后，用雾化器对其进行湿润，达到一定湿度后停止搅拌。然后将黏土和粉砂混合物填入模具中，加上压力棒，用手动压力泵按设计要求加压（1MPa、5MPa、10MPa、15MPa），以模拟 100m、500m、1000m 和 1500m 埋深条件下的断裂填充物。对每个样品压力保持 4 小时不变，最后取出经压紧得到直径为 2.5cm 的 20 块不同泥质含量的沉积物样品，放入恒温箱中控制温度 40℃，直至将沉积物样品烤干为止，便得到不同泥质含量沉积物样品。

将制作成的不同泥质含量的沉积物样品抽真空，再进行饱和煤油处理，最后利用排替压力测试装置对饱和煤油的样品进行排替压力测试，其结果如表 7.1 所示。由表 7.1 中数据便可以得到不同埋深条件下沉积物排替压力与其泥质含量之间的函数关系式，如式（7.2）～式（7.5）所示。根据断裂成藏期时的古断距和被其错断地层岩层厚度和泥质含量，由式（4.17）求取断裂填充物泥质含量，再将其代入式（7.2）与式（7.5）中，便可以得到实际断裂填充物的古排替压力。

$$P_{\mathrm{d}} = 0.0401\mathrm{e}^{1.812R_{\mathrm{c}}}, E < 500\mathrm{m} \tag{7.2}$$

$$P_{\mathrm{d}} = 0.0529\mathrm{e}^{2.0578R_{\mathrm{c}}}, E = 500 \sim 1000\mathrm{m} \tag{7.3}$$

$$P_{\mathrm{d}} = 0.070\mathrm{e}^{2.480R_{\mathrm{c}}}, E = 1000 \sim 1500\mathrm{m} \tag{7.4}$$

$$P_{\mathrm{d}} = 0.0973\mathrm{e}^{3.0248R_{\mathrm{c}}}, E > 1500\mathrm{m} \tag{7.5}$$

式中，P_{d} 为不同泥质含量沉积物的排替压力，MPa；R_{c} 为沉积物中的泥质含量，%；E 为沉积物埋深，m。

表 7.1　沉积物实测排替压力与其泥质含量和围压关系

样品号	围压/MPa	排替压力/MPa	泥质含量/%
1	15	2.11	100
2	15	1.10	80
3	15	0.54	60
4	15	0.32	40
5	15	0.19	20
6	10	0.86	100
7	10	0.50	80
8	10	0.31	60
9	10	0.18	40
10	10	0.12	20
11	5	0.41	100
12	5	0.28	80
13	5	0.18	60
14	5	0.12	40
15	5	0.08	20
16	1	0.26	100
17	1	0.16	80
18	1	0.12	60
19	1	0.08	40
20	1	0.06	20

砂体排替压力利用其压实成岩古埋深和泥质含量代入到研究区砂体实测排替压力与压实成岩埋深和泥质含量之间关系中，便可以获取砂岩古排替压力，其泥质含量可由自然伽马测井资料，由式（4.13）和式（4.14）计算求得。

　　由上述确定出的断裂带填充物排替压力值与砂体排替压力值，根据其相对大小便可以对断砂配置是否侧向分流运移油气层位进行研究，如果断裂带填充物排替压力大于砂体排替压力，那么断砂配置侧向分流运移油气；反之则不能侧向分流运移油气。

　　选取渤海湾盆地南堡凹陷5个典型区块7条断裂（图7.12），利用上述研究方法研究该7条断裂与东营组53个砂层配置是否侧向分流运移油气，并通过研究结果与目前砂层中已发现油气分布关系分析，阐述该方法用于研究断砂配置侧向分流运移油气的可行性。

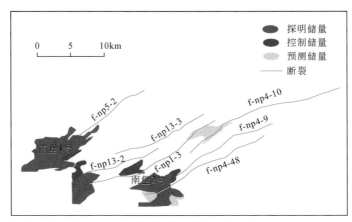

图7.12　南堡凹陷东营组7条运移断裂与油藏分布关系

　　油源对比结果表明，东营组油气主要来自下伏沙三段或沙一段—东三段源岩，由于东营组储层与沙三段或沙一段—东三段源岩之间被多套泥岩层相隔，沙三段或沙一段—东三段源岩生成的油气不能通过地层岩石孔隙直接向上覆东营组中运移，只能通过断裂才能使沙三段或沙一段—东三段源岩生成的油气运移至上覆东营组。由三维地震资料解释成果可知，南堡凹陷东营组内发育有不同类型的断裂，但并不是所有断裂均可成为沙三段或沙一段—东三段源岩生成油气向上覆东营组运移的油源断裂，只有连接沙三段或沙一段—东营组和东营组，且在油气成藏期（东营组沉积末期或明化镇组沉积中晚期）活动的断裂才能成为沙三段或沙一段—东三段 源岩生成油气向上覆东营组运移的油源断裂。由图4.10中可以看出，南堡凹陷能够成为沙三段或沙一段—东三段源岩生成油气向上覆东营组运移的油源断裂主要为Ⅴ型断裂和Ⅵ型断裂，由图7.12中可以看出，南堡凹陷南堡1号和南堡2号油田与这7条运移断裂关系密切，下伏沙三段或沙一段—东三段源岩生成的油气沿7条运移断裂运移至东营组后，断砂配置是否侧向分流运移油气，对南堡1号和南堡2号东营组油田的形成至关重要。

　　为了研究南堡凹陷油源断裂与东营组砂体配置是否侧向分流运移油气，选取了5个典型区块的7条油源断裂，对其与东营组16口井53个砂层配置是否侧向分流运移油气进行研究。首先根据南堡凹陷56块实测砂岩储层排替压力与其埋深和泥质含量之间关系（表7.2）建立砂岩储层排替压力与其埋深、泥质含量之间的关系式［式（7.6）］。由东营组53个砂岩埋深和泥质含量（可利用自然伽马测井资料，由文献中岩层泥质含量计算方法计算求得），代入式（7.6）中便可以得到东营组53个砂岩排替压力为0.25～5.05MPa。

$$P = 0.0593 \mathrm{e}^{1.662 \times 10^{-3} ZR} \qquad (7.6)$$

式中，P 为南堡凹陷砂岩储层实测排替压力，MPa；Z 为砂岩储层埋深，m；R 为砂层储层泥质含量，小数。

表 7.2　南堡凹陷泥质岩样品排替压力与其埋深及泥质含量

井号	深度 H /m	排替压力 /MPa	泥质含量 /%	井号	深度 H /m	排替压力 /MPa	泥质含量 /%
NP208	2103.93	0.10	23.34	M28X1 浅	2813.30	0.48	19.95
M8X1	2358.70	0.04	54.98	NP4-51 浅	2449.79	3.18	54.60
G3101	2927.51	0.48	7.22	NP5-10	3320.00	2.82	32.40
M22	2066.01	0.38	13.38	NP5-6	3447.90	0.63	33.32
B7	3597.58	4.12	38.70	NP509	3221.86	0.19	5.14
LP1	3054.64	0.44	5.18	NP5-4	3339.90	0.03	0.76
L12	3557.05	0.38	16.94	NP4-51 深	3745.48	0.59	29.77
NP1-37	3045.50	0.62	8.79	M28X1 深	3268.60	1.34	248.48
L21-5	3110.31	0.41	25.80	NP5-6	3445.05	0.83	61.43
NP1-22	3696.38	0.18	25.20	LP1 深	3055.50	0.56	27.04
NP401X33	3304.40	0.17	31.75	NP1	4244.60	0.59	29.06
B10	3383.87	1.57	47.71	M38X1	3318.70	0.64	34.58
M108X1	3345.30	3.11	46.16	M10	2678.70	0.49	20.75
M7	1891.00	0.44	22.83	M11	2362.90	0.72	44.17
G3104	3637.13	0.30	23.51	B32X1	1946.45	0.11	2.66
L21-2	1730.10	0.02	7.81	L15	2633.49	0.24	7.22
PG1	3272.14	2.03	56.53	G4	2663.90	4.46	32.70
G3106	3899.50	2.06	36.52	LPN1	2647.40	0.36	7.84
G49	2448.60	0.89	5.64	G3102	3424.50	0.57	27.70
G3105	3589.36	0.82	60.08	G62	4054.60	1.31	229.28
B6X1	3093.50	0.85	64.71	NP1-4	3386.72	4.57	52.19
B6	3196.30	0.78	52.72	M1	3432.04	7.65	65.83
M30	2355.01	0.80	55.90	M5	2768.36	3.77	51.21
M24	2303.00	0.13	3.19	B5	4219.40	4.25	35.89

井号	深度 H /m	排替压力 /MPa	泥质含量 /%	井号	深度 H /m	排替压力 /MPa	泥质含量 /%
M15	2807.90	0.33	10.93	B3	2776.61	1.66	63.80
G23	3119.20	0.52	23.42	B22X1	4061.80	3.29	58.04
NP206	2540.68	0.80	56.41	B13	2707.31	0.87	68.42
NP2-52	3363.50	0.53	24.37	M17-1	2723.82	0.77	51.49

由 7 条断裂在东营组内的断距和被其错断东营组岩层厚度和泥质含量，由式（4.14）和式（4.15）计算 7 条断裂在东营组内断裂填充物的泥质含量，将其代入式（7.5）［因南堡凹陷 7 条断裂在东营组的埋深均大于 1500m，故选式（7.5）］中，便可计算得到 7 条断裂在东营组内断裂填充物排替压力为 0.26 ~ 1.17MPa。

根据上述计算得到的 7 条断裂在东营组 53 个砂层内断裂填充物排替压力和砂层排替压力的相对大小，对 7 条断裂与东营组 53 个砂层配置是否侧向分流运移油气进行了研究，得到在东营组 53 个砂层中有 35 个砂层的排替压力小于断裂填充物排替压力，断砂配置侧向分流运移油气，有利于油气在砂层中聚集成藏，油气钻探这些砂层皆为油层或油水同层。有 18 个砂层的排替压力大于断裂填充物排替压力，断砂配置不能侧向分流运移油气，不利于油气在砂层中聚集成藏，油气钻探时这些砂层为水层或干层。

7.2.4　断砂配置侧向分流运移油气能力评价法

大量研究成果表明，断砂配置侧向分流运移油气能力除了受断裂本身特征的影响外，还要受到砂体发育特征和二者接触关系的影响，应是二者共同作用的结果，可用式（7.7）来表示。

$$T = L(1 - V_{sh}) \tag{7.7}$$

式中，T 为断砂配置侧向分流运移油气能力评价指数；L 为断砂接触长度，m；V_{sh} 为砂体中的泥质含量，小数。

由式（7.7）中可以看出，断砂配置侧向分流运移油气能力 T 值主要受到断裂和砂体接触长度和砂体物性的影响，断砂接触长度越大，断砂配置侧向分流运移油气能力越强；反之则越差。而断砂接触长度又受到砂体厚度、砂体倾角和断层倾角的影响，各参数之间的几何关系如图 7.13 和式（7.8）所示。砂体厚度越大，断裂和砂体倾角越缓，断砂接触长度越大；反之则越小。将式（7.8）代入式（7.7），便可以得到断砂配置侧向分流运移油气能力评价公式如式（7.9）所示。

$$L = \frac{H}{\sin(\alpha + \beta)}$$

其中　　　　　　　　　　　　　　　$H = h \cdot \cos\alpha \tag{7.8}$

式中，L 为断砂接触长度，m；H 为砂体垂直厚度，m；h 为砂体沿直厚度，m；α 为砂体倾角，(°)；β 为断裂倾角，(°)。

$$T = \frac{h\cos\alpha}{\sin(\alpha + \beta)}(1 - V_D h) \tag{7.9}$$

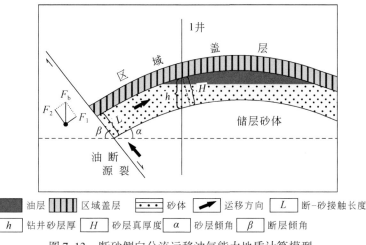

图 7.13 断砂侧向分流运移油气能力地质计算模型

以渤海湾盆地南堡凹陷中浅层储集层为例，选取 5 个典型区块的 12 条油源断裂，对其两侧 16 口井 83 个砂层的断砂配置侧向分流运移油气能力进行评价，从而确定断砂配置分流运移油气层位。

首先利用钻井和地震剖面，确定 12 条油源断裂倾角、断裂两侧储层砂体厚度、倾角和含砂率等各个参数，最后利用式（7.9）计算 83 个断砂配置侧向分流运移油气能力评价参数，结果显示，83 个砂层的断砂配置侧向分流运移油气能力评价参数为 0.7~26.1，最大值与最小值相差较大，主要是由于砂层厚度和砂地比不同造成的，那么砂层的断砂配置侧向分流运移油气能力多大才有利于油气侧向分流运移呢？为了解决此问题，通过测井、试油资料对南堡凹陷中浅层 16 口井 83 个砂层的油气显示及油柱高度进行了统计，根据断砂配置侧向分流运移油气能力评价指数与砂层控油厚度之间的关系，如图 7.14 所示，油层和油水同层的断砂配置侧向分流运移油气能力评价参数均大于 2，而当断砂配置侧向分流运移油气能力评价参数小于 2 时几乎全为水层或干层。为了验证这一研究成果在南堡凹陷内的普遍适用性，选取南堡 1-5 井为例，利用上述方法对其中浅层不同层位断砂配置侧向分流运移油气能力进行了评价，结果如表 7.3 所示，南堡 1-5 井的 1~6 号、8 号砂层断砂配置侧向分流运移油气能力评价指数大于 2，而 7 号、9~11 号砂层断砂配置侧向分流运移油气能力评价参数小于 2。试油结果表明，断砂配置侧向分流运移油气能力评价指数大于 2 的砂层皆为含油层（油层或同层），而断砂配置侧向分流运移油气能力评价指数小于 2 的砂层皆为干层，结果进一步验证了断砂配置侧向分流运移油气能力评价指数在南堡凹陷定量研究断砂配置侧向分流运移油气层位的普遍适用性。

表 7.3　南堡 1-5 井不同砂层断砂配置侧向分流运移能力

砂体名称	砂体厚度 H/m	砂地比（$1-V_{sh}$）/%	断砂接触长度 L/m	含油气性	砂层油柱高度/m	评价指数 T
1	9.43	88.65	9.59	油层	7.81	8.50
2	13.06	83.15	13.28	油层	13.20	11.04
3	16.69	79.92	16.97	油层	15.20	13.57
4	8.15	74.03	8.29	油层	6.20	6.14
5	9.72	83.63	9.88	油层	8.60	8.27
6	2.65	78.64	2.70	油层	2.60	2.12
7	1.87	73.44	1.90	干层	0.00	1.39
8	7.36	76.92	7.49	同层	3.20	5.76
9	2.36	74.25	2.40	干层	0.00	1.78
10	2.23	75.32	2.30	干层	0.00	1.73
11	2.65	70.56	2.70	干层	0.00	1.90

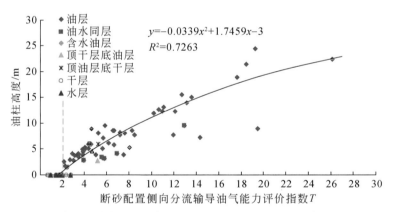

图 7.14　南堡凹陷断砂配置侧向分流能力评价指数与油柱高度之间关系

7.2.5　断砂配置侧向分流运移油气能力的综合评价法

断砂配置之所以能侧向分流运移油气，是因为油气运移动力大于砂体中所遇到的阻力，如果油气运移动力大于断裂中遇到的阻力，那么断砂配置则不能侧向分流运移油气，只能沿断裂进行垂向运移。因此，断砂配置能否侧向分流运移油气，主要受到断裂垂向运移油气能力和砂体侧向分流运移油气能力相对强弱的影响，出现断砂配置垂向运移油气（图 7.15a）和断砂配置侧向分流运移油气（图 7.15b）两种情况。

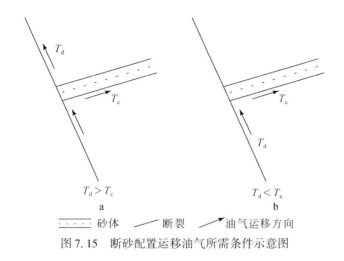

图 7.15　断砂配置运移油气所需条件示意图

　　由上可知，要研究断砂配置是否侧向分流运移油气，就必须首先明确断裂垂向运移油气的能力和断砂配置侧向分流运移油气的能力。断裂垂向运移油气能力的强弱主要受到运移油气动力与所受阻力的相对大小的影响，运移油气动力越大，所遇到的阻力越小，越有利于油气沿断裂运移。油气沿断裂运移动力主要来自地层剩余孔隙流体压力差和油气本身的浮力。然而，由于受到目前资料和研究手段的限制，难以确定断裂活动过程中的地层剩余孔隙流体压力差和油气柱高度，故准确确定油气沿断裂运移动力的难度较大。因此，在研究油气沿断裂运移动力时，可以认为同一地区不同断裂内作用于油气的地层剩余孔隙流体压力差近于相同，只是因为断裂倾角不同造成的地层剩余孔隙流体压力差和浮力的分力不同。所以可用断层倾角的正弦值间接地反映不同油气沿断裂运移能力的相对大小，其值越大，表明油气沿断裂运移的动力相对越大；反之则越小。

　　油气沿断裂运移所遇到的阻力主要由断裂伴生裂缝及诱导裂缝开裂程度和断裂填充物泥质含量综合反映，断裂开启程度越高，泥质含量越低，油气沿断裂运移所遇到的阻力相对较小，反之则相对较大。断裂伴生裂缝及诱导裂缝开启程度受断层压力和区域主压应力方向与断裂走向夹角的影响，地层压力越小，区域主压应力方向与断裂走向夹角越小，断裂伴生裂缝和诱导裂缝开启程度越高；反之则越低。图 7.16 展示了断裂垂向运移油气能力与影响因素之间关系，由图 7.16 可以定义断裂垂向运移油气能力综合评价指数。

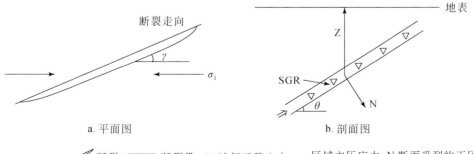

图 7.16　断砂配置垂向运移油气能力与影响因素之间关系

$$T_{\mathrm{d}} = \frac{\cos\gamma\tan\theta}{(\rho_{\mathrm{r}} - \rho_{\mathrm{w}})E \cdot \mathrm{SGR}} \tag{7.10}$$

式中，E 为断点埋深，可由构造图或钻探深度确定，m；θ 为断裂倾角，(°)；SGR 为断裂填充物泥质含量，小数；γ 为断裂走向与区域主压应力之间的夹角，(°)；ρ_{r} 为沉积岩平均密度，g/cm³；ρ_{w} 为地层水密度，g/cm³。

由于 E 值比 $\cos\gamma$、$\tan\theta$、SGR 的值大 4 个数量级，对 T_{d} 的影响太大，淹没了后三者对 T_{d} 的影响，为了与断砂配置侧向分流运移油气能力综合评价指数对比，故对其值进行了标准化处理［在式（7.10）中乘以 10^4］。

由式（7.10）可见，T_{d} 与地层压力（$\rho_{\mathrm{r}}-\rho_{\mathrm{w}}$）$E$、SGR 成反比，与 $\cos\gamma$、$\tan\theta$ 成正比，可以综合反映断裂垂向运移油气能力，其值越大，断裂垂向运移油气能力越强，反之则越弱。

断砂配置侧向分流运移油气能力受运移油气动力和所遇到阻力的相对大小影响，断砂配置侧向分流运移油气动力越大，所遇阻力越小，越有利于侧向分流运移油气。断砂配置侧向分流运移油气动力应是所在地层孔隙流体压力和浮力合力的分力。与上同理，由于目前条件下无法求取断裂活动时期地层孔隙流体压力和油气柱高度，只能利用砂体倾角的正弦值的相对大小间接地反映断砂配置侧向分流运移油气动力的相对强弱。其值越大，运移油气的动力越大；反之则越小。断砂配置侧向分流运移油气所遇到的阻力主要由砂体泥质含量和断裂与砂体接触长度所反映，泥质含量越小，断裂与砂体接触长度越大，断砂配置侧向分流运移油气所遇到阻力越小，反之则越大。图 7.17 为断砂配置侧向分流运移油气能力与形成因素之间的关系，由图 7.17 可以定义断砂配置侧向分流运移油气能力综合评价指数。

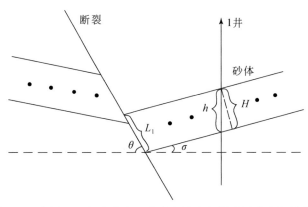

图 7.17　断砂配置侧向分流运移油气能力与影响因素之间的关系

L_1. 断裂与砂体接触长度；h. 井钻遇砂层厚度

$$T_{\mathrm{c}} = \frac{H\cos\alpha(1 - V_{\mathrm{sh}})}{\sin(\alpha + \theta)}\sin\alpha \tag{7.11}$$

式中，T_{c} 为断砂配置侧向分流运移油气能力综合评价指数；H 为砂体厚度，m；α 为砂体倾角，(°)；V_{sh} 为砂体泥质含量，小数；θ 为断裂倾角，(°)。

由式（7.11）可以看出，T_{c} 与断裂与砂体接触长度（$H\cos\alpha$）、砂岩含量（$1-V_{\mathrm{sh}}$）呈

正比,其值越大,表明断砂配置侧向分流运移油气能力越强;反之则越弱。

首先统计研究区已知油气沿断裂运移能力综合评价指数 T_d 和断砂配置侧向分流运移油气能力综合评价指数 T_c,然后统计砂体中油气钻探揭示的油气柱高度,做 T_c/T_d 与油气柱高度之间的关系图,确定砂体含油气所需的最小 T_c/T_d 值,将其作为断砂配置侧向分流运移油气所需的最小 T_c/T_d 值,再计算未知断砂配置的 T_c/T_d 值,比较其与最小 T_c/T_d 值的相对大小,便可以判别断砂配置是否侧向分流运移油气,即如果断砂配置 T_c/T_d 值大于其侧向分流运移油气所需的最小 T_c/T_d 值,即断砂配置侧向分流运移油气能力就强于油气沿断裂运移能力,那么断砂配置侧向分流运移油气;反之则不能侧向分流运移油气。

选取上述渤海湾盆地南堡凹陷 7 条油源断裂为例,利用上述方法综合研究东营组断砂配置是否侧向分流运移油气,并分析综合研究结果与目前东营组已发现油气分布之间关系,验证该方法用于研究断砂配置侧向分流运移油气的可行性。

f-np5-2、f-np13-2、f-np13-3、f-np1-3、f-np4-10、f-np4-9 和 f-np4-48 是南堡凹陷东营组内的 7 条油源断裂,如图 7.12 所示,它与东营组油层关系密切,对东营组油气成藏起到了主要作用。能否利用上述研究方法研究它们与东营组砂体配置是否侧向分流运移油气,对正确认识其附近东营组油气分布规律和指导油气勘探均具有重要意义。

利用油田附近探井(南堡 1-5 井、南堡 2-49 井、南堡 1-7 井等),通过统计东营组已知 67 个断砂配置中的砂体埋深、倾角、泥质含量和断面倾角,以及断层面一点埋深、走向与区域主压应力方向之间夹角、断层岩泥质含量,由式(7.10)和式(7.11)计算得到东营组 67 个断砂配置的 T_d 和 T_c 值(表 7.4),由表 7.4 中可以看出,南堡凹陷东营组断砂配置的 T_d 值为 $0.65\times10^2 \sim 4.28\times10^2$,平均值为 1.653×10^2;断砂配置的 T_c 值为 $0.67\times10^2 \sim 26.38\times10^2$,平均值为 5.581×10^2,由此可得到 T_c/T_d 值介于 $0.25 \sim 26.92$,平均为 4.576。

表 7.4　南堡凹陷东营组断砂配置运移油气能力综合评价参数

砂体序号	Z /m	H /m	α /(°)	β /(°)	γ /(°)	V_{sh} /%	SGR /%	T_c /10^2	T_d /10^2	T_c/T_d	H_o /m	含油气性
1	2700.2	9.6	10.9	68.7	45.0	11.35	79.92	8.36	1.04	8.04	7.8	油层
2	2713.4	13.3	10.9	68.7	45.0	16.85	80.95	10.86	0.98	11.08	13.2	油层
3	2731.6	17.0	10.9	68.7	45.0	20.08	82.32	13.34	0.90	14.82	15.5	油层
4	2762.7	8.3	10.9	68.7	45.0	25.97	78.90	6.03	1.06	5.69	6.2	油层
5	2774.8	9.9	10.9	68.7	45.0	16.37	65.33	8.13	1.74	4.67	8.6	油层
6	2814.6	2.7	10.9	68.7	45.0	21.36	59.83	2.09	1.99	1.05	2.6	油层
7	2828.3	1.9	10.9	68.7	45.0	26.56	45.89	1.37	2.67	0.51	0.0	干层
8	2845.0	7.5	10.9	68.7	45.0	23.08	56.22	5.56	2.14	2.60	3.2	油水同层
9	2860.8	2.4	10.9	68.7	45.0	25.75	44.62	1.75	2.70	0.65	0.0	干层
10	2885.0	2.3	10.9	68.7	45.0	24.68	46.71	1.70	2.57	0.66	0.0	干层
11	2915.4	2.7	10.9	68.7	45.0	29.44	45.44	1.87	2.61	0.72	0.0	干层
12	2992.6	4.0	9.5	50.0	45.0	57.56	51.02	1.86	1.06	1.75	0.0	水层

砂体序号	Z /m	H /m	α /(°)	β /(°)	γ /(°)	V_{sh} /%	SGR /%	T_c /10^2	T_d /10^2	T_c/T_d	H_o /m	含油气性
13	3022.0	3.9	9.5	50.0	45.0	59.68	32.63	1.72	1.44	1.19	0.0	干层
14	3091.1	2.6	9.5	50.0	45.0	51.74	50.72	1.38	1.03	1.34	0.0	水层
15	3103.5	3.7	9.5	50.0	45.0	58.61	48.59	1.68	1.07	1.57	0.0	水层
16	3120.4	3.7	9.5	50.0	45.0	60.32	50.56	1.61	1.03	1.56	0.0	水层
17	3223.9	11.7	9.5	50.0	45.0	61.39	56.97	4.95	0.86	5.76	2.7	油水同层
18	3258.0	4.0	9.5	50.0	45.0	25.51	58.16	3.27	0.83	3.94	4.0	油层
19	3275.8	3.1	9.5	50.0	45.0	24.31	60.68	2.57	0.78	3.29	3.0	油层
20	3289.8	5.3	9.5	50.0	45.0	28.26	60.68	4.17	0.77	5.42	5.2	油层
21	3307.3	4.7	9.5	50.0	45.0	28.36	62.84	3.69	0.73	5.05	4.5	油层
22	3317.8	14.1	9.5	50.0	45.0	18.64	62.84	12.57	0.73	17.22	14.1	油层
23	3348.0	8.2	9.5	50.0	45.0	18.47	64.96	7.33	0.68	10.78	8.2	油层
24	3374.5	4.0	9.5	50.0	45.0	16.97	66.17	3.64	0.65	5.60	4.0	油层
25	3456.7	2.1	9.5	50.0	45.0	24.98	42.30	1.73	1.08	1.60	0.0	干层
26	3489.0	1.1	9.5	50.0	45.0	24.79	44.08	0.91	1.04	0.88	0.0	干层
27	2526.3	4.6	17.0	74.8	45.0	55.68	45.92	1.95	4.28	0.46	0.0	干层
28	2548.0	4.9	17.0	74.8	45.0	13.64	62.11	4.05	2.97	1.36	5.4	油层
29	2562.8	4.1	17.0	74.8	45.0	53.50	45.67	1.82	4.23	0.43	0.0	干层
30	2592.3	6.4	17.0	74.8	45.0	14.68	54.54	5.22	3.50	1.49	6.0	油水同层
31	2605.2	6.1	17.0	74.8	45.0	19.90	59.35	4.67	3.12	1.50	4.6	油水同层
32	2623.0	3.8	17.0	74.8	45.0	15.09	72.65	3.09	2.08	1.49	3.8	油层
33	2637.0	6.5	17.0	74.8	45.0	15.70	68.11	5.24	2.42	2.17	8.2	油层
34	2649.5	8.0	17.0	74.8	45.0	14.74	67.91	6.52	2.42	2.69	8.6	油层
35	2666.6	3.4	17.0	74.8	45.0	11.77	64.35	2.87	2.67	1.07	4.2	油层
36	2684.0	4.6	17.0	74.8	45.0	13.22	72.16	3.82	2.07	1.85	5.0	油层
37	2379.8	7.1	29.5	66.4	45.0	8.48	70.25	5.66	1.55	3.65	7.2	油层
38	2390.0	24.0	29.5	66.4	45.0	8.17	68.65	19.18	1.63	11.77	24.6	油水同层
39	2415.0	8.5	29.5	66.4	45.0	6.85	55.08	6.89	2.31	2.98	4.2	油层
40	2476.0	16.1	29.5	66.4	45.0	9.79	71.10	12.64	1.45	8.72	15.6	油层
41	2495.0	13.3	29.5	66.4	45.0	8.85	67.32	10.55	1.63	6.47	12.8	油层
42	2512.0	4.4	29.5	66.4	45.0	10.64	74.45	3.42	1.26	2.71	3.6	油层
43	2512.0	2.0	29.5	66.4	45.0	16.07	39.22	1.46	3.01	0.49	0.0	干层
44	2540.0	13.0	29.5	66.4	45.0	10.64	78.72	10.11	1.04	9.72	12.0	油层
45	2559.0	14.0	29.5	66.4	45.0	10.64	75.39	10.89	1.20	9.08	12.4	油层
46	2602.0	5.5	29.5	66.4	45.0	10.64	67.73	6.61	1.54	4.29	8.6	油层

续表

砂体序号	Z /m	H /m	α /(°)	β /(°)	γ /(°)	V_{sh} /%	SGR /%	T_c /10^2	T_d /10^2	T_c/T_d	H_o /m	含油气性
47	2624.0	16.5	29.5	66.4	45.0	10.64	57.05	12.83	2.06	6.23	9.6	油水同层
48	2734.0	18.4	29.5	66.4	45.0	25.89	71.86	11.87	1.28	9.27	7.8	油层
49	2751.0	31.9	29.5	66.4	45.0	30.17	75.19	19.39	1.12	17.31	9.0	油层
50	2771.0	6.1	29.5	66.4	45.0	18.04	68.26	4.35	1.41	3.09	6.0	油层
51	2780.0	6.1	29.5	66.4	45.0	14.77	65.53	4.53	1.54	2.94	6.0	油层
52	2787.0	2.0	29.5	66.4	45.0	23.14	49.41	1.34	2.26	0.59	0.0	水层
53	2789.0	1.5	29.5	66.4	45.0	31.49	50.33	0.89	2.21	0.40	0.0	水层
54	2792.0	1.0	11.6	66.4	45.0	23.03	39.22	0.67	2.71	0.25	0.0	干层
55	2319.0	8.2	11.6	53.8	45.0	18.56	72.73	7.27	0.87	8.36	7.9	油层
56	2344.0	5.7	11.6	53.8	45.0	8.89	68.16	5.65	1.01	5.59	5.1	油层
57	2360.0	9.4	11.6	53.8	45.0	20.43	55.67	8.14	1.40	5.81	5.3	油水同层
58	2630.0	29.1	11.6	53.8	45.0	16.70	65.40	26.38	0.98	26.92	22.5	油层
59	2671.0	2.2	11.6	53.8	45.0	16.08	49.54	1.99	1.40	1.42	0.0	水层
60	2678.0	2.7	11.6	53.8	45.0	22.68	70.75	2.27	0.81	2.80	1.8	油层
61	2702.0	2.6	11.6	53.8	45.0	41.56	40.09	1.65	1.65	1.00	0.0	干层
62	2706.0	0.7	11.6	53.8	45.0	9.58	41.98	0.73	1.59	0.46	0.0	干层
63	2710.0	1.1	11.6	53.8	45.0	21.12	41.98	0.95	1.59	0.60	0.0	干层
64	3035.0	12.8	8.2	60.6	45.0	44.65	68.99	7.79	0.99	7.87	4.0	油层
65	3126.0	10.3	8.2	60.6	45.0	49.07	56.44	5.76	1.34	4.30	3.5	油水同层
66	2775.0	6.3	23.0	54.7	45.0	34.28	58.21	3.81	1.16	3.28	2.9	油水同层
67	2781.0	12.7	23.0	54.7	45.0	58.12	71.71	4.90	0.78	6.28	4.0	油层

通过统计断砂配置的油柱高度 H_o（表 7.4），发现 67 个断砂配置的 T_c/T_d 与 H_o 具有正相关关系（图 7.18），即 T_c/T_d 越大，砂体内的 H_o 越大；反之亦然。由南堡凹陷东营组断砂配置 T_c/T_d 与 H_o 关系图（图 7.18）可以看出，断砂配置侧向分流运移油气所需的 T_c/T_d 最小值为 1，即 T_c/T_d 大于 1 时，断砂配置侧向分流运移油气能力较断裂垂向运移油气能力强，则断砂配置侧向分流运移油气，有利于油气在砂体中聚集成藏，油气钻探砂体为油层或油水同层；相反，如果 T_c/T_d 小于 1 时，断砂配置侧向分流运移油气能力较断裂垂向运移油气能力弱，则油气沿断裂运移不利于油气在砂体中聚集成藏，油气钻探砂体为水层和干层。

为了验证上述断砂配置侧向分流运移油气能力综合研究方法的可行性，选取南堡 1-5 井等井为例，综合研究东营组 11 个未知断砂配置侧向分流运移油气情况（图 7.19 和表 7.5）。由南堡 1-5 井东营组断砂配置侧向分流运移油气能力综合评价指数（表 7.5）可以看出，1~6 号、8 号断砂配置的 T_c/T_d 均大于 1，即断砂配置侧向分流运移油气有利于油气在砂体中聚集成藏，油气钻探为油层或油水同层；7 号、9~11 号断砂配置的 T_c/T_d 小

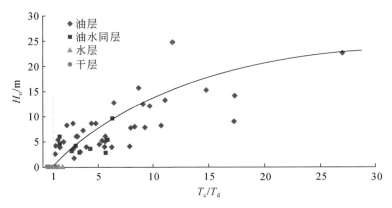

图 7.18　南堡凹陷东营组断砂配置 T_c/T_d 值与 H_o 关系图

于 1，即油气沿断裂运移不利于油气在砂体中聚集成藏，油气钻探为干层或水层，该结果表明，该方法用于综合研究断砂配置侧向分流运移油气是可行的。

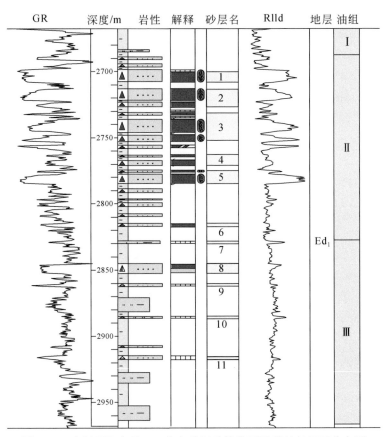

图 7.19　南堡凹陷南堡 1-5 井东营组砂体位置及其油气显示分布图

红色为油层，绿色为水层，空白为干层

表 7.5　南堡 1-5 井东营组断砂配置运移油气能力评价指数表

砂地比	断砂配置	含油气性	H_o/m	T_c/T_d	断砂配置运移油气方向
>20%	1	油层	7.81	8.06	侧向
	2	油层	13.20	11.10	侧向
	3	油层	15.20	14.79	侧向
	4	油层	6.20	5.67	侧向
	5	油层	8.60	4.67	侧向
	6	油层	2.60	1.04	侧向
	7	干层	0.00	0.51	垂向
	8	油水同层	3.20	2.64	侧向
	9	干层	0.00	0.64	垂向
	10	干层	0.00	0.66	垂向
	11	干层	0.00	0.71	垂向

7.3　断砂配置运移油气时空有效性及研究方法

7.3.1　断砂配置运移油气空间有效性及其研究方法

油气勘探实践表明，在含油气盆地下生上储式生储盖组合中并非断裂附近的所有砂体皆有油气，这除了受到圈闭是否发育的影响外，很大程度是受到断砂配置运移油气空间有效性的影响，断砂配置运移油气空间有效性越好，越有利于油气运聚成藏。因此，能否正确认识断砂配置运移油气空间有效性，应是含油气盆地下生上储式生储盖组合油气勘探的重要因素。

1. 断砂配置运移油气空间有效性及其影响因素

所谓断砂配置运移油气空间有效性是指油气沿断裂运移优势通道（断层面的凸面脊，如图 7.20a 所示）与油气在砂体中运移优势通道（构造凸面脊，如图 7.20b 所示）之间的空间匹配关系，油气沿断裂运移优势通道与砂体优势运移通道连接，无油气分散运移，有利于断砂配置运移油气，断砂配置运移油气空间有效性好；相反，如果油气沿断裂运移优势通道与砂体运移优势通道不能直接连接，那么断砂配置能否有效运移油气主要取决二者之间距离，二者之间距离越小，油气分散运移量越小，越有利于断砂配置运移油气，断砂配置运移油气空间有效性越好，反之，二者之间距离越大，油气分散运移量越大，越不利于断砂配置运移油气，断砂配置运移油气空间有效性越差，如图 7.21b 所示。

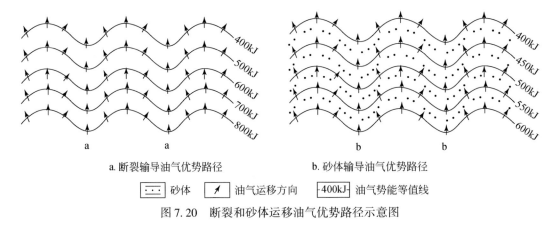

a. 断裂输导油气优势路径　　　　　b. 砂体输导油气优势路径

┌┈┈┐ 砂体　　┌↗┐ 油气运移方向　　┤-400kJ├ 油气势能等值线

图 7.20　断裂和砂体运移油气优势路径示意图

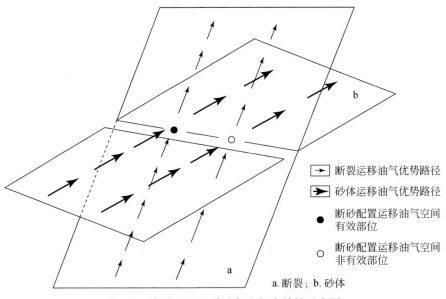

┤→├ 断裂运移油气优势路径

┤➤├ 砂体运移油气优势路径

● 断砂配置运移油气空间
　 有效部位

○ 断砂配置运移油气空间
　 非有效部位

a. 断裂；b. 砂体

图 7.21　断砂配置运移油气空间有效性示意图

2. 断砂配置运移油气空间有效性研究方法

由上可知，要研究断砂配置运移油气空间有效性就必须确定出油气沿断裂运移优势通道和砂体油气运移优势通道。

油气沿断裂运移优势通道的确定方法，首先利用三维地震资料追索断裂面空间分布特征，将断裂视为置于围岩中的运移层，油气在其内的运移同砂岩运移层一样，受其重力能和弹性能相对大小的影响，油气由断层面高势区向低势区运移，其方向为油气势能等值线的法线方向。因此按前文中方法便可确定出油气沿断裂运移的优势方向（即断层面凸面脊，如图 7.20a 所示）。

砂体运移油气的优势通道的确定方法为：首先利用钻井和地震资料研究目的层的砂地比值分布，然后统计研究区已知井点处目的层的砂地比值与砂体中油气显示之间的关系，取含油气砂体所在地层的最小砂地比值作为砂体连通所需的最小地层砂地比值；再将目的层砂地比值大于砂体连通所需的最小砂地比值的区域围在一起，即连通砂体的分布区，最后，由砂体所在地层顶面埋深，计算其油气势能，绘制油气势能等值线汇聚线，便可以得到砂体运移油气的优势通道，如图 7.20b 所示。

将上述已确定出来的油气沿断裂运移优势通道与砂体运移油气通道进行叠合，便可以根据二者之间距离的相对大小，研究断砂配置运移油气空间有效性。

3. 应用实例

选取海拉尔盆地贝尔凹陷苏德尔特地区南屯组一段为例，利用上述方法研究其断砂配置运移油气空间有效性，并通过研究成果与目前南屯组一段已发现油气分布之间关系的分析，验证该方法用于研究断砂配置运移油气空间有效性的可行性。

苏德尔特地区位于贝尔凹陷中部，构造上包括苏德尔特潜山构造带、贝西洼槽和霍多莫尔背斜构造带及敖瑙海洼槽北部局部地区，如图 7.22 所示。苏德尔特地区地层从下至上为侏罗系布达特群基底，下白垩统铜钵庙组、南屯组、大磨拐河组和伊敏组，上白垩统青元岗组及新生界，如图 7.22 所示。目前在南屯组一段发现了大量油气，油气源对比结果表明，苏德尔特地区南屯组一段油气主要来自其下部的一套优质源岩，属于下生上储式生储盖组合。油气运聚成藏模式为南屯组源岩生成的油气沿断裂垂向运移，再向两侧砂体中侧向分流运移，最后在断裂附近的断层圈闭中聚集成藏，如图 7.23 所示。然而，苏德尔特地区南屯组一段目前发现的油气仅仅分布在苏德尔特潜山构造带内，其余广大地区则

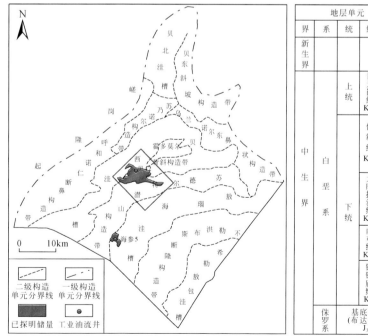

图 7.22　苏德尔特地区构造及地层特征图

无油气分布，这除了受到下伏源岩品质和构造圈闭是否发育的影响外，在很大程度上受到了断砂配置运移油气空间有效性好坏的影响。能否正确认识苏德尔特地区南屯组一段断砂配置运移油气空间有效性，应是正确认识其油气分布规律和指导油气勘探的关键。

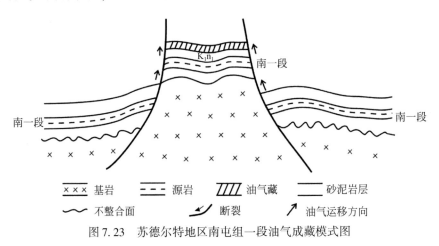

图 7.23　苏德尔特地区南屯组一段油气成藏模式图

　　虽然苏德尔特地区南屯组一段储层与南屯组一段源岩为同层，但源岩和储层之间被多套泥岩层所隔，南屯组一段源岩生成的油气不能通过地层岩石孔隙直接向上覆南屯组一段储层中运移，只能通过断裂才能使南屯组一段源岩生成的油气向上运移至南屯组一段储层中。由三维地震资料解释成果可知，苏德尔特地区南屯组一段发育不同类型的断裂，但并不是所有这些断裂均可成为南屯组一段源岩生成油气向上覆南屯组一段储层运移的运移断裂，只有连接南屯组一段源岩和南屯组一段储层，且在油气成藏期——伊敏组沉积末期活动的断裂，才是南屯组一段源岩生成油气向上覆南屯组一段储层中运移的油源断裂，由图 7.24 中可以看出，苏德尔特地区只有 Ⅰ 型和 Ⅱ 型断裂才是南屯组一段源岩生成油气向上覆南屯组一段储层运移的油源断裂。由图 7.25 中可以看出，苏德尔特地区南屯组一段运移断裂只有 3 条，其中 F3 运移断裂分布在其北部，延伸距离相对较长，F1 和 F2 2 条油源断裂延伸距离相对较短，分布在其西北和东北地区，3 条油源断裂皆呈北东东向展布。由三维地震资料追索苏德尔特地区南屯组一段 3 条油源断裂断层面空间分布特征，根据断层面埋深，由前文方法求得断层面油气势能值，由断层面油气势能等值线法汇聚线，便可以得到苏德尔特地区 3 条油源油气沿断裂运移优势通道，由图 7.25 中可以看出，苏德尔特地区 F1 油源断裂发育 4 条油气运移优势通道 a、b、c、d，F3 断裂发育 2 条油气运移优势通道 f、g，F2 运移断裂仅发育 1 条油气运移优势通道 e。

　　统计苏德尔特地区已知井点处南屯组一段地层砂地比值，再统计其内砂体的油气显示特征，便可以得到苏德尔特地区南屯组一段砂体连通所需的最小地层砂地比值均为 18%，如图 7.26 所示。利用钻井和地震资料可以得到苏德尔特地区南屯组一段地层砂地比值分布，由图 7.27 中可以看出，苏德尔特地区南屯组一段地层砂地比值高值区主要分布在其东南地区，砂地比值可达到 85%，其次在苏德尔特地区的西北地区和东北地区分布着砂地比值的次级值区，砂地比可达 25%，由这些高值区向苏德尔特地区的中南部地区南屯组一段地层砂地比值逐渐减小，在其中部及东南边部南屯组一段地层砂地比值减小至 18% 以

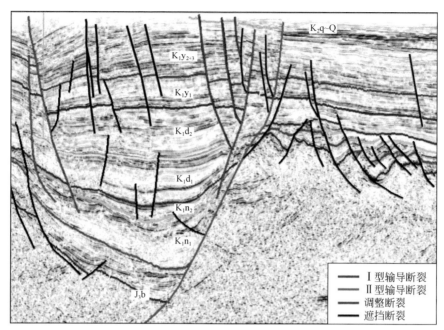

图 7.24　贝尔凹陷典型剖面断裂类型划分图

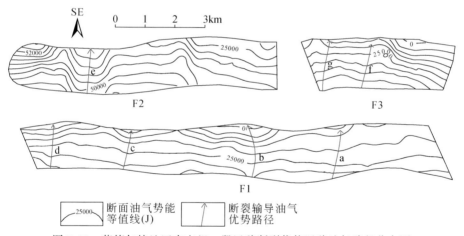

图 7.25　苏德尔特地区南屯组一段运移断裂优势运移油气路径分布图

下。按照上述确定出的砂体连通所需的最小地层砂地比值，可以得到苏德尔特地区南屯组一段除了北部、中部和东南局部地区分布不连续外，其余广大地区砂体皆连续分布，如图 7.27 所示。已知苏德尔特地区南屯组一段地层顶面埋深，由前文方法计算其油气势能值，根据其油气势能等值线法线汇聚线，便可以得到苏德尔特地区南屯组一段砂体运移油气优势路径，由图 7.27 中可以看出，苏德尔特地区南屯组一段砂体发育 7 条油气运移优势通道，主要分布在苏德尔特地区 F1 油源断裂附近，其中 4 条油气运移优势通道①、②、③、④由北向南延伸，另外 3 条运移油气优势路径⑤、⑥、⑦由北面向东南延伸，且有由北至南 3 条油气运移优势通道②、③、④与由北西向东南 2 条油气运移优势通道⑤、⑥在苏德尔特地区中部的苏德尔特潜山构造带汇聚。总体上看，苏德尔特地区南屯组一段砂体油气运移优势通道延伸距离相对较近。

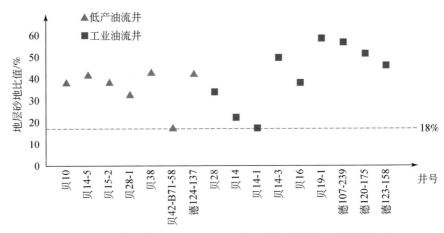

图7.26　苏德尔特地区南屯组一段含油砂体地层砂地比值分布图

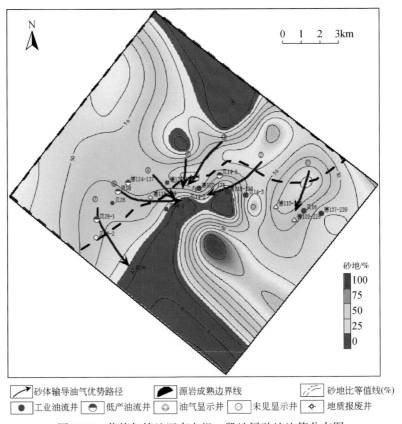

图7.27　苏德尔特地区南屯组一段地层砂地比值分布图

由上述已确定出的苏德尔特地区南屯组一段油气沿断裂运移优势通道与砂体油气运移

优势通道叠合，可以得到断砂配置运移油气空间有效性好坏分布，如图 7.29 和图 7.30 所示，苏德尔特地区南屯组一段断砂配置运移油气空间有效性好的是砂体油气运移优势通道③和⑤分别与油气沿断裂运移优势通道 c、b 连接，有利于断砂配置运移油气；其次是砂体油气运移优势通道④、⑥、⑦分别与油气沿断裂运移优势通道 b、a 之间的空间配置，虽然砂体油气运移优势通道未与油气沿断裂运移优势通道连接，但二者之间距离相对较近，油气分散运移量较小，较有利于断砂配置运移油气；较差的是砂体油气运移优势通道①、②与油气沿断裂运移优势通道之间的空间配置，砂体油气运移优势通道与油气沿断裂运移优势通道不连接，且二者之间距离较远，油气分散运移量较大，不利于断砂配置运移油气；最差的是油气沿断裂运移优势通道 e、f、g 没有与砂体油气运移优势通道连接，油气全部分散运移，最不利于断砂配置运移油气。

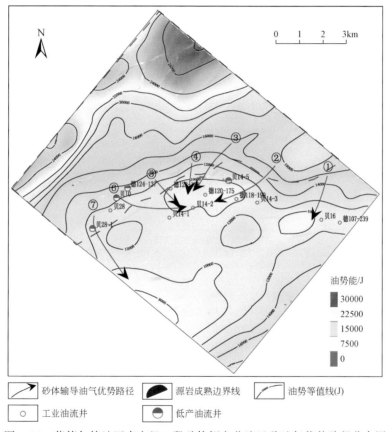

图 7.28　苏德尔特地区南屯组一段砂体侧向分流运移油气优势路径分布图

　　由图 7.28 和图 7.29 中可以看出，苏德尔特地区南屯组一段目前已发现的油气藏主要分布在断砂配置运移油气空间有效性好和较好处，尤其是断裂和砂体油气运移优势通道呈汇聚分布处，少量油气分布在断砂配置运移油气空间有效性差和最差处。这是因为只有位于断砂配置运移油气空间有效性好和较好处的南屯组一段断层圈闭，油气分散运移量无或较少，有利断砂配置运移油气，才能从下伏南屯组一段泥岩处获得更多的油气，尤其是断裂和砂体油气运移优势通道呈汇聚处，更有利于途中克服各种油气损耗，形成丰富的油气

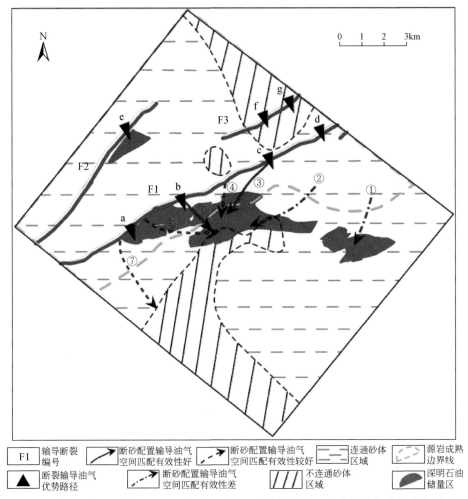

图 7.29　苏德尔特地区南屯组一段断裂和砂体运移油气空间匹配有效性与油气分布关系图

聚集,如图 7.28 和图 7.29 所示。而位于断砂配置运移油气空间有效性较差和最差的南屯组一段断层圈闭,油气分散运移最大,不利于断砂配置运移油气,从下伏南屯组一段源岩处获得的油气少,不利于油气聚集成藏。但如果断层圈闭位于断裂或砂体油气运移优势通道上,也可捕获一定量的油气,形成少量油气聚集,如图 7.28 和图 7.29 所示。

7.3.2　断砂配置运移油气时间有效性及其研究方法

油气勘探的实践表明,含油气盆地下生上储式油气分布除了受到断砂配置运移油气空间有效性的影响外,在一定程度上还要受到断砂配置运移油气时间有效性的影响,只有断砂配置运移油气时间有效性好,才能大量运移油气,有利于油气聚集成藏,才会有油气发现;反之则无或少有油气发现。因此,能否正确认识断砂配置运移油气时间有效性,是含油气盆地下生上储式油气勘探成功与否的又一个重要因素。

1. 断砂配置运移油气时间有效性及其影响因素

所谓断砂配置运移油气时间有效性是指断砂配置运移油气时期与源岩排烃期之间的配置关系，如果断砂配置运移油气时期与源岩排烃高峰期为同期，那么断砂配置可以运移源岩排出的大量油气，有利于油气运聚成藏，断砂配置运移油气时间有效性好，如图 7.30a 所示；相反，如果断砂配置运移油气时期与源岩排烃高峰期不同期，无论断砂配置运移油气时期早于泥岩排烃高峰期，还是断砂配置运移油气时期晚于泥岩排烃高峰期，断砂配置所能运移油气的多少都要受到断砂配置运移油气时期与源岩排烃高峰期二者之间时间差大小的影响，二者时间差相对越小，断砂配置所能运移的油气越多，断砂配置运移油气时间有效性越好；反之则越差，如图 7.30b 所示。

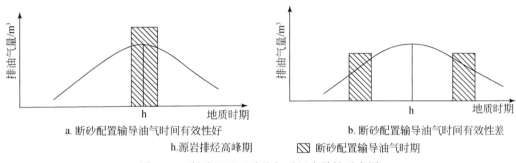

a. 断砂配置输导油气时间有效性好　　　　　b. 断砂配置输导油气时间有效性差

h. 源岩排烃高峰期　　　◩ 断砂配置输导油气时期

图 7.30　断砂配置运移油气时间有效性示意图

2. 断砂配置运移油气时间有效性研究方法

由上可知，要研究断砂配置运移油气时间有效性，就必须确定出断砂配置运移油气时期与源岩排烃高峰期。

断砂配置运移油气时期既受到油气沿断裂运移时期的影响，又受到砂体运移油气时期的影响，应是二者共同发育时期。油气沿断裂运移时期主要发生在其活动时期，因为在活动时期断裂会伴生出大量裂缝，这些伴生裂缝较围岩地层岩石具有相对较高的孔渗性，有利于油气沿断裂运移。同时，断裂在活动时期由于伴生裂缝的形成，使其伴生裂缝中的地层孔隙流动释放量降低，与围岩地层之间产生地层孔隙流体压力差，在压力差的作用下，可驱使围岩地层孔隙中油气向断裂伴生裂缝中运移，进入到断裂伴生裂缝中的油气还会剩余一定的地层孔隙流体压力差，在剩余地层孔隙流体压力差和油气本身浮力作用下沿断裂向上运移油气。因此不难看出，断裂活动时期就是其运移油气时期，可通过断裂生长指数或活动速率或地层剖面伸展率计算，按照图 7.31 中断裂活动时期的确定方法确定断裂活动时期，图 7.31 中 A、B、C 时期应为油气沿断裂运移时期，因为其断裂生长指数大于 1，且活动速率和地层剖面伸展率均相对较大，表明断裂活动。

砂体运移油气时期除了受到砂体本身形成时期的影响外，更主要的是受到其上盖层封闭能力形成时期的控制。只有其上盖层封闭后才可以阻止砂体运移油气不会向上散失，砂体才能运移油气。由此看出，其上盖层封闭能力形成时期即砂体运移油气时期。任何一套

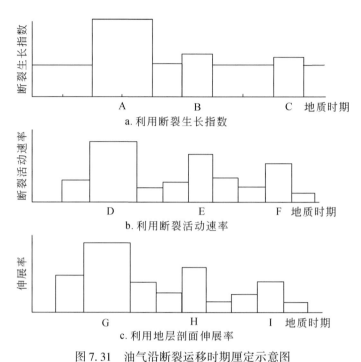

图 7.31　油气沿断裂运移时期厘定示意图

A、B、C. 利用断裂生长指数确定出的断裂活动时期；D、E、F. 利用活动速率确定出的断裂活动时期；

G、H、I. 利用地层剖面伸展率确定出的断裂活动时期

盖层并非一经沉积就具有封闭能力，这主要是因为盖层刚沉积时，压实成岩程度相对较低，孔渗性相对较好，封闭能力相对较差；其排替压力小于下伏储层岩石的排替压力，盖层不能封闭油气。随着埋深逐渐增加，压实成岩作用增强，盖层孔渗性逐渐降低，排替压力逐渐增加，当其排替压力开始等于下伏储层岩石排替压力时，盖层开始具封闭油气能力，也就是说，盖层排替压力等于下伏储层岩石排替压力的时期，即砂体运移油气开始形成时期，如图 7.32 所示。因此，可以通过实测研究区盖层和储层岩石排替压力，建立盖层和储层岩石排替压力随压实成岩埋深和泥质含量之间的关系，在假定盖层和储层岩石泥质含量不变的条件下，通过地层古厚度恢复方法恢复盖层和储层岩石不同地质时期的古埋深，便可以得到盖层和储层岩石排替压力随时间变化关系，如图 7.32 所示，取二者排替压力相等时所对应时期即砂体运移油气开始形成时期。

　　将上述已确定出的油气沿断裂运移时期与砂体运移油气时期叠合，二者重合时期即为断砂配置运移油气时期，如图 7.33 所示，只有 f_c 时期才是断砂配置运移油气时期，因为此时期断裂和砂体同时运移油气。而 f_a 和 f_b 时期虽然断裂可运移油气，但砂体不能运移油气，故不是断砂配置运移油气时期。

　　源岩排烃期可根据源岩地化参数，利用源岩生排烃模拟方法计算源岩在不同地质时期的排烃量，再做源岩排烃量随时间的变化关系，如图 7.30a 所示，由图 7.30 中取源岩排烃量最大时期即源岩排烃高峰期。

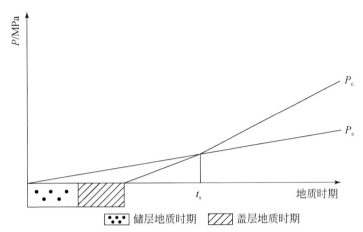

图 7.32　砂体运移油气开始时期厘定示意图

P. 排替压力；P_s. 储层排替压力；t_s. 砂体输导油气开始时期；P_c. 盖层排替压力

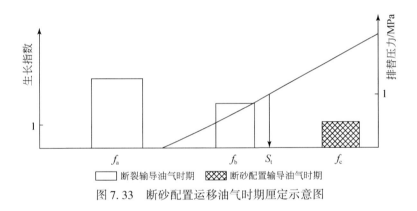

图 7.33　断砂配置运移油气时期厘定示意图

通过比较上述已确定出的断砂配置运移油气时期与源岩排烃高峰期，便可以研究断砂配置运移油气时间有效性，如果断砂配置运移油气时期与源岩排烃运移期同期，则断砂配置运移油气时间有效性好；二者之间时间差越小，断砂配置运移油气时间有效性越好；反之则越差。

3. 应用实例

选取渤海湾盆地南堡凹陷老爷庙构造为例，利用上述方法研究其东二段和东三段断砂配置运移油气时间有效性，并通过研究成果与目前东二段和东三段已发现油气之间关系分析，验证该方法用于研究断砂配置运移油气时间有效性的可行性。

老爷庙构造位于南堡凹陷的西北部，如图 7.34 所示，构造上是一个长期继承性发育的滚动背斜构造，是南堡凹陷中浅层的一个主要含油气构造。该构造从下至上发育的地层有古近系的孔店组、沙河街组、东营组和新近系的馆陶组、明化镇组及第四系。目前已发现的油气主要分布在东二段和东三段，如图 7.35 所示，油气源对比结果表明，其油气主要来自下伏沙三段或沙一段源岩，如图 7.34 所示，属于典型的下生上储式生储盖组合。

下伏沙三段或沙一段源岩生成的油气主要通过油源断裂向上覆地层中运移，油气之所以在东二段和东三段聚集分布，除了受到沙三段或沙一段源岩和东二段和东三段砂体发育的影响外，断砂配置运移油气时间有效性好坏可能也起到了非常重要的作用，能否准确地确定出老爷庙构造东二段和东三段断砂配置运移油气时间有效性，应是其油气勘探的关键。

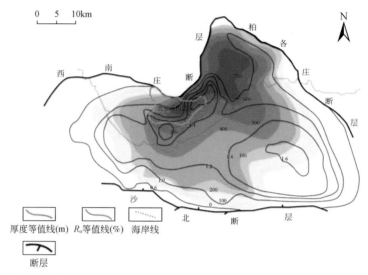

图 7.34　南堡凹陷沙三段和沙一段源岩分布与老爷庙构造之间关系图

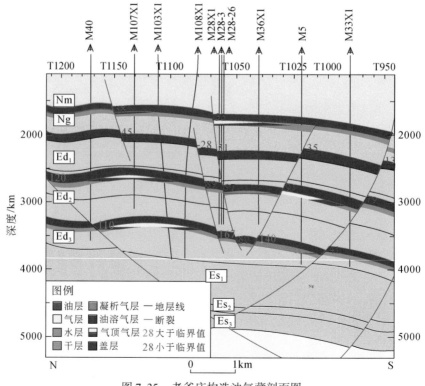

图 7.35　老爷庙构造油气藏剖面图

由图 7.35 中可以看出，老爷庙构造东二段和东三段油源断裂为连接下伏沙三段或沙一段源岩，且在油气成藏期——明化镇组沉积中晚期活动的断裂，主要是背斜两翼的那两条断裂，如图 7.35 所示。由断裂活动速率计算可以得到老爷庙构造油源断裂活动时期主要有 3 个时期，如图 7.36 所示，即沙二段和沙三段沉积时期、东一段沉积时期和明化镇组上段沉积时期。

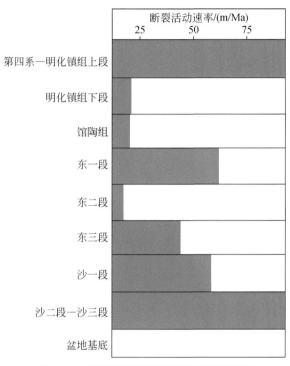

图 7.36　老爷庙构造断裂活动时期厘定图

由于老爷庙构造东二段和东三段油气的盖层为东二段发育的泥岩，所以东二段泥岩盖层封闭能力形成时期即东二段和东三段砂体侧向分流运移油气时期。由南堡凹陷泥岩盖层和储层岩石实测排替压力随埋深和泥质含量之间的变化关系（见前文），在假设各地质时期东二段泥岩盖层和东二段和东三段储层岩石泥质含量近似不变的条件下，通过地层古厚度恢复方法对东二段泥岩盖层和东二段和东三段储层岩石古压实埋深进行了恢复计算，便可以得到东二段泥岩盖层和东二段和东三段地层岩石排替压力随时间变化关系，由图 7.37 中可以得到东二段泥岩盖层排替压力与东二段和东三段储层岩石排替压力相等所对应的时间均为馆陶组沉积中期，即东二段和东三段砂体运移油气时期应为馆陶组沉积中期至今时间。

将上述已确定出来的老爷庙构造东二段和东三段断裂活动时期与东二段和东三段砂体运移油气时期叠合，如图 7.37 所示，可以得到断砂配置运移油气时期为明化镇组上段沉积时期。因为沙二段和沙三段沉积时期和东一段沉积时期虽然断裂可运移油气，但东二段泥岩盖层封闭能力尚未形成，东二段和东三段砂体不能运移油气，故不是断砂配置运移油气时期。

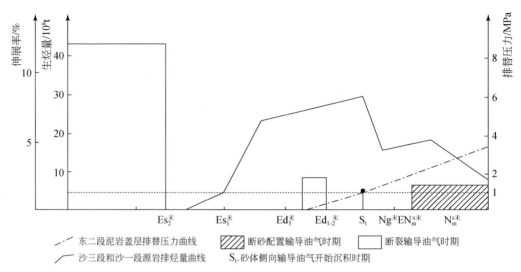

图 7.37　老爷庙构造东二段和东三段断砂配置运移油气时期与源岩排烃高峰期匹配关系图

由源岩生排烃模拟结果可知，南堡凹陷沙三段和沙一段泥岩在沙二段沉积末期开始向外排出油气，在沙一段沉积末期开始大量向外排出油气，在馆陶组沉积中期左右达到第一次排烃高峰后，在明化镇组下段沉积末期达到第二次排烃高峰期，之后排出的油气量逐渐减小，如图 7.37 所示。

将上述已确定出的老爷庙构造东二段和东三段断砂配置运移油气时期与源岩排烃高峰期叠合（图 7.37）可以看出，断砂配置运移油气时期（明化镇组上段沉积时期）明显晚于沙三段和沙一段源岩第一次排烃高峰期（馆陶组沉积中期），断砂配置运移油气时间有效性差，不利于运移沙三段和沙一段源岩排出的大量油气；但断砂配置运移油气时期略晚于沙三段和沙一段源岩的第二次排烃高峰期（明化镇组下段沉积末期），断砂配置运移油气时间有效性相对较好，也可运移沙三段和沙一段源岩排出的一定量油气，较有利于油气在老爷庙构造东二段和东三段内聚集成藏，这可能是老爷庙构造东二段和东三段至今能找到油气（图 7.35）的根本原因。

第8章 断裂控制油气聚集机制及研究方法

断裂对油气聚集的控制作用主要表现在侧向封闭上，只有断层侧向封闭，断裂才能与砂体配置形成圈闭，油气才能在圈闭中聚集成藏；否则圈闭中无油气成藏。而断层侧向封闭又可分为活动期断层侧向封闭和静止期断层侧向封闭，其研究方法明显不同。

8.1 活动期断层侧向封闭机制及研究方法

8.1.1 活动期断层侧向封闭的地质条件

断裂活动期间，伴生裂缝形成并开启，断裂垂向开启，是油气垂向运移的输导通道，垂向不封闭这已是不争的事实。那么活动断裂在侧向上是否封闭，能否聚集油气，主要取决于断裂带填充物的泥质成分，只要是以泥质为主的断裂填充物作为油气侧向运移的遮挡物，其排替压力就会大于或等于油气运移盘储层岩石的排替压力，断层侧向封闭，否则断裂侧向不封闭，如图8.1所示。而以泥质成分为主的断裂带填充物作为油气侧向运移遮挡物的条件是断裂为反向，且断移地层以泥岩为主，因为只有断移地层以泥岩为主，破碎后进入到断裂带中的填充物才会以泥岩为主。只有反向断裂下盘诱导裂缝带不发育，才会使以泥质为主的断裂填充物直接作为遮挡物，形成侧向封闭；否则以诱导裂缝带作为遮挡物，断裂无法形成侧向封闭。

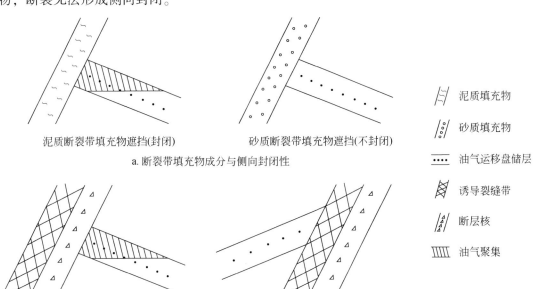

泥质断裂带填充物遮挡(封闭)　　砂质断裂带填充物遮挡(不封闭)

a.断裂带填充物成分与侧向封闭性

断裂带填充物遮挡(可能封闭)　　诱导裂缝带遮挡(不封闭)

b.断裂结构与侧向封闭性

　　　泥质填充物

　　　砂质填充物

　　　油气运移盘储层

　　　诱导裂缝带

　　　断层核

　　　油气聚集

图8.1 活动期断层侧向封闭条件示意图

8.1.2　活动期断层侧向封闭性的研究方法

由上可知，要研究活动期断层侧向封闭性，就必须确定出活动期断裂填充物排替压力和油气运移盘储层岩石排替压力。

因为活动期断裂带处于开启状态，所以其填充物未开始压实成岩，相当于沉积物，其对油气侧向运移的封闭能力明显较压实成岩的断层岩对油气侧向运移的封闭能力要弱，因为其排替压力大小除了像断层岩排替压力一样主要受到泥质含量的影响外，还要受到上覆沉积载荷压力（或埋深）使其压紧的影响，断裂填充物泥质含量越大，埋深越大，断裂填充物排替压力越大；反之则越小。由此看出，只要确定出断裂填充物泥质含量和埋深，便可以求取断裂填充物的排替压力。

断裂填充物泥质含量可根据断裂断距和被其错断地层岩层厚度和泥质含量，由式（4.17）求得。断裂填充物埋深可由钻井和地震资料直接读取得到。将断裂活动时期断裂填充物泥质含量（可假设各地质时期近似不变，用现今断裂填充物泥质含量代替）和埋深（用地层古厚度恢复方法恢复断裂填充物在断裂活动时期的古埋深），代入由物理模拟实验结果得到的断裂填充物排替压力与其压实埋深和泥质含量之间关系［式（7.2）～式（7.5）］中，便可以求得断裂活动时期的断裂填充物排替压力。

由地层古厚度恢复方法恢复油气运移盘储层岩石在油气成藏期的古埋深，在假设储层泥质含量各地质时期不变的情况下，将其古埋深和泥质含量代入研究区储层岩石实测排替压力与其压实成岩埋深和泥质含量之间关系［式（4.30）］中，便可以求得断裂活动期油气运移盘储层岩石排替压力。

将上述已确定出来的断裂活动时期断裂填充物排替压力和油气运移盘储层岩石排替压力比较，便可以研究活动期断层侧向封闭性，如果断裂填充物排替压力大于或等于油气运移盘储层岩石排替压力，断层侧向封闭；反之则不封闭。

8.1.3　应用实例

选取渤海湾盆地南堡凹陷南堡 1 号构造的 F1、F2、F3 断裂，利用上述方法研究 3 条断裂在天然气成藏期——明化镇组沉积晚期对东一段天然气的侧向封闭性，并通过研究结果与已发现天然气分布之间关系分析，验证该方法用于研究活动期断层侧向封闭性的可行性。

南堡凹陷位于河北省唐山市曹妃甸港区，坐落于渤海湾盆地黄骅拗陷北部，凹陷北部与燕山相连，毗邻西南庄断层、西南庄凸起与老王庄凸起，东部与柏各庄断层、柏各庄凸起及马头营凸起相连，南部与沙垒田凸起呈超覆相接，西邻北塘凹陷（图 8.2），是华北地台基底上，经中、新生代构造运动发育起来的一个"北断南超"的箕状凹陷。南堡凹陷构造面积约为 1932km^2，其中矿权范围约为 1570km^2，可分为陆上与滩海两大部分，前者包括高尚堡构造、老爷庙构造、唐海构造、柳赞构造，面积约为 570 km^2；后者包括南堡 1、2、3、4、5 号构造，面积约为 1000km^2。

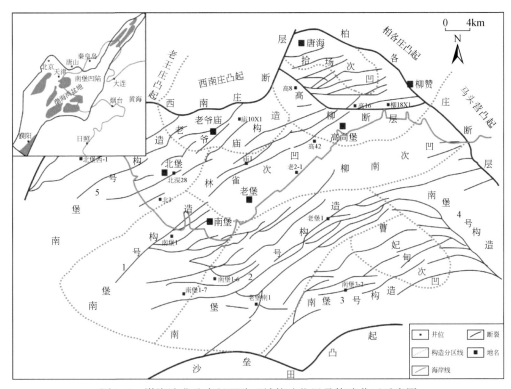

图 8.2　渤海湾盆地南堡凹陷区域构造位置及构造分区示意图

南堡 1 号构造位于南堡凹陷西南部斜坡带上,北接南堡 5 号构造及重要的生油中心——林雀次凹,东临南堡 2 号构造,南缘沙垒田凸起,为一奥陶系潜山基底背景上发育起来的背斜构造,被 NE 向及近 EW 向多条断裂切割成若干复杂断块,面积约为 $300km^2$。目前已发展巨大的勘探前景。该区由下至上发育有古近系沙河街组(Es)和东营组(Ed)、新近系馆陶组(Ng)和明化镇组(Nm)以及第四系平原组(Q)地层。依据流体包裹体均一温度和井埋藏史研究成果,该区油气充注时间是 $25.5 \sim 24.6Ma$ 和 $9.5 \sim 5Ma$,分别对应的时期是东营组沉积末期和明化镇组沉积中期。

截至目前,东一段和馆陶组是南堡 1 号构造天然气的主要产气层位,目前已有多口井获得了工业气流,如图 8.3 所示。气源对比结果表明,该区天然气主要来自下伏沙三段或沙一段源岩,盖层则为馆陶组三段火山岩盖层和明化镇组下段泥岩盖层(图 8.4)。天然气藏主要是反向断裂遮挡气藏,而遮挡天然气与 F1、F2、F3 这三条断裂在天然气成藏期——明化镇组沉积晚期均为活动断裂,是其下伏沙三段或沙一段源岩生成天然气向上覆东一段和馆陶组运移的输导断裂,沙三段或沙一段源岩生成的天然气在沿这 3 条输导断裂向东一段和馆陶组运移的过程中,由于受到馆陶组火山岩盖层和明化镇组下段泥岩盖层的阻挡,天然气向东一段和馆陶组储层中侧向分流运移,3 条断裂在活动期能否封闭侧向分流运移的天然气,对南堡 1 号构造东一段和馆陶组天然气能否成藏至关重要。

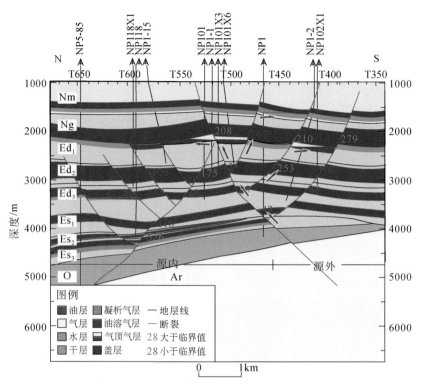

图 8.3　南堡 1 号构造断裂与油气分布关系图

地层					代号	底界年龄/Ma	主要岩性	生储盖组合			含油层系	构造时期	地层厚度/m
系	统	组	段	油组				生	储	盖			
第四系		平原组			Q	1.81							
新生界	新近系	上新统	明化镇组	上段		Nmˢ	2.58	红色粗碎屑砂砾岩				中浅层	拗陷期	501~915
				下段	Nmˣ Ⅰ	Nmˣ	5.32	红色砂泥岩互层						327.5~1328
					Nmˣ Ⅱ									
					Nmˣ Ⅲ									
		中新统	馆陶组	上段	Ng Ⅰ	Ngˢ	14.8	砂砾岩夹泥岩和灰色玄武岩						136.5~554.5
					Ng Ⅱ									
				下段	Ng Ⅲ	Ngˣ	23.8							
					Ng Ⅳ									
	古近系	渐新统	东营组	一段	Ed₁ Ⅰ	Ed₁	25.3	砂岩、泥岩频繁交互，泥岩性软、造浆				中深层	断拗转化期	8~626
					Ed₁ Ⅱ									
					Ed₁ Ⅲ									
				二段		Ed₂	27.3	灰色泥岩						8~869
				三段	东三段上	Ed₃ˢ	28	灰色砂泥岩互层						0~485
					东三段下	Ed₃ˣ	28.5	灰色中细粒砂岩、含砾砂岩						0~522
			沙河街组	一段	沙一段上	Es₁ˢ	29.5	灰色、深灰色砂泥岩互层						128~619
					沙一段下	Es₁ˣ	31	顶部以砂岩为主中部以泥岩为主						113~424
		始新统		二段		Es₂	33.7	棕红色泥岩夹砂岩					断陷期	69.5~700
				三段	沙三段1段	Es₃¹	38.5	粗碎屑为主，顶部为造浆泥岩						250~365
					沙三段2段	Es₃²	41	深灰色泥岩夹薄层灰色砂岩						456~709
					沙三段3段上	Es₃³ˢ	41.5	以砂岩为主的砂泥互层						
					沙三段3段	Es₃³ˣ	42							
					沙三段4段	Es₃⁴	42.5	暗色泥岩、油页层						207~269
					沙三段5段	Es₃⁵	45.5	粗碎屑砂砾岩						>78.5
				四段		Es₄	50.5	南堡凹陷普遍缺失						
中生界			基底										

图例　　烃源岩　　好储层　　较好储层　　主要盖层　　含油层系

图 8.4　南堡凹陷沉积特征及生储盖组合表征图

通过图 8.3 中南堡 101 井（东一段）、南堡 1 井（馆陶组）和南堡 1-2 井（东一段）资料，分别统计 F1、F2、F3 断裂在东一段、馆陶组和东一段储层内的现今埋深（分别为 2449m、2153m 和 2446m），减去 3 条断裂在天然气成藏期（明化镇组沉积晚期）的埋深（分别为 587m、596m 和 619m），可以得到 F1、F2、F3 这 3 条断裂在明化镇组沉积晚期的古埋深分别为 1862m、1557m 和 1827m。

根据 F1、F2、F3 在东一段、馆陶组和东一段内断裂断距和被其错断地层岩层厚度和泥质含量，由式（4.17）对其在东一段、馆陶组和东一段内由断裂填充物的泥质含量分别进行了计算，其结果分别为 63%、61%、60%，表明断裂填充物以泥质为主，可成为断层侧向封闭的遮挡物。再将 F1、F2、F3 断裂在明化镇组沉积晚期的古埋深和泥质含量代入由物理模拟实验得到的断裂填充物排替压力与其压实成岩埋深和泥质含量之间关系［式（7.2）～式（7.5）］中，便可以求得 F1、F2、F3 断裂在明化镇组沉积晚期在相应目的层（东一段、馆陶组和东一段）内断裂带填充物排替压力分别为 0.97MPa、0.65MPa 和 0.84MPa。

由南堡 101 井、南堡 1 井和南堡 1-2 井分别统计东一段、馆陶组和东一段储层现今压实成岩埋深（因其上无明显的地层抬升剥蚀，可用现今埋深代替，分别为 2449m、2153m 和 2446m），减去明化镇组沉积晚期至今的压实成岩埋深（分别为 587m、596m 和 619m），可以得到其在明化镇组沉积晚期古压实成岩埋深分别为 1862m、1557m 和 1827m。东一段和馆陶组储层的泥质含量可在假设各地质时期近似不变的条件下，利用自然伽马测井资料，由式（4.14）及式（4.15）计算求得，其结果分别为 37%、35% 和 36%，再由式（4.30）计算得到在天然气成藏期东一段、馆陶组和东一段储层岩石的古排替压力分别为 0.16MPa、0.15MPa 和 0.18MPa。

由上可知，F1、F2、F3 这 3 条活动断裂在目的层内断裂填充物古排替压力均大于储层岩石古排替压力，表明 3 条活动断裂在明化镇组沉积晚期分别在侧向上可对东一段、馆陶组和东一段储层中的天然气封闭，有利于天然气在东一段、馆陶组和东一段储层中聚集成藏。目前钻于南堡 1 号构造的南堡 101 井、南堡 1 井和南堡 1-2 井均获得了工业气流，可进一步证实这一结论。

8.2　静止期断层侧向封闭机制及研究方法

随着油气勘探开发逐渐向被断裂复杂化区域的不断深入，断层侧向封闭性研究已经成为油气地质研究者不可避免的重要工作，油气的形成、分布及破坏通常与断裂密切相关，尤其是在断裂停止活动后的静止期，其侧向封闭与否及封闭能力的强弱控制着断层相关型关系的有效性及油气的充满程度。因此，本章将从断层侧向封闭机理、类型及影响因素入手，重点研究静止期断层侧向封闭性评价方法。

8.2.1　静止期断层侧向封闭机理及影响因素

1. 断层侧向封闭机理

根据断裂两盘间充填物发育情况、充填物成分及后期经历成岩胶结作用等特征，将断层侧向封闭机理划分为断面紧闭封闭机理与排替压力差封闭机理两种形式。

1）断面紧闭封闭机理

这种封闭机理所需条件为断裂两盘之间无充填物发育，断层面主要依靠上覆岩层沉积载荷重量与区域主压应力作用使断面紧闭愈合，并借助泥岩塑性流动，堵塞断面紧闭后残余的渗漏空间，形成侧向封闭。

2）排替压力差封闭机理

随着对断裂带内部结构认识的逐渐深入，排替压力差封闭机理逐渐被广大地质学家所推崇，其本质即目标储层与断层岩或对置盘储层之间存在差异渗漏能力即排替压力差，当断层岩或对置盘储层岩石的排替压力大于等于目标储层岩石排替压力时，断裂将形成侧向封闭，并遮挡油气聚集成藏；反之，当断层岩或对置盘储层岩石的排替压力小于目标储层岩石排替压力时，断裂将不具备侧向封闭能力，油气将穿过断裂继续向上运移直至遇到合适的遮挡条件（图 8.5）。

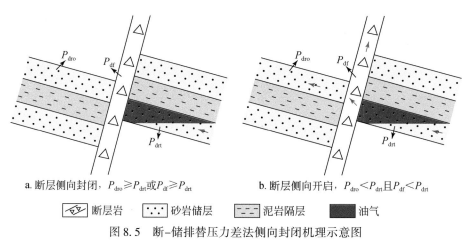

a. 断层侧向封闭，$P_{dro} \geq P_{drt}$ 或 $P_{df} \geq P_{drt}$　　　　b. 断层侧向开启，$P_{dro} < P_{drt}$ 且 $P_{df} < P_{drt}$

〔断层岩〕　〔砂岩储层〕　〔泥岩隔层〕　〔油气〕

图 8.5　断-储排替压力差法侧向封闭机理示意图

P_{df}. 断层岩排替压力；P_{drt}. 目标储层岩石排替压力；P_{dro}. 对置盘储层岩石排替压力

2. 断层侧向封闭类型

基于受断裂活动而引起的断层岩与储层岩石之间的差异渗漏能力，可以将断层侧向封闭类型划分为岩性对接型和断层岩型两大类（图 8.6）。

其中，岩性对接封闭多形成于断裂带不发育或断层岩渗透性高于储层岩石的断裂中。但大量野外露头及过断裂带取心资料的观察描述均揭示了断裂带的内部结构特征，结果证实断裂并不是一个简单的面状构造，而表现为具有一定宽度、由不同属性岩石组成的典型二元结构，即断层核和破碎带（Chester and Logan，1986；Caine et al.，1996）。其中，在一般情况下断层核孔隙度较两侧母岩低 2% ~ 4%，渗透率低 1 ~ 3 个数量级（付晓飞等，2012）。而破碎带的孔渗性与母岩孔渗性具有反向改造的特征（贾茹等，2017），当母岩表现为泥岩或中低孔隙性砂岩时，破碎带的孔隙度和渗透率明显升高，其中渗透率较母岩高 1 ~ 3 个数量级（Johansen et al.，2005；Fossen et al.，2007）；当母岩表现为高孔隙性砂岩时，破碎带孔渗性明显降低，其中渗透率较母岩平均低 2~3 个数量级，最多可低 5~6 个数量级（Taylor and Pollard，2000）。因此，对于目前我国广泛发育的砂泥岩地层中的断裂，侧向封闭类型以断层岩型封闭为主。

断层岩封闭多形成于断裂带发育的断裂中，伴随着断裂的形成与演化，断裂带内充填物发生物理和化学变化，其渗透性逐渐变差而阻止油气穿过断裂发生侧向运移。根据母岩的岩性、变形过程、环境以及相关的胶结作用等可以将断层岩封闭类型细分为以下五小类（图8.6）。

1）解聚带封闭

泥质含量小于15%的纯净砂岩在埋深较浅且低有效应力环境中形成的断层岩，因没有经历过颗粒减小的过程而具有与母岩相似的结构和构造，这一类断层岩称为解聚带。解聚带若没有发生快速胶结、机械压实，那么通常会恢复其以前的颗粒排列方式，即断层岩不能形成有效的侧向封闭。

2）碎裂岩封闭

在泥质含量小于15%的纯净砂岩中，由于断裂的活动使岩石发生破裂并充填于断裂裂缝中，伴随两盘岩层的错动，碎屑颗粒被研磨形成小粒径的碎屑充填物质，其成岩后形成碎裂岩，碎裂岩具有比储层更高的排替压力，由此形成对目的盘储层油气的封堵。此类封闭一般能力较差，可对稠油形成一定的封堵，一般对天然气不起封闭作用。

3）层状硅酸盐框架断层岩封闭

随着断层岩内泥质含量的升高，其排替压力也随之增大，使之与储层之间产生排替压力差，形成对储层内油气的封闭，其封闭能力大小取决于二者排替压力差的大小。断层岩中的泥质有两个来源，一是从泥岩层中由断裂切削下来的泥岩碎屑充填于断裂裂缝中，二是非纯净砂岩层中泥质成分随砂岩碎屑进入断裂裂缝中，断层岩往往是由泥岩碎屑和不同泥质含量的砂岩碎屑混合而成，定义此类断层岩为层状硅酸岩框架断层岩。

4）泥岩涂抹封闭

在泥质含量大于40%的富泥砂岩层段，由于巨大的构造应力和上覆岩层重量的作用，在断裂两盘削截砂岩层上形成一个薄薄的泥岩层，泥质颗粒侵入到砂质颗粒中，而且发生了动力变质和重结晶作用，使其成分均一化，物性明显降低，具有极高的排替压力，对被涂抹砂层的油气起到很好的侧向封闭作用。

5）胶结封闭

胶结封闭指的是地下地质条件的改变，使得矿物质在断裂带内沉淀胶结，使得断裂带内充填物质孔渗性变差、排替压力急剧升高，进而导致断裂具有极强的侧向封闭能力。常见的胶结封闭有两种类型，即热液胶结封闭和变形造成局部溶解及再沉淀胶结。

3. 断层侧向封闭性影响因素

由于断层侧向封闭与被断裂破坏盖层垂向封闭机理相似，均表现为断-储排替压力差封闭，即影响排替压力进而影响断层封闭性及封闭能力的主控因素也一致，故断层侧向封闭性的影响因素主要为断层岩岩性、断层岩成岩程度及岩石各向异性。

断层侧向封闭类型		封闭模式	形成地质条件	断裂变形特征及封闭机理（据Robert,2005）	影响封闭能力的因素
对接封闭		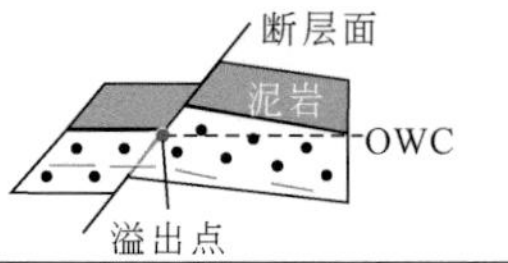 断层面 泥岩 OWC 溢出点	a.砂泥互层地层 b.断层规模小,断裂带破碎程度低,两盘地层直接接触 c.断裂带不发育	a.断裂变形较弱 b.泥岩和砂岩排替压力差是封闭的主因	a.断移地层泥岩累积厚度 b.断层断距 c.泥岩和砂岩排替压力差
断层岩封闭	解聚带封闭	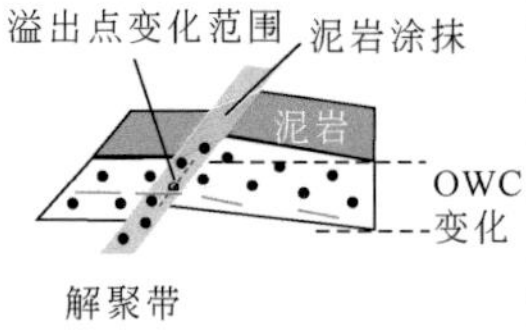 溢出点变化范围　泥岩涂抹 泥岩 OWC 变化 解聚带	a.纯净砂岩（泥质含量<15%）变形所形成的 b.低有效应力环境下的低成岩程度砂岩中	a.具有弥散的特征 b.与母岩具有相似的孔渗特征 c.断裂带宽度通常为10倍砂岩颗粒大小 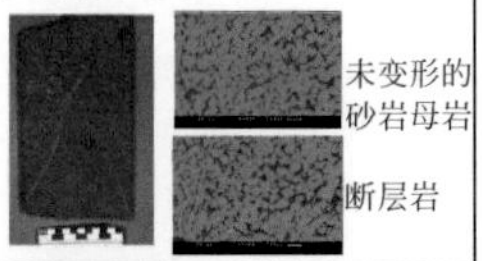 未变形的砂岩母岩　断层岩	a.细粒层状硅酸盐含量 b.机械压实作用
	碎裂岩封闭	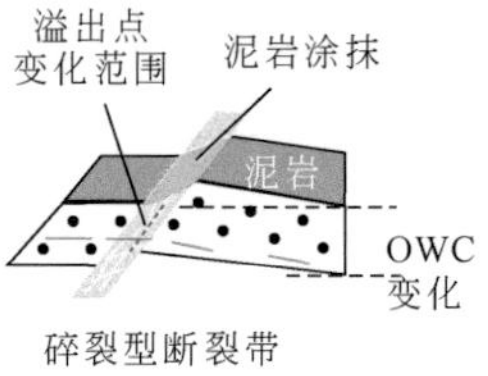 溢出点变化范围　泥岩涂抹 泥岩 OWC 变化 碎裂型断裂带	a.纯净砂岩(泥岩含量<15%)成岩程度低的地层 b.有效应力从低到高均可形成碎裂岩	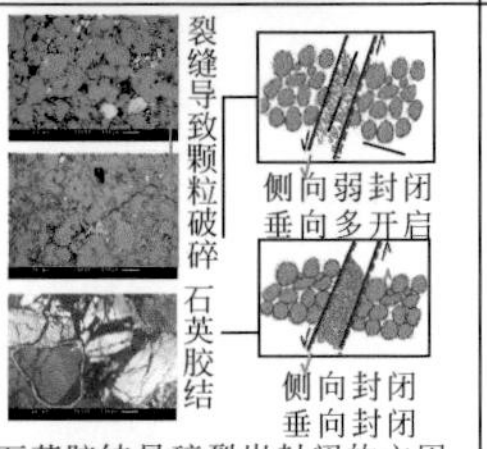 裂缝导致颗粒破碎 石英胶结 侧向弱封闭垂向多开启 侧向封闭垂向封闭 石英胶结是碎裂岩封闭的主因	a.裂缝密度 b.碎裂程度 c.石英胶结程度:地温大于90℃,石英大规模胶结,断层封闭
	层状硅酸盐框架断层岩封闭	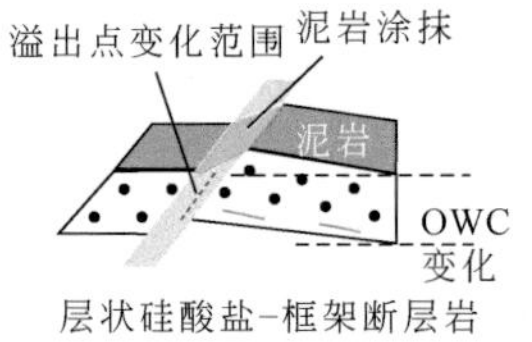 溢出点变化范围　泥岩涂抹 泥岩 OWC 变化 层状硅酸盐-框架断层岩	a.不纯净砂岩地层(含15%~40%的泥) b.有效应力从低到高均可形成层状硅酸盐-框架断层岩	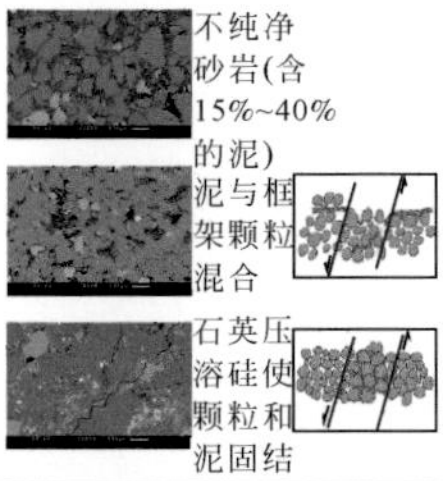 不纯净砂岩(含15%~40%的泥) 泥与框架颗粒混合 石英压溶硅使颗粒和泥固结	a.剪切作用使泥与框架颗粒混合,断裂带封闭 b.硅沉淀使颗粒和泥固结,封闭性增强
	泥岩涂抹封闭	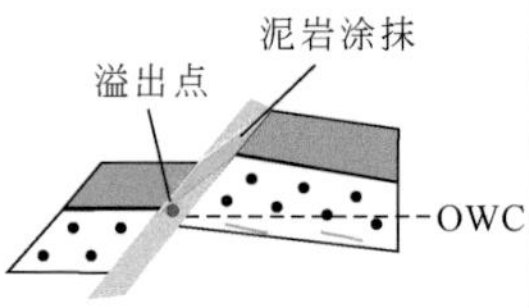 溢出点　泥岩涂抹 OWC	a.塑性富泥地层(含40%以上的泥) b.泥岩和围岩强度差异是形成剪切型泥岩涂抹的前提,由此形成的拉张型倾向中继带是必要条件 c.低有效应力条件,埋藏深度小于50m,同生断层中更发育 d.高有效应力条件下,固结成岩的地层中也见有泥岩涂抹	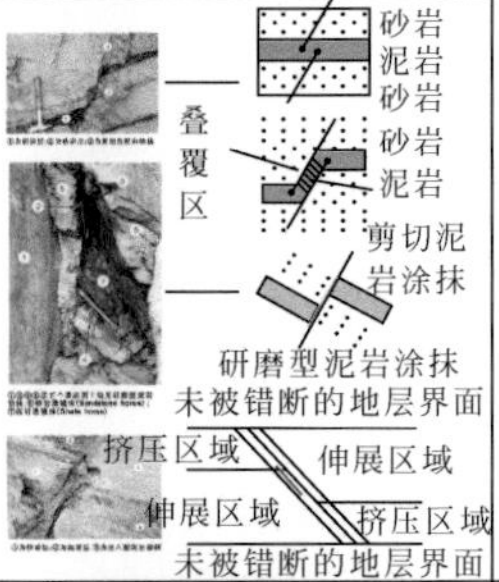 砂岩 泥岩 砂岩 砂岩 叠覆区 剪切泥岩涂抹 研磨型泥岩涂抹 未被错断的地层界面 挤压区域　伸展区域 伸展区域　挤压区域 未被错断的地层界面	a.断移地层泥岩厚度和断距 b.泥岩的塑性强度 c.断裂变形时间及其后的埋藏历史 d.断裂再活动及变形特征
	胶结封闭	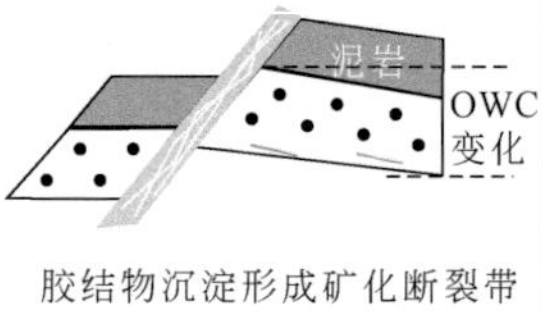 泥岩 OWC 变化 胶结物沉淀形成矿化断裂带	a.发生在任何地质条件下 b.胶结物类型多样	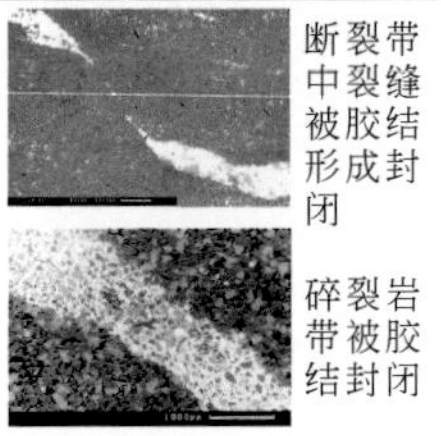 断裂带中裂缝被胶结形成封闭 碎裂岩带被胶结封闭	胶结程度

图 8.6　断层侧向封闭类型、形成条件及影响因素（刘哲，2010）

8.2.2　静止期断层侧向封闭性评价方法

根据不同研究区块实际资料及勘探开发程度的影响，可将断层侧向封闭性的评价方法划分为基于断层岩 SGR 值及基于断–储排替压力差两大类，而在每一类中受考虑因素的影响又可细分为七小类，因此需要针对不同情况采用相应的断层侧向封闭性评价方法。

1. 基于断层岩 SGR 值定量评价断层侧向封闭性

当研究区地质资料相对匮乏，缺乏全区范围内取心资料及典型井岩心的排替压力测试时，这种情况下多基于断层岩 SGR 值定量评价断裂的侧向封闭性。

1）Yielding 断层岩 SGR 法

A. 方法原理

1998 年 Gibson 通过实验证实泥质中的细粒物质可有效降低断层岩的孔隙度，从而增加断裂带内毛细管力的作用，即断裂带内泥质含量（SGR）越高，断层封闭能力越强。Fristad 等（1997）论述了 SGR 对北海 Oseberg Syd 地区断层封闭能力的影响。同年，Yielding 在研究尼日尔三角洲断层封闭性时提出了 SGR（Shale Gouge Ratio）算法［式(8.1)］，其指的是断裂所断移的砂、泥岩层厚度及相应层泥质含量的乘积与断裂断距的比值（图 8.7），即表征滑过目标点泥质成分的相对量值，其值越大表明断裂带内泥质含量越高，油气穿过断裂发生侧向运移的概率越小，断裂所能封闭的烃柱高度也越高；该方法属于定量评价范畴，综合考虑了围岩中砂、泥岩层内各成分对断层岩泥质含量的贡献，且利用 Yielding 断层岩 SGR 法计算得到的断层岩泥质含量预测结果与野外标定的实际结果具有较高的吻合度（图 8.8）（Foxford et al.，1998），该方法也是目前国内外学者确定断层岩泥质含量时最常采用的方法。

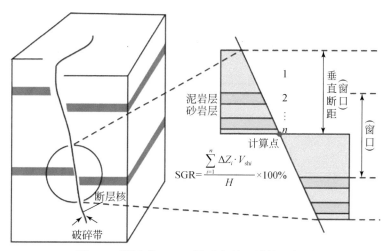

$$SGR = \frac{\sum_{i=1}^{n} \Delta Z_i \cdot V_{shi}}{H} \times 100\%$$

图 8.7　断层岩 SGR（泥质含量）计算示意图

$$SGR = \frac{\sum\limits_{i=1}^{n} \Delta Z_i V_{shi}}{H} \times 100\% \qquad (8.1)$$

式中，SGR 为滑过断点的第 i 层岩层泥质含量，%；n 为滑过断点的砂泥岩层层数；i 为滑过断点的第 i 层岩层；ΔZ_i 为滑过断点的第 i 层岩层厚度，m；V_{shi} 为滑过断点的第 i 层岩层泥质含量，%；H 为断裂垂直断距，m。

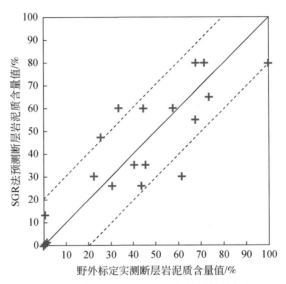

图 8.8　断层岩泥质含量野外标定结果与 SGR 法预测结果间关系（Foxford et al.，1998）

　　由于断裂对其两侧的烃类和水产生的排替压力不同，故在断裂和储层叠覆的区域存在压力差异（图 8.9），这种压力差称之为过断层岩压力差（AFPD），该值越大表明断层侧向封闭能力越强。2002 年 Yielding 等统计了北海、挪威、墨西哥等主要碎屑岩盆地不同深度条件下，断层岩 SGR 值与 AFPD 值之间的关系，如图 8.10 所示，在相同埋深及油气充注条件下，任意断层岩 SGR 值所对应的 AFPD 值存在一个极限值，该极限值即具有此 SGR 值时断层岩的封闭极限值。拟合所有断层岩 SGR 值对应的临界 AFPD 值即对应着断层侧向封闭-开启的临界曲线，其中位于在拟合曲线下方的点表征断层侧向封闭，可遮挡油气聚集成藏；而位于拟合曲线上方的点则表征断裂侧向开启不具备封闭能力，油气将穿过断裂继续运移。

　　2003 年，Breatan 等建立了砂泥岩地层中断层岩 SGR 值与过断裂压力差 AFPD 值之间的函数关系 [式（8.2）]，二者间存在一定的指数关系。由于在静水压力条件下，遮挡油气的控圈断裂两侧的压力差实质上就是圈闭内烃类所受的浮压 [式（8.3）]，因此对于任意一点已知 SGR 值的断层岩其所能封闭的烃柱高度即可根据式（8.4）估算。根据木桶原理，预测得到的目标断圈的油水界面可依据三维空间内任意一点断层岩 SGR 值所能封闭的烃柱高度与该点海拔深度加和及断圈构造溢出点的海拔深度间接确定 [式（8.5）]，在圈闭有效范围之内断裂对油气侧向上是封闭的，而在圈闭有效范围之外对油气侧向上则是不封闭的（图 8.11）。

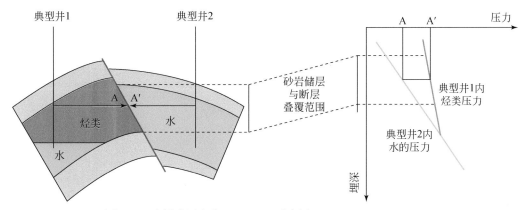

图 8.9　过断裂压力差（AFPD）示意图（Bretan et al.，2003）

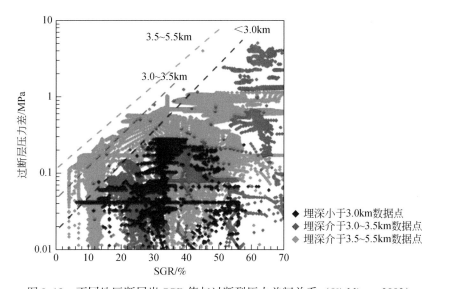

图 8.10　不同地区断层岩 SGR 值与过断裂压力差间关系（Yielding，2002）

$$AFPD = 10^{\frac{SGR}{d}-c} \tag{8.2}$$

$$AFPD = (\rho_w - \rho_h)gH_{max} \tag{8.3}$$

$$H_{max} = \frac{10^{(\frac{SGR}{d}-c)}}{(\rho_w - \rho_h)g} \tag{8.4}$$

$$|OWC| = min\left\{\frac{10^{(\frac{SGR}{d}-c)}}{(\rho_w - \rho_h)g}H_{max} + |Z_A|,\ |H_{OA}|\right\} \tag{8.5}$$

式中，AFPD 为过断裂压力差，Pa；SGR 为断层岩泥质含量，%；d 为与地层沉积特征相关参数，0~200；c 为常数，当埋深小于 3000m 时为 0.5，当埋深为 3000~3500m 时为 0.25，当埋深超过 3500m 时为 0；ρ_w 为油气藏中水的密度，kg/m³；ρ_h 为烃类密度，kg/m³；g 为重力加速度，m/s²；H_{max} 为断层面某点可支撑的最大烃柱高度，m；OWC 为所预测断层相关型圈闭的油水界面，m；Z_A为断面某点所处海拔深度，m；H_{OA}为断层相关型圈闭的构造溢出点海拔深度，m。

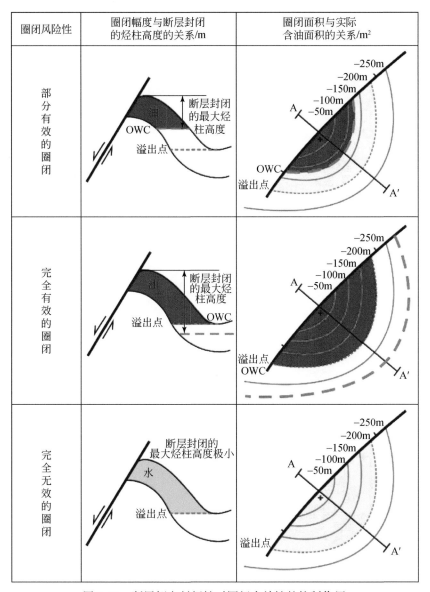

图 8.11　断层侧向封闭性对圈闭有效性的控制作用

B. 应用实例

束鹿凹陷位于渤海湾盆地冀中坳陷南部，东临新河凸起，西接宁晋凸起，在南部和北部分别受雷家庄断裂和衡水断裂的影响，是在古生界基底上发育起来的呈北东向展布、东断西超的单断箕状凹陷，面积约为 700km²。凹陷整体具有南北分洼、东西分带的特征，由南至北依次为雷家庄构造带、西曹固构造带、台家庄构造带及南小陈构造带，由东至西根据断裂发育规律及空间组合形式可依次划分为东部陡坡带、中部斜坡断裂构造带及西部斜坡外带。

其中，西曹固构造带是束鹿凹陷中南部的鼻状断裂构造带，面积约为 126km²（图 8.12）。研究区断裂极其发育，多呈北北东向至北东向展布，少量断裂可呈近东西向展布，局部可形成次一级的南北向转换构造；根据断裂与地层的配置关系，同向断裂多分布在斜坡带附近，而反向断裂则多分布在边界断裂附近。该区新生代地层自下而上分别为古近系沙河街组、东营组和新近系馆陶组、明化镇组，其中沙三段下亚段源岩为本区的主力烃源岩层，沙一段下亚段源岩为次要烃源岩层，可为油气的聚集成藏提供物质来源；沙二段红色砂岩及沙三段滩坝砂为研究区的两套优质储层，可为油气的聚集成藏提供储集空间；此外，沙一段中亚段、沙二段顶部及沙三段中亚段底部的泥岩均可作为区域性盖层，可为油气的聚集成藏提供遮挡条件。通过对西曹固断裂带内晋 372 区块的分析，综合

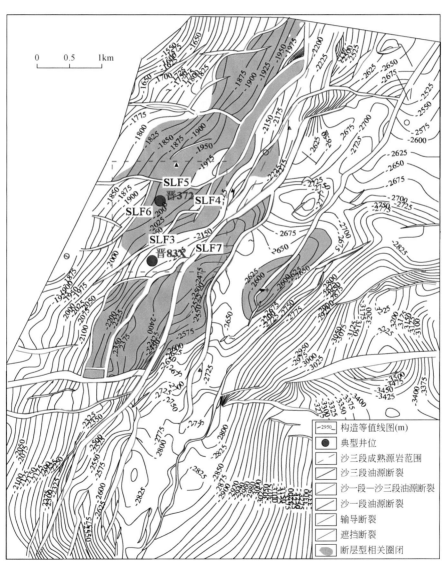

图 8.12 束鹿凹陷南部沙二段顶面构造图

认为断层侧向封闭性及封闭能力控制着圈闭的有效性及其充满程度。因此，有必要对构成目标断圈的断裂进行侧向封闭性评价，以期圈定该断圈的有效封闭范围。具体流程如下：

（1）根据束鹿凹陷断裂及层位的地震解释成果建立三维构造地质模型，计算出断面上各点的断距；同时利用研究区典型井的测井曲线计算井上泥质含量随埋深的变化规律，由 SGR 算法［式（8.1）］计算出断层型相关圈闭控圈断裂在三维空间内任意一点的断层岩 SGR 值。

（2）根据式（8.6）及式（8.7）建立参数 d 为不同变量时，目的层沙二段及沙三段内控圈断层侧向封闭能力所对应的圈闭油水界面集合；并将研究区已知油水界面的晋 93 区块内各点断层岩的 SGR 值及海拔深度代入上述集合中，模拟断圈油水界面随 d 值的变化规律，确定当拟合结果与实际油藏油水界面吻合（沙二段油水界面为-2420m，沙三段油水界面为-2710m）时，沙二段及沙三段地层对应的 d 值分别为 82 和 8.5（表 8.1，表 8.2，图 8.13）。

$$| -2420 | = \min\left\{ \frac{10^{\left(\frac{SGR}{d}-c\right)}}{(\rho_w - \rho_o)g} H_{max} + | Z_A |,\ | -2450 | \right\} \tag{8.6}$$

$$| -2710 | = \min\left\{ \frac{10^{\left(\frac{SGR}{d}-c\right)}}{(\rho_w - \rho_o)g} H_{max} + | Z_A |,\ | -2760 | \right\} \tag{8.7}$$

式中，SGR 为断层岩泥质含量，%；d 为与地层沉积特征相关参数，$0 \sim 200$；c 为与埋深相关参数，0.5；ρ_w 为油藏中水的密度，$1 \times 10^3 \, kg/m^3$；ρ_o 为油藏中油的密度，$0.88 \times 10^3 \, kg/m^3$；$g$ 为重力加速度，$9.8 m/s^2$；Z_A 为断面某点所处海拔深度，m。

表 8.1　束鹿凹陷沙二段实际油水界面与不同 d 值条件下预测油水界面间关系

圈闭名	层位	构造高点/m	圈闭溢出点/m	构造幅度/m	油水界面/m	参数 d	控圈断层侧向封闭性分析		
							断裂名	控圈范围/m	预测油水界面/m
晋93区块	沙二段	-2325	-2450	125	-2420	30	SLF1	$-2325 \sim -2450$	-2749.1
							SLF2	$-2325 \sim -2450$	-2473.6
						40	SLF1	$-2325 \sim -2450$	-2555.6
							SLF2	$-2325 \sim -2450$	-2465.6
						50	SLF1	$-2325 \sim -2450$	-2488.1
							SLF2	$-2325 \sim -2450$	-2460.0
						60	SLF1	$-2325 \sim -2450$	-2454.4
							SLF2	$-2325 \sim -2450$	-2454.4
						70	SLF1	$-2325 \sim -2450$	-2437.5
							SLF2	$-2325 \sim -2450$	-2448.8
						80	SLF1	$-2325 \sim -2450$	-2426.3
							SLF2	$-2325 \sim -2450$	-2443.1
						82	SLF1	$-2325 \sim -2450$	-2424.8
							SLF2	$-2325 \sim -2450$	-2443.1

表 8.2　束鹿凹陷沙三段实际油水界面与不同 *d* 值条件下预测油水界面间关系

圈闭名	层位	构造高点 /m	圈闭溢出点 /m	构造幅度 /m	油水界面 /m	参数 *d*	控圈断层侧向封闭性分析		
							断裂名	控圈范围 /m	预测油水界面 /m
晋93区块	沙三段	−2625	−2760	135	−2710	30	SLF1	−2625 ~ −2760	−2860.6
							SLF2	−2625 ~ −2760	−2656.7
						25	SLF1	−2625 ~ −2760	−3000.2
							SLF2	−2625 ~ −2760	−2659.4
						20	SLF1	−2625 ~ −2760	−3079.0
							SLF2	−2625 ~ −2760	−2664.2
						15	SLF1	−2625 ~ −2760	−3623.8
							SLF2	−2625 ~ −2760	−2672.9
						10	SLF1	−2625 ~ −2760	−8672.5
							SLF2	−2625 ~ −2760	−2697.2
						9	SLF1	−2625 ~ −2760	—
							SLF2	−2625 ~ −2760	−2704.5
						8.5	SLF1	−2625 ~ −2760	—
							SLF2	−2625 ~ −2760	−2710.1
						8	SLF1	−2625 ~ −2760	—
							SLF2	−2625 ~ −2760	−2721.5
						5	SLF1	−2625 ~ −2760	—
							SLF2	−2625 ~ −2760	−2857.7

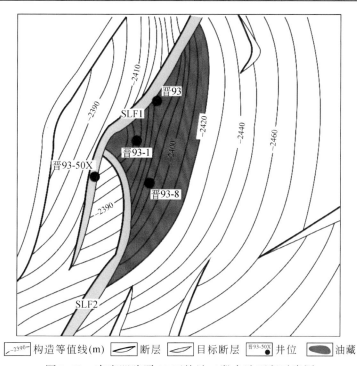

　∕⁻²³⁹⁰ 构造等值线(m)　　断层　　目标断层　晋93-50X● 井位　　油藏

图 8.13　束鹿凹陷晋 93 区块沙二段含油面积示意图

（3）将已确定的不同层位的 d 值代入式（8.4）中，结合断层岩 SGR 值的变化规律（图 8.14），便可以确定目标区块——晋 372 区块主要控圈断裂 SLF3、SLF4、SLF5 及 SLF6（图 8.12）的侧向封闭性及所能封闭的烃柱高度，进而预测得到整个断圈油水界面对应的深度范围（图 8.15，图 8.16，表 8.3，表 8.4）。

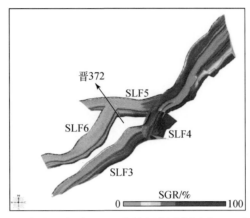

图 8.14   束鹿凹陷晋 372 区块控圈断裂断层岩 SGR 属性图

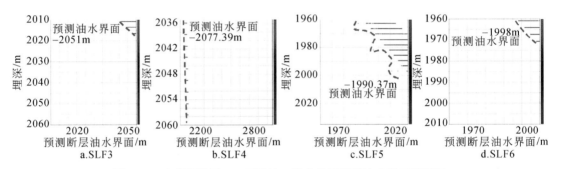

图 8.15   束鹿凹陷晋 372 区块沙二段各控圈断裂油水界面预测图

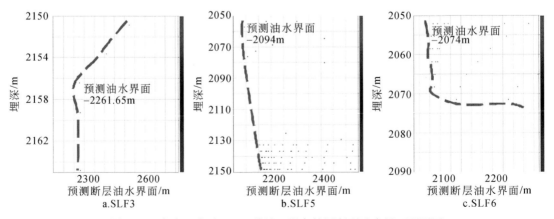

图 8.16   束鹿凹陷晋 372 区块沙三段各控圈断裂油水界面预测图

表 8.3　束鹿凹陷晋 372 区块沙二段控圈断层侧向封闭性分析结果

圈闭名	层位	构造高点/m	圈闭溢出点/m	构造幅度/m	参数 d	控圈断层侧向封闭性分析			
						断裂名	控圈范围/m	预测断裂油水界面/m	预测圈闭油水界面/m
晋372区块	沙二段	-1960	-2060	100	82	SLF3	-2010 ～ -2060	-2051	-1990.37
						SLF4	-2035 ～ -2060	-2077.39	
						SLF5	-1960 ～ -2035	-1990.37	
						SLF6	-1960 ～ -2010	-1998	

表 8.4　束鹿凹陷晋 372 区块沙三段控圈断层侧向封闭性分析结果

圈闭名	层位	构造高点/m	圈闭溢出点/m	构造幅度/m	参数 d	控圈断层侧向封闭性分析			
						断裂名	控圈范围/m	预测断裂油水界面/m	预测圈闭油水界面/m
晋372区块	沙三段	-2050	-2165	115	8.5	SLF3	-2150 ～ -2165	-2261.65	-2074
						SLF5	-2050 ～ -2150	-2094	
						SLF6	-2050 ～ -2090	-2074	

由评价结果可知，晋 372 区块在沙二段受 SLF3、SLF4、SLF5 及 SLF6 断裂的控制，尤其是上倾方向的 SLF5 断裂和 SLF6 断裂，根据式（8.4）及式（8.6）可计算得到 4 条断裂控制的油水界面分别为 -2051m、-2077.39m、-1990.37m 及 -1998m，根据木桶原理，目标区块在沙二段所能控制的油水界面受各控圈断裂对应的最浅油水界面所决定，即 -1990.37m，对应的封油柱高度为 30m，充满程度为 30%（图 8.17a）。同理，晋 372 区块在沙三段受 SLF3 断裂、SLF5 断裂及 SLF6 断裂的控制，尤其是上倾方向的 SLF5 断裂和 SLF6 断裂，根据式（8.4）及式（8.7）计算得到 3 条断裂控制的油水界面分别为 -2261.65m、-2094m 及 -2074m，根据木桶原理，目标区块在沙三段所能控制的油水界面为 -2074m，对应的封油柱高度为 24m，充满程度为 21%（图 8.17b）。对于两套目的层位内断圈封闭油柱高度及充满程度分析结果可知，沙二段断裂的封闭能力较沙三段略强，但两个层位控圈断层封闭性均相对较差，所能控制的油藏属于"牙刷状"油藏，贴近高部位断裂、在预测油水界面内钻探时风险性相对较小。

上述断层侧向封闭性评价结果揭示，由 SLF7 断裂运移至目的层位的油气优先受低部位的 SLF3 断裂遮挡，当油气聚集量达到该断裂侧向所能封闭的最大烃柱高度后（沙二段为 24m，沙三段为 20m，晋 83X 井含油性较差的原因主要是因为钻至 SLF3 断层封闭能力的油水界面之外），继续向高部位的晋 372 区块运移，但油气量略有减少，所能封闭的烃柱高度在沙二段及沙三段分别为 30m 和 24m（图 8.18）。

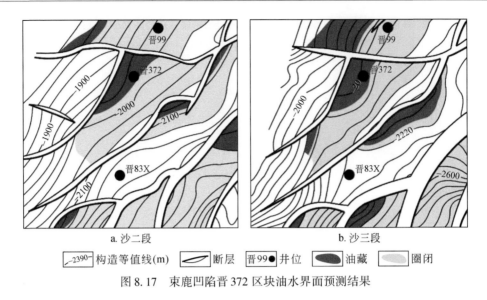

a. 沙二段　　　　　　　　　　　　　b. 沙三段

—-2390—构造等值线(m)　🖋断层　晋99● 井位　■油藏　▨圈闭

图 8.17　束鹿凹陷晋 372 区块油水界面预测结果

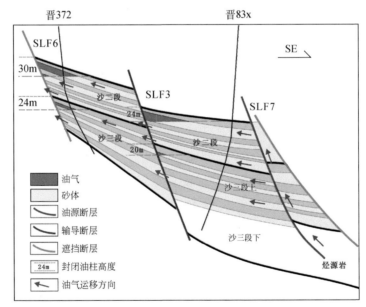

图 8.18　束鹿凹陷过晋 83X 及晋 372 井断层封闭、运移剖面

2) 断层岩 SGR 下限值法

A. 方法原理

上述 Yielding 提出的断层岩 SGR 法虽然能从一定角度评价断裂的侧向封闭性及封闭能力，但该方法在应用实例过程中仍存在不足之处。由式 (8.1) 可知，无论断层岩 SGR 值多小，其所能封闭的烃柱高度均为正值，也就是说即使某一点断层岩的 SGR 值为零，断裂也仍然具有封闭能力，这显然与实际不符。

Yielding (2002) 通过野外露头观察结果与环形剪切实验结果证实，在断层岩泥质含量较小时泥岩涂抹现象仍可发生，但有且只有当 SGR 值在 15% ~20% 以上时泥岩涂抹才趋于连续并形成侧向封闭。同时统计断层岩最小 SGR 值与断层封闭属性间关系亦可得到，当断层岩最小 SGR 值为 10% 时 2 条断裂均不封闭；当断层岩最小 SGR 值为 20% 时开始出现封闭断层（6 条断裂中 1 条不封闭，2 条封闭性较弱，3 条封闭）；当断层岩最小 SGR 值大于 30% 时所有断裂均封闭。上述分析结果均表明，存在一个断层岩 SGR 下限值，当实际断层岩 SGR 值大于等于该下限值时断层侧向封闭，反之断裂侧向开启。具体流程如下：

（1）断层岩 SGR 值的确定：据地震解释成果提取目标断裂及层位数据，以此为基础进行构造地质建模，确定断面上各点的垂直断距（图 8.19a）；同时利用自然电位、自然伽马等测井曲线数据确定目标断裂周围的地层沉积特征（砂、泥岩岩层厚度及其泥质含量）的变化规律（图 8.19b）。利用已知参数，应用 SGR 算法［式（8.1）］便可以得到目标断裂在三维空间内任意一点的断层岩 SGR 属性值（图 8.19c）。

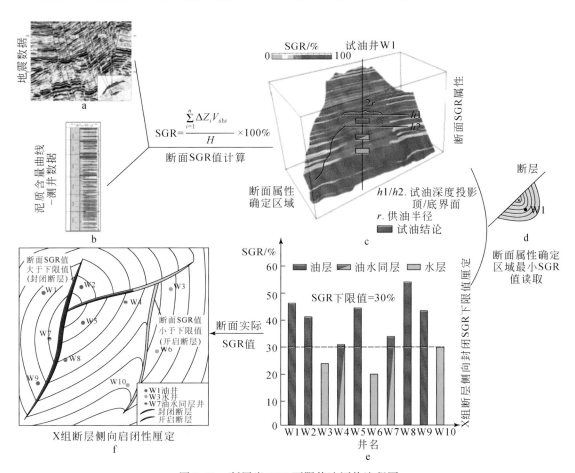

图 8.19 断层岩 SGR 下限值法评价流程图

（2）控制试油层段断面区域的确定：依据断裂及地层倾角属性，将井上试油深度投影到断面上，深度 $h1$、$h2$ 对应控制试油层段断面区域的顶、底界限，而试油井的 2 倍供油半径（$2r$）控制断面区域的宽度界限（万文胜等，2007；李爱芬等，2011），在结合断面构造形态的基础上，确定控制试油层段的断面区域（图 8.19c）。

（3）断层侧向封闭 SGR 下限值的确定：在目标区块选取油源、输导及储层等成藏条件匹配良好，且与断裂成藏相关的典型井（此时井位的含油气性仅受断层侧向封闭与否及其封闭能力的控制），结合试油深度、供油半径及断裂倾角等数据，厘定控制各井位试油结论的"试油区域"，并读取其内断层岩的最小 SGR 值；然后，依据统计学方法，建立典型井试油结论与最小 SGR 值间的关系，确定断层侧向封闭的 SGR 下限值（图 8.19d）。

（4）断层侧向封闭性的确定：比较目标断层岩实际 SGR 值与断层侧向封闭下限值间的相对大小，判断断裂的侧向封闭与否，若断层岩 SGR 值大于等于下限值，断层侧向封闭；反之断裂侧向开启（图 8.19f）。

B. 应用实例

廊固凹陷位于渤海湾盆地冀中拗陷西北部，勘探面积约为 2600km²。北与大厂凹陷相接，南靠牛驼镇凸起，东临武清凹陷，西接大兴凸起（图 8.20a）。在东北和西南两侧分别被河西务断层和大兴断层夹持，表现为一呈北东走向的箕状断陷（曹兰柱等，2012），是冀中拗陷主要的富油区之一。整个凹陷受右旋剪切伸展应力场及局部伸展应力场的共同作用，主要发育北东和近东西向两组断裂，差异运动控制着凹陷的发展和沉积地层的发育程度。古近系地层逐层超覆在寒武系—奥陶系碳酸盐岩和石炭系—二叠系煤系地层之上（金凤鸣等，2012），形成北断南超、西断东超的构造格局（杨德相等，2016）。

大柳泉–河西务地区位于廊固凹陷中西部，古近系及新近系自下而上发育的地层主要有孔店组（Ek）、沙河街组（Es）、东营组（Ed）、馆陶组（Ng）和明化镇组（Nm），形成了 6 套上粗下细的正旋回层（杨恺，2012）。该区发育被断裂复杂化的中央隆起构造带，以旧州断裂为界自西向东可划分为 2 个构造区。西侧的固安–旧州鼻状构造主要发育北东向断裂，与局部发育的北西向断裂交错，在平面上呈网格状分布，剖面上呈断阶及断垒状组合模式；东侧的柳泉–曹家务塌陷背斜主要由旧州断裂与由其派生的琥珀营断裂、王居断裂、曹家务断裂等一系列断裂组成，平面上呈羽状或入字形相交，剖面上形成 Y 或反 Y 字形断裂组合，在挤压应力作用下形成多个局部断背斜构造（图 8.20b）。

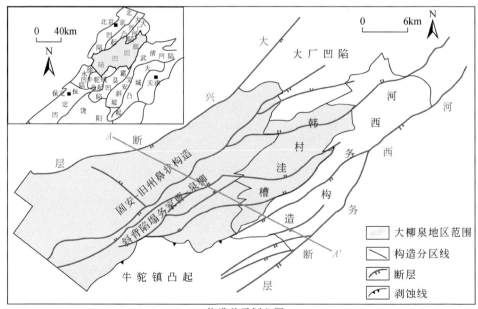

a. 构造单元划分图

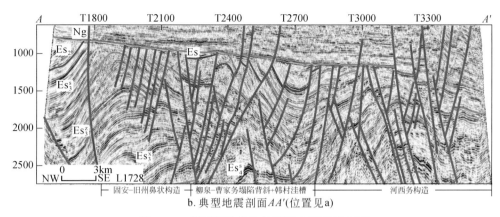

图 8.20 廊固凹陷构造位置及典型地震剖面

该地区发育的沙三段下亚段及沙四段上亚段两套成熟的烃源岩可为油气成藏提供良好的物质基础，其中沙三段下亚段源岩分布面积广（图 8.21a），TOC 平均值超过 1.2%，氯仿沥青"A"平均值超过 0.1%，有机质类型为 II_1 型，对成藏贡献较大；沙四段上亚段源岩有机质丰度稍低，TOC 平均值为 0.8%，氯仿沥青"A"为 0.05%～0.1%，有机质类型以 II_2-III 型为主，对成藏贡献次之。同时，通过大柳泉-河西务地区断裂几何学与运动学特征的研究，依据断裂性质和活动期次，确定出输导断裂在研究区广泛分布（图 8.21a），配以砂地比大于 18% 的优质储层有利于油气侧向分流（图 8.21b），表明有效的断砂配置也为油气聚集成藏提供了良好的输导条件。因此，在其他成藏要素匹配良好的前提下，断层型相关圈闭内能否有油气聚集主要取决于断层侧向封闭与否，若断裂处于侧向封闭状态，油气受断裂遮挡可在相关圈闭内聚集成藏；若断裂处于侧向开启状态，油气将穿过断裂带发生侧向运移，直至遇到合适圈闭聚集成藏。

基于上述对大柳泉-河西务地区源岩、断砂配置等成藏条件的分析，为了剔除其他失利因素对油气聚集规律的影响，在源岩供烃充足、断砂匹配可为油气提供垂、侧向运移路径的地区内，筛选出试油层段性质不同（油层、气层及水层）的 11 口井共计 16 套试油层位，作为研究基础资料。它们均受馆陶组沉积早期停止活动的断裂影响，故断裂的压实成岩程度相近，因而可以利用断层岩 SGR 值的相对大小评价断层侧向封闭性。综合断裂及地层倾角属性、井位供油半径与断面构造形态，确定不同试油层段对应的断面区域，并读取各区域内的最小断层岩 SGR 值。依据典型井试油层段与对应断面区域最小 SGR 值的关系，绘制断层侧向封闭下限评价模型。由图 8.22 所示，沙三段下亚段断层侧向封闭的 SGR 下限值为 29%。也就是说当实际断层岩 SGR 值大于等于 29% 时，断裂具有侧向封闭油气的能力；反之油气可穿过断裂发生侧向运移。

依据上述建立的标准，对大柳泉-河西务地区沙三段下亚段内主要断裂的侧向封闭性进行确定（图 8.23）。结果发现，断层侧向封闭性的分布具有分区性规律，位于研究区中部及北部的断裂多表现为封闭断层，零星夹杂少量开启断层；而在南部则主要表现为开启断层。并且，同一条断裂受砂泥配置关系影响所呈现出的断层封闭或开启状态不同。以研究区中部发育的大型油源断裂——旧州断裂为例，其封闭属性具有明显的分段性，在断裂北段及中南段为封闭断层，而在断裂中段及南段则为开启断层（图8.23）。

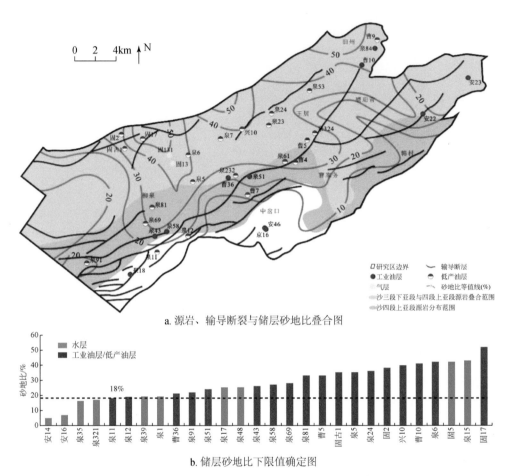

a. 源岩、输导断裂与储层砂地比叠合图

b. 储层砂地比下限值确定图

图8.21　大柳泉−河西务地区沙三段下亚段成藏要素示意图

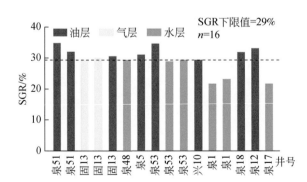

图8.22　大柳泉−河西务地区沙三段下亚段断层侧向封闭下限确定图

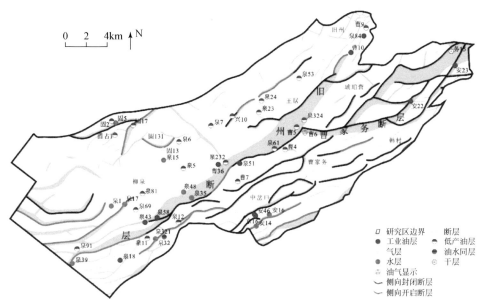

图 8.23　大柳泉–河西务地区沙三段下亚段断层侧向封闭性示意图

通过上述分析，断层封闭性与油气分布规律具有较好的吻合关系。其中，曹 5 井位于大柳泉–河西务地区中部旧州断裂与曹家务断裂的交叉部位，根据实际资料模拟，确定控制该井试油结论的断面区域的 SGR 值介于 41%～45%（图 8.24），远大于 29% 的断层侧向封闭下限值，这说明断层岩中细粒物质达到较高含量时（Fisher and Knipe，2001；Yielding，2002；Lindsay et al.，2009），可侧向遮挡油气并在断层相关圈闭中聚集成藏，其与曹 5 井在沙三段下亚段（3108～3119.8m）钻遇低产油层相吻合。

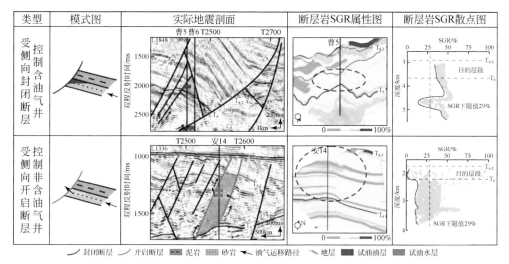

图 8.24　大柳泉–河西务地区典型井含油气性与断层侧向封闭性关系图

同样，对于位于大柳泉–河西务地区中岔口南部的安 14 井，通过构造地质建模确定其上倾方向断裂在沙三段下亚段断层岩 SGR 值变化较大，为 3% ~97%；且根据目的井试油深度投影及供油半径圈定的断面区域，确定其内断层岩 SGR 值介于 6% ~44%。如图 8.24 所示，在构造高部位存在小于断层侧向封闭 SGR 下限值的渗漏区域，表明断裂侧向开启，由该断裂形成的相关圈闭表现为无效圈闭，不能遮挡油气成藏，这与安 14 井在沙三段下亚段（1295.6 ~1297.8m、1380 ~1385m）钻遇水层相吻合。

而在埋藏较浅的沙三段中、上亚段中，由于上覆岩层作用在断面上的正应力较小，断裂形成侧向封闭所需的断层岩 SGR 下限值较沙三段下亚段有所增大，约为 30%。同样证明了压实成岩程度是影响断裂侧向启闭性的重要因素。断裂埋深越大，压实成岩作用越明显，断层侧向封闭的 SGR 下限值越小。

C. 效果验证

为了分析断层侧向封闭性评价结果的准确性，从典型断裂两侧地层泥地比（泥岩层厚度与地层厚度的比值）、地层压力系数及油/气水界面关系等角度开展应用效果验证。

a. 断层侧向封闭性与地层泥地比关系

断裂一旦形成或再次活动后，上、下两盘块体间必定形成断裂裂缝（付晓飞等，2005），该裂缝同时被断裂活动过程中从围岩上刮削下来的岩石碎屑所充填，并伴随大量地层水的注入。在岩压的作用下，断裂充填物中的地层水不断被排出，并缓慢压实形成断层岩（吕延防等，2009）。因此，断层岩 SGR 值的大小在一定程度上受断裂两盘围岩地层物性的影响。而围岩地层的物性可用其泥地比来反映，泥地比越高，表明围岩中泥岩层所占比重越大，滑动削掉入断裂带中的泥质碎屑就越多，断层岩 SGR 值越大，断裂越容易形成侧向封闭。

通过统计大柳–河西务泉地区沙三段下亚段典型井在断距范围内的地层泥地比，并将其与断层封闭性评价结果相叠合（图 8.25a），可以发现地层泥地比相对较低的井位多分布在侧向开启断层附近，而泥地比相对较高的井位则分布在侧向封闭断层附近，进一步验证了上述大柳泉–河西务地区沙三段下亚段断层侧向封闭性评价结果的准确性。并且存在一个泥地比界限值 0.68（图 8.25b），当地层泥地比值大于等于该界限值时，井位多受侧向封闭断层控制，钻井含油气性较好；反之则受侧向开启断层控制，钻井含油气性较差。以研究区西北部的固 17 井为例，其在沙三段下亚段存在三套试油层段（图 8.25c），其中，1 号层段为厚泥薄砂的配置类型，泥地比为 0.78，大于断层侧向封闭的泥地比界限值，因而断裂在相应断面区域内侧向封闭，试油结论为油层；而 2、3 号层段为砂、泥薄互层的配置类型，泥地比分别为 0.63 和 0.66，均小于泥地比界限值，因而断裂在相应断面区域内侧向开启，试油结论均为水层。

b. 断层侧向封闭性与地层压力系数关系

受断层封闭或开启状态的影响，在同一地区不同圈闭内地层压力及压力系数关系不同（史长林等，2009）。对于侧向封闭断层，其两侧的油、气、水层受断层分隔互不连通，属于相互独立的压力系统，故断裂两侧地层压力及压力系数不同；而对于侧向开启断层，由于其对油气遮挡无贡献作用，仅可作为流体运移的输导通道，故断裂两侧的流体相互连通，具有相同的地层压力和压力系数。

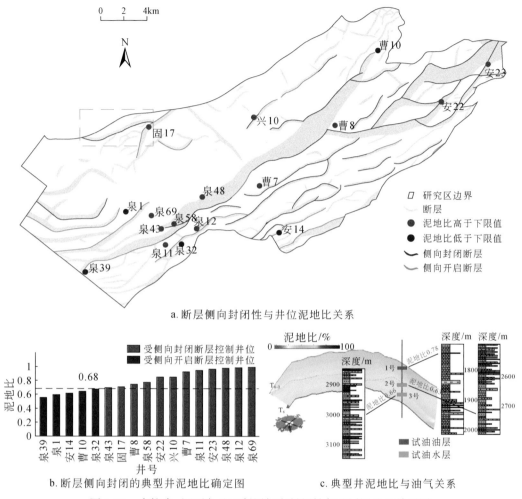

图 8.25　大柳泉–河西务地区断层侧向封闭性与地层泥地比关系图

联合测井声波时差、地震数据可以对沙三段下亚段地层压力数据进行估算（吴波等，2017），结合静岩压力确定典型井的压力系数。其中，曹 5 井及曹 6 井分别位于旧州断裂（F1）两盘，通过对断裂断距及围岩地层属性模拟，确定 F1 断裂在沙三段下亚段断层岩 SGR 值为 36% ~ 47%，为侧向封闭断层（图 8.23）。依据国内常用的地层压力分类方案（杜栩等，1995），曹 5 井在整个沙三段下亚段的压力系数均介于 1.2 ~ 1.5，表现为高压地层；而曹 6 井则表现为常压 ~ 高压地层（图 8.26）。两口井的压力系数数值及变化趋势具有明显的差异，验证了 F1 断裂在沙三段下亚段是侧向封闭的。同样，固 17 井与固古 1 井分别位于 F2 断裂两盘，通过模拟确定该断裂在沙三段下亚段断层岩 SGR 值介于 16% ~ 33%（图 8.26），为侧向开启断层。固 17 井与固古 1 井在沙三段下亚段均表现为常压 ~ 高压地层。对比两口井地层压力系数的变化规律，可以发现，在固 17 井 AA′ 区间与固古 1 井 BB′ 区间具有较好的相似性（图 8.26），表明二者处于同一压力系统，验证了 F2 断裂在沙三段下亚段是侧向开启的。固 17 井与固古 1 井试油结论均为低产油层，其受北部 F3 封闭断层的控制。

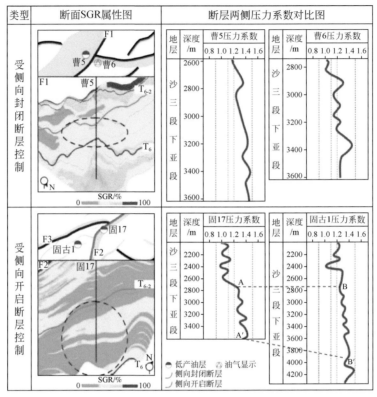

图 8.26　大柳泉–河西务地区断层侧向封闭性与两侧地层压力系数关系图

c. 断层侧向封闭性与油/气水界面关系

与地层压力及压力系数相似，不同封闭属性断裂两侧的油水或气水界面特征不同（张吉等，2003）。对于侧向封闭断层，由于断层的遮挡作用，其两侧油/气层与水层相互独立且互不连通，油/气水界面受构造幅度及储层物性影响具有明显差异；而对于侧向开启断层，低部位一侧油气可穿过断裂带向另一侧运移，故两侧油/气层与水层相互连通，具有统一的油/气水界面。

通过统计大柳泉–河西务地区沙三段下亚段断层侧向封闭属性、试油结论与储量范围等数据，可以验证断层侧向封闭性评价结果的准确性。泉 51 井、曹 7 井、安 46 井位于研究区中南部，过上述 3 口井的剖面 CC' 穿过多条断裂（图 8.27），通过断面属性模拟确定典型井上倾方向断裂在沙三段下亚段的断层岩 SGR 值均大于 29%，表现为侧向封闭断层。其中，泉 51 井油水界面深度为 $-2667.6m$，向东南方向延伸受断裂活动影响，沙三段下亚段地层不断被抬升，曹 7 井与安 46 井油水界面深度分别为 $-2626.5m$ 与 $-1374m$，不同断块间相互独立，具有不同的油水界面，进一步验证了断裂是侧向封闭的。同样，位于旧州断裂西部的固 131 井与固 13 井均表现为工业气层，通过模拟确定固 131 井北侧 F4 断裂为一侧向封闭断层，而南侧 F5 断裂为一侧向开启断层（图 8.27）。依据储量综合图及典型

地震剖面 DD' 可知，固 131 井与固 13 井所在圈闭均具有明显的上气下水的分布规律，且所在圈闭具有相同的气水界面（–1872m），也验证了 F5 断裂是侧向开启的，其两侧圈闭可统一视为受 F4 断裂遮挡的断层相关圈闭，表明利用 SGR 下限值法评价断层侧向封闭性是可行的。

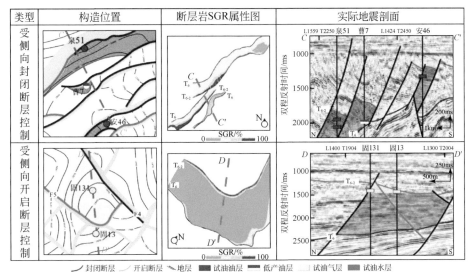

类型	构造位置	断层岩SGR属性图	实际地震剖面

图 8.27　大柳泉–河西务地区断层侧向封闭性与两侧油水界面关系图

3）断层岩 SGR-H 下限值法

A. 方法原理

虽然利用 SGR 下限值法能从一定角度评价断裂的侧向封闭性，但对主控因素之一的断层岩成岩程度的考虑过于粗略，仅以层位或深度段形式表征不同部位断层岩的成岩程度对其侧向封闭性的作用效果往往具有一定的局限性。通常情况下，随着埋藏深度的增加，一方面断层岩所受上覆沉积载荷的作用力逐渐增大，机械压实作用明显增强；另一方面，地下温度的升高也会导致石英压溶胶结作用的发生。除此之外，根据断裂变形机制可知，断层岩在深埋成岩过程中，可先后发生解聚、碎裂及剪切涂抹等作用，由角砾岩逐渐向粒度更细的碎屑颗粒、泥质发生转化。因此，随着埋藏深度的增加，断层岩孔渗性呈逐渐降低趋势，亦表征其成岩程度是随埋深不断变化的量值，在同一层位或深度段内仍存在较大差异（图 8.28）。

如图 8.28a 所示，A、B、C 三点是同一断裂内埋藏由浅至深的三个取值点，其对应的埋藏深度分别为 h_A、h_B 和 h_C，受多种成岩作用的影响，不同取值点的断层岩成岩程度相差较大。对于埋藏相对较浅的 A 点，断层岩受上覆较薄地层作用在断面上的正应力影响，成岩程度相对较低，所以断裂形成侧向封闭时对自身泥质含量要求较高，即断层侧向封闭的 SGR 下限值相对较高；而对于埋藏相对较深的 C 点，上覆岩层厚度的增加将导致作用在断面上的正应力及断层岩成岩程度的增强，此时断裂形成侧向封闭时对自身泥质含量的要求较低，断层侧向封闭的 SGR 下限值亦有所降低，且当断层岩 SGR 值达到某一定值时，随着埋藏深度的增加断层侧向封闭属性变化不明显（图 8.28d）。因此，不考虑成岩程度

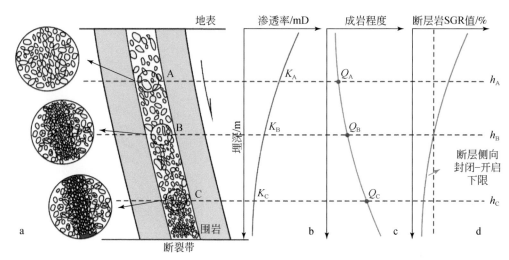

图 8.28　断层岩成岩程度及侧向封闭下限随埋深变化规律

对断层侧向封闭性的控制作用，或仅以埋深中值点 B 点所具有的成岩程度代替整个层位或深度段内断层岩的成岩程度必然存在较大误差，由于 A 点断层岩的成岩程度小于 B 点，利用 B 点甚至全区实际数据建立的断层侧向封闭 SGR 下限值法必然高估了 A 点断层岩的侧向封闭能力，原本侧向开启的断裂经评价后可能厘定为封闭断层；同理，由于 C 点断层岩的成岩程度大于 B 点，利用上述方法必然低估了 C 点断层岩的封闭能力，原本侧向封闭的断裂经评价后可能厘定为开启断层。

　　综上所述，SGR 下限值法对断层岩成岩程度的考虑仍有欠缺，其仅适用于沉积较为稳定且厚度较薄的地层（即在同一地层内，断层岩成岩程度的作用效果基本一致，断层封闭性主要受其泥质含量的控制），而对于地层厚度及深度变化明显的斜坡、强烈剥蚀区等，在同一层位断层岩成岩程度的变化尤为明显，仅用 SGR 值评价断层侧向封闭性可能会形成误判。

　　因此，对传统的 SGR 下限值法进行改进，建立了断层侧向封闭的 SGR-H 下限值法，使其既考虑了断层岩内细粒物质对封闭性的控制作用，也没有忽略断层岩成岩程度的影响，且相应的拟合关系式能更为准确地评价不同埋深条件下断裂的侧向封闭性，具体流程如下：

　　（1）断层岩 SGR 值的确定：按照 SGR 下限值法评价流程，计算断面上任意一点断层岩的 SGR 值；同时，考虑到断层侧向封闭性主控因素之一的成岩程度是成岩压力在一定成岩时间内的累积，而后者与断裂停止活动时间密切相关（吕延防等，2016），故以相同或相近期次停止活动的断裂为研究目标，选取受此类断裂控制且油源、输导及储层等成藏条件匹配良好的典型井的试油深度和供油半径厘定试油区域，提取该区域内断层岩的最小 SGR 值，其值的相对大小亦可反映断裂断穿地层的岩性。

　　（2）断层侧向封闭 SGR-H 下限值的厘定：根据所选典型井在试油区域的最小 SGR 值及相应试油深度，以 SGR 值为横坐标、试油中深（埋深）为纵坐标绘制散点图；根据不同井位试油结论，将钻井测试证实全部为水层的 A1 区视为断裂侧向开启区，而 A2 区、

A3 区视为断层侧向封闭区（图 8.29c），以此明确断裂处于侧向开启–封闭临界状态时所对应的 SGR-H 值（图 8.29d 中绿色虚线），并建立相应拟合关系［式（8.8）］。

$$\mathrm{SGR_1} = f(H) \tag{8.8}$$

式中，$\mathrm{SGR_1}$ 为在埋深为 H 的条件下，断裂形成侧向封闭时的临界断层岩 SGR 值,%。

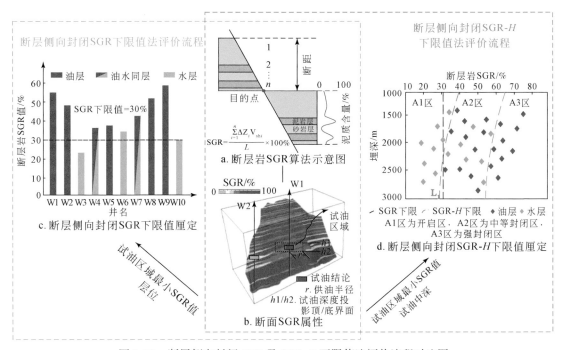

图 8.29　断层侧向封闭 SGR 及 SGR-H 下限值法评价流程对比图

（3）断层侧向封闭性评价：将断层岩实际埋深代入到式（8.8）中，计算得到其形成侧向封闭时断层岩所需达到的临界 SGR 值，比较此值与断层岩实际 SGR 值的相对大小，若前者小于或等于后者，表明断层岩早已形成侧向封闭，油气可在断层型圈闭内聚集成藏；若前者大于后者，表明断层岩尚未达到临界封闭状态，断裂不具备侧向封闭能力，油气将穿过断裂继续运移直至遇到遮挡条件。

（4）断裂所能封闭烃柱高度的厘定：根据上述确定的断层侧向封闭性评价结果，综合考虑地层形态及断层岩 SGR 值在不同部位的变化规律，利用式（8.4）即可确定目标断裂所能封闭的烃柱高度（图 8.30）。以单一断裂控制的圈闭为例：①当目标断裂在三维空间内任意一点的 SGR 值均小于其形成封闭所需达到的临界 SGR 值（$\mathrm{SGR_1}$）即断裂侧向开启时，断层型圈闭所能封闭的烃柱高度为 0m（图 8.30a）；②当目标断裂在构造高部位侧向开启、构造低部位侧向封闭时，圈闭所能封闭的烃柱高度仍为 0m（图 8.30b）；③当目标断裂在任意一点均侧向封闭且其内最小 SGR 值支撑的烃柱高度大于或等于断层型圈闭构造幅度时，圈闭所能封闭的烃柱高度即构造幅度（图 8.30c）；④当目标断裂在任意一点均侧向封闭，但其内最小 SGR 值支撑的烃柱高度小于断层型圈闭构造幅度时，圈闭所能封闭的烃柱高度即最小 SGR 值对应的烃柱高度（图 8.30d）；⑤当目标断裂在构造高部位侧向封闭、构造低部位侧向开启时，圈闭所能封闭的烃柱高度即封闭段内最小 SGR 值对应的烃柱高度（图 8.30e）。而对于情况更为复杂的交叉断裂、多边断裂构成的断层型圈闭，其所能封闭烃柱高度的厘定与单一断裂控制的圈闭相似。

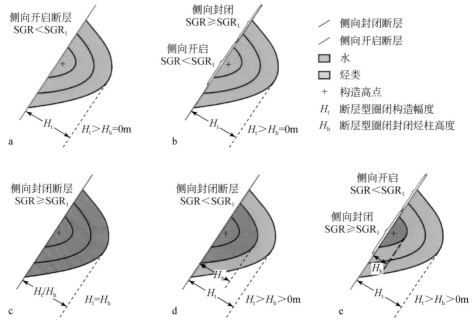

图 8.30　断层侧向封闭性及封闭能力与其所封闭烃柱高度间关系

B. 应用实例

以渤海湾盆地冀中拗陷文安斜坡中南部沙一段地层为例，选取研究区内最为发育的且与油气成藏密切相关的晚期停止活动断裂作为研究目标，阐述断层侧向封闭的 SGR-H 下限值法评价过程，同时将评价结果与 SGR 下限值法相对比，分析 SGR-H 下限值法的合理性和准确性。

文安斜坡以牛驼镇凸起为界展布于霸县凹陷东南部，东临大城凸起，北至里澜断裂与廊固、武清凹陷毗邻，南接马西断裂与饶阳凹陷相隔，勘探面积约为 1696km^2（图 8.31）。钻井资料揭示，研究区充填地层发育齐全，以元古界地层为基底，自下而上发育有石炭–二叠系、古近系（孔店组、沙河街组、东营组）、新近系（馆陶组、明化镇组）及第四系平原组地层（图 8.32），整体上呈现出向东楔状减薄的特征。斜坡带西部紧邻霸县、马西–鄚州洼槽，纵向上发育沙一段下亚段、沙三段、沙四段及石炭–二叠系共 4 套源岩，其中，第一套和第二套源岩对成藏贡献最为明显，其有机质丰度高，生烃潜力大（蒋迪，2016），可为油气聚集成藏提供充足的物质基础；同时，研究区以三角洲沉积体系为主，该区储层物性较好，配以沙三段、沙一段及东二段多套泥岩盖层，成藏条件优越，是目前在文安斜坡沙一段和沙二段及东营组发现规模储量的重要原因。

斜坡区受盆地早期 NE 向基底断裂控制，在区域拉伸环境下，主要发育 NW、NE 和 NEE 向 3 组断裂，其中北部信安镇地区发育的断裂多呈明显的 NW 和 NE 走向，在平面上形成网状断裂组合；中部的苏桥和史各庄地区，主要发育 NE 向断裂，呈平行式组合模式；而

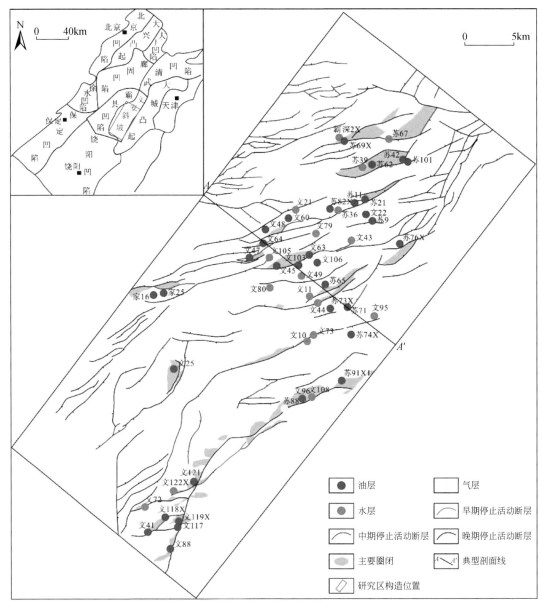

图 8.31　文安斜坡中南部构造位置及沙一段顶面断裂类型划分图

在南部，断裂整体呈现出帚状组合特征，仅在长丰镇断裂的分支小断裂间见雁列式组合。通过对断裂形成演化过程及断裂生长指数剖面的厘定，可根据停止活动时间将文安斜坡内发育的断裂划分为早期（断陷期——孔店组—沙三段沉积时期）、中期（断拗转化期——沙二段—东营组沉积时期）及晚期（拗陷期——馆陶组沉积时期至现今）停止活动 3 类，其中以晚期停止活动断裂最为发育（图 8.31，图 8.32）。截至目前，研究区沙一段地层内已钻遇油气及识别出的圈闭均受晚期停止活动断裂控制，且各圈闭的油源供给、储层物性等成藏要素均较好，因此弄清这些断裂的侧向封闭性是评价圈闭有效性及成藏规律的关键。

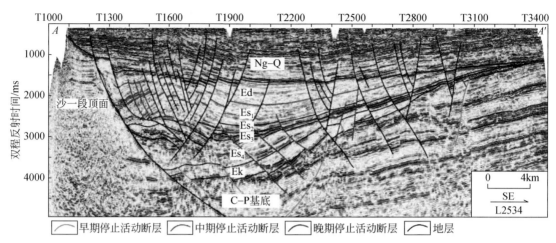

图 8.32　文安斜坡典型地震剖面（L2534，对应图 8.31 中 AA'）

　　根据文安斜坡及渤海湾盆地周边野外露头、过断裂带钻井岩心的观察描述可知，在研究区内断裂带二元结构明显，断层侧向封闭性受断层岩泥质含量及成岩程度的影响。同时，黄加力（2017）通过对文安斜坡沙河街组多口典型井的孔隙度及成岩序列分析可知，机械压实、化学胶结及溶蚀作用共同控制着岩石的成岩程度，其中压实作用对成岩的贡献最为明显，约 88% 的孔隙度降低都是由该作用造成的。而压实成岩程度是成岩压力与成岩时间共同作用的结果，其中对于相同或相近期次停止活动的断裂，尤其是文安斜坡最为发育的晚期停止活动的断裂，其经历的压实成岩时间相当，故仅用其埋深来代表断层岩的成岩程度是可行的。

　　因此，本文以文安斜坡中南部与油气、圈闭关系最为密切，且以停止活动时间相近的晚期停止活动断裂为主要研究目标，利用 SGR-H 下限值法评价断裂在沙一段内的侧向封闭性。首先，选取覆盖研究区范围的苏 39 井、文 119X 井等 48 口目标井，利用自然电位及自然伽马测井曲线对单井小层的泥质含量进行解释。同时，结合井震数据建立目标断层型圈闭的三维地质模型，利用 SGR 算法计算三维空间内断面上任意一点断层岩的 SGR 值。其次，在明确研究区源岩、储层等成藏条件的基础上，在有利的成藏范围内优选受晚期停止活动断裂控制的 22 口典型井共计 50 套试油层段（表 8.5）；根据相应试油深度及供油半径（在油层连通情况下，供油半径等于相邻两口生产井间距离的一半，在文安斜坡其值约为 120m），厘定各试油层位在上倾方向遮挡断裂内对应的试油区域，并读取各区域内的最小 SGR 值。然后，以断层岩 SGR 值为横坐标，埋深（试油中深）为纵坐标，按照沙一段内各套试油层的试油结论绘制断裂侧向开启–封闭的临界 SGR-H 曲线（L_1）（图 8.33），并拟合得到与该曲线对应的数学关系式［式（8.9）］。其中在 L_1 曲线左侧，典型井试油结论均为水层，断裂侧向开启；而在 L_1 曲线右侧，典型井开始钻遇油气，断层侧向封闭。受数据点分布不均影响，当埋深超过 2400m 时，临界曲线 L_1 的绘制缺少典型井点控制，考虑到断层岩泥质含量和埋深对封闭性的影响具有一定正相关性，因此 L_1 曲线的形态可根据 L_2 曲线推断，其中 L_2 曲线右侧井位试油结论均为油层，表明断裂具有较强的封闭能力。最后，以 L_1 曲线为评价标准，将所需评价断裂的实际埋深代入到式（8.9）中，计算得到任意一点断层岩形成侧向封闭时所需达到的临界 SGR 值（SGR$_1$），比较其与断层岩实际 SGR 值的相对大小，若 SGR$_1$≤SGR，断层侧向封闭，则可根据断层岩最小 SGR 值估算目标圈闭所能封闭的烃柱高度；若 SGR$_1$>SGR，断裂侧向开启不具备封闭能力。

表 8.5　文安斜坡沙一段地层内受晚期停止活动断裂控制典型井的试油及断层岩 SGR 参数表

井名	试油中深 /m	试油 结论	最小 SGR 值 /%	井名	试油中深 /m	试油 结论	最小 SGR 值 /%
文 45	2446	油层	43.7	苏 82X	2578.4	水层	40.4
	2522.6	油层	47.3		2601.2	油层	44.4
文 96	1419	油层	29.2		2707	油层	41.5
	1517.4	油层	28.6		2715.6	水层	39.4
	1532.6	水层	27		2752	油层	40.1
文 108	1421	油层	29.2		2847.8	水层	35.7
	1453.6	油层	30.1	文 13	1899.8	水层	29.4
	1482	水层	28.2		1937.8	水层	27.8
苏 88	1619.2	气层	30.3		2960.5	油层	38.8
苏 39	2714	水层	31.7	文 48	3064.6	水层	31.1
	3082.5	水层	32.7		3207.1	水层	33.8
苏 42	2387.5	油层	33		2817.5	油层	35.1
	2389.2	油层	35.8	文 64	2931.6	水层	28.9
	2399.8	油层	35.5		2959.8	油层	34.4
	2462	油层	34.6		3013.3	油层	32.4
文 51	2002.3	水层	32.5		2272.8	水层	39.3
苏 21	2550	油层	37.6	文 103	2402	水层	38.9
	2699.4	水层	31.7		2590.2	油层	39.2
	2751.4	水层	30.1		2661.4	油层	38.9
苏 67	3403	水层	17.7	苏 62	2658	油层	50.8
苏 101	2106.2	油层	26.1	文 22	2608	油层	48.1
苏 42	2326	油层	25.4	家 25	2848	油层	48.6
	2339	油层	32.7		2913	水层	21.8
苏 74X	2031	油层	37.8	苏 65	2020	水层	37.3
文 11	2171	油层	48.1		2094	油层	40.2

$$SGR_1 = \frac{\ln(\frac{H}{44881})}{-11.99} \tag{8.9}$$

根据上述 SGR-H 下限值法评价断层侧向封闭性的流程，在明确研究区 SGR 下限值（由图 8.33 中黑色虚线厘定为 25%）及 SGR-H 临界关系［式（8.9）］的基础上，对文安斜坡中南部沙一段内晚期停止活动断裂的侧向封闭性进行评价（图 8.34）。

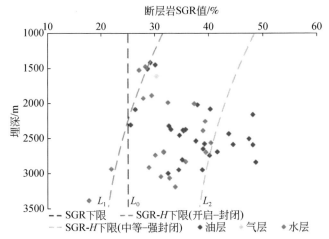

图 8.33　文安斜坡沙一段晚期停止活动断层侧向封闭下限厘定图

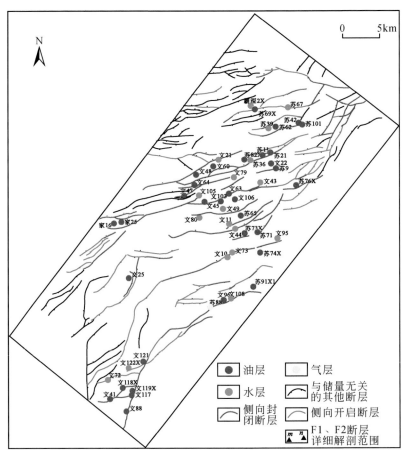

a.沙一段顶面断层SGR下限值法评价结果

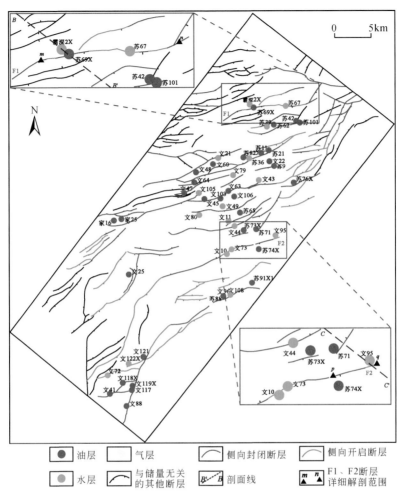

b.沙一段顶面断层SGR-H下限值法评价结果

图例：
油层　气层　侧向封闭断层　侧向开启断层
水层　与储量无关的其他断层　B'···B 剖面线　m ▲ n ▲ F1、F2断层详细解剖范围

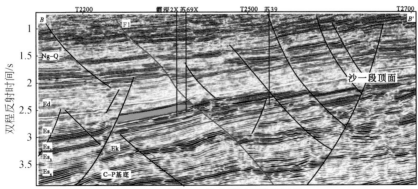

c.过苏69X井典型地震剖面BB'

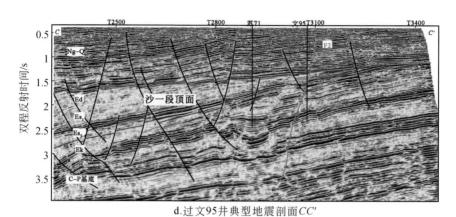

d.过文95井典型地震剖面CC'

图 8.34　文安斜坡中南部沙一段顶面晚期停止活动断层侧向封闭性评价结果

　　其中，苏 69X 井位于斜坡西侧的苏桥地区，受上倾方向 F1 断裂控制目前在沙一段钻遇到油层，有效厚度约为 39.5m。通过三维地质建模，对 F1 断裂的构造属性及断层岩 SGR 属性进行模拟，结果表明在苏 69X 井沙一段试油层位对应的断面区域内，断层岩 SGR 值为 24% ~63%。当利用 SGR 下限值法评价断层封闭性时，由于其存在断层岩 SGR 值小于 25% 的渗漏区域，断裂侧向开启不具备封闭能力（图 8.35a），这显然与该井目前在沙一段钻遇到油气相矛盾。而利用 SGR-H 下限值法对 F1 断裂进行再次评价时发现，苏 69X 井在沙一段的试油深度为 3340.5 ~3380m，根据式（8.9）计算得到与试油顶面相对应的断层岩临界 SGR 值为 21.7%，该值小于苏 69X 井在沙一段试油层位对应断面区域的实际 SGR 值，表明断层侧向封闭，这与目前钻遇油气的实际地质情况相吻合（图 8.34c，图 8.35b），也证实了 SGR 下限值法可能低估了断裂的侧向封闭能力。同时，在利用 SGR-H 下限值法厘定 F1 断层侧向封闭性的基础上，根据不同类型断层封闭性及封闭能力与其封闭烃柱高度间关系（图 8.30），结合断层岩实际 SGR 值及圈闭分布范围，利用式（8.4）确定目标圈闭所能封闭的烃柱高度为 285m，与其对应的油水界面约为 -3384m，在油水界面之上试油的苏 69X 井（3340.5 ~3380m）表现为油层，而在油水界面之下试油的霸深 2X 井（3562.1 ~3637.2m）则表现为水层（图 8.36）。

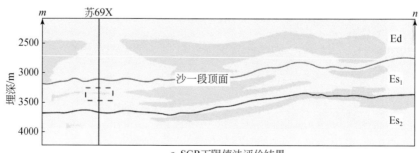

a. SGR下限值法评价结果

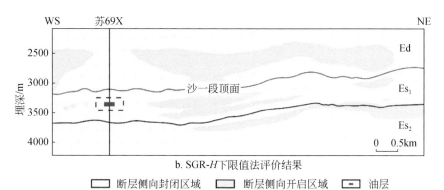

图 8.35　文安斜坡 F1 断裂沙一段侧向封闭性评价结果（*mn* 位置见图 8.34b）

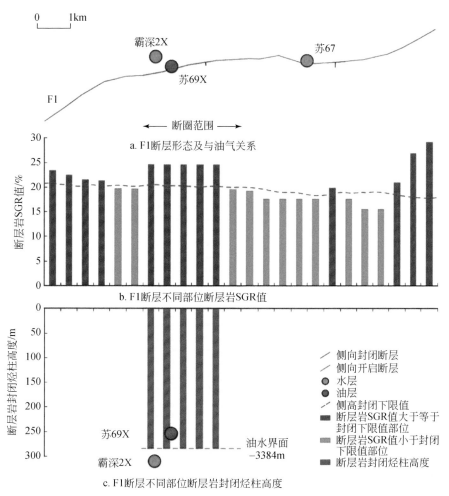

图 8.36　文安斜坡 F1 断裂沙一段不同部位断层岩 SGR 值及封闭烃柱高度

　　除此之外，利用 SGR 下限值法厘定苏 42 井上倾方向断裂侧向开启（图 8.34a），与实际钻遇油气不相符，而利用考虑断层岩成岩程度的 SGR-H 下限值法重新厘定后该断层侧向封闭（图 8.34b），可遮挡油气聚集成藏。且位于其两侧的苏 42 井及苏 101 井受封闭断层分隔在沙一段内地层水水型及矿化度具有一定差异，其中苏 42 井地层水水型为 $CaCl_2$，矿化度介于 1000～15000mg/L 间无固定值，而苏 101 井地层水水型为 $NaHCO_3$，矿化度约为 5659mg/L，也证明了 SGR-H 下限值法在评价断层侧向封闭性时的准确性。

　　同理，文 95 井位于斜坡带东侧，受上倾方向 F2 断裂控制，综合分析其油源供给、储层砂体等成藏要素均匹配较好，但该井目前在沙一段尚未钻遇油气，试油结论为水层。通过构造建模及 SGR 算法分析，F2 断裂在沙一段断层岩中 SGR 值均大于 25% 的侧向封闭下限（图 8.37a），表明断裂可侧向遮挡油气并聚集成藏，但此评价结果显然与实际钻遇水层相矛盾。与此同时，利用考虑断层岩成岩程度的 SGR-H 下限值法对 F2 断裂的封闭性进行再次评价，对比分析断层岩实际 SGR 值与利用式（8.9）计算得到的临界 SGR 值的相对大小，可以观察到 SGR 下限值法高估了断裂的侧向封闭能力，F2 断裂在文 95 井实际试油深度处尚未形成侧向封闭（图 8.37b），这与该井目前在沙一段未见油气相吻合（图 8.34d），也证明了 SGR-H 下限值法在评价断层侧向封闭性时的合理性和准确性。

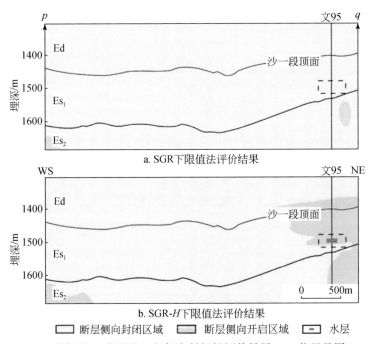

图 8.37　文安斜坡 F2 断裂沙一段侧向封闭性评价结果（pq 位置见图 8.34b）

　　综合上述分析，结合图 8.33 所示的断层侧向封闭 SGR 下限值与 SGR-H 下限值间相互关系可以得到，当埋深小于 2250m 时，SGR-H 下限值较 SGR 下限值有所增大，故 SGR 下限值法可能高估了断裂的侧向封闭能力，在斜坡东侧构造高部位处的文 95 井、文 11 井附近发育的断裂及长丰镇断裂的局部，在利用 SGR-H 下限值法重新厘定后均表现为侧向开启断层（图 8.34b）；而当埋深大于 2250m 时，随着埋藏深度的增加，断层侧向封闭所需的临界 SGR 值逐渐降低，小于 SGR 下限值法厘定的 25% 的 SGR 下限值，表明该方法可能低估了断裂的侧向封闭能力，因此通过 SGR-H 下限值法重新评价后，将部分侧向开启断层重新标定为封闭断层，其主要分布在文安斜坡西侧的信安镇断裂处及霸深 2X 井、文安 1 井附近发育断裂的局部。

4）断层岩 SGR-压差法

A. 方法原理

在开发阶段，研究区内勘探程度较高，地质资料也愈加丰富，可能存在数十个不同的油水界面。针对这种情况，应用 Yielding 提出的 SGR 算法评价研究区内断层型相关圈闭的侧向封闭性及封闭能力、预测断圈所能封闭的烃柱高度时，往往会出现多个 d 值，这将对应多个断层侧向封闭能力的评价函数关系式，进而使研究区内断圈的侧向封闭能力评价结果呈现多解性。因此，对于处于开发阶段的研究区，根据已知的油气藏数据确定断圈所能控制的油/气水界面，进而厘定出每个含油气断圈所能侧向封闭的油气柱高度，经过转化便可得到断圈内控圈断裂所能承受的压差。将根据式（8.1）所计算的控圈断裂的断层岩 SGR 值，与对应的断裂所能承受的压差进行拟合，便可建立一套针对勘探程度较高的研究区内断层侧向封闭能力评价函数关系式。具体流程如下：

（1）利用研究区内断裂和地层的地震解释数据，构建研究区内控圈断裂的三维地质模型，计算出断面上任意一点的垂直断距大小；同时利用录井、测井资料计算被错断地层内的泥质含量，利用 SGR 算法［式（8.1）］，计算控圈断裂断面上任意一点的断层岩 SGR 值。

（2）根据研究区内已知油气藏开发动态数据，确定断层型相关圈闭所能控制的油/气水界面，并将其转化为目标断圈控圈断裂所能封闭的烃柱高度，并且依据压差公式，确定不同烃柱高度所对应的断裂承受压差。

（3）统计研究区内控圈断裂的断层岩 SGR 值，以及与其所封闭烃柱高度相对应的压差数据；将二者投点至单对数坐标系中（断层岩 SGR 值为横坐标，压差为纵坐标），同时在散点图中拟合出断层侧向封闭能力的包络线。该包络线的函数关系就是研究区内断层侧向封闭能力的评价公式，利用所确定的评价函数关系式，便可预测研究区内断层侧向封闭油气的能力。

B. 应用实例

黄河口凹陷位于济阳拗陷的东北部、渤中拗陷的南部，受渤南和莱北两个凸起的夹持，东部以营潍断裂带东支为界，与庙西凹陷为邻，西侧与沙南凹陷以低鞍相接，西南侧向沾化凹陷东部的桩西—孤东披覆背斜带过渡，凹陷总面积约为 3300 km²，基底最大埋深约为 7000m（图 8.38）。黄河口凹陷自下而上主要发育前第三系地层，古近系孔店组—东营组地层，新近系馆陶组–明化镇组地层，以及第四系平原组地层。其中沙三段、沙一段、沙二段和东三段为主要的烃源岩层段，黄河口凹陷现今发现的油气主要来自沙三段烃源岩，其次为沙一段和沙二段烃源岩。渤中 28-2S/SN 和渤中 34-1/N 属于渤海湾盆地济阳拗陷东北部的黄河口凹陷中央部位（图 8.38），主要研究目的层为明下段地层。并且渤中 28-2S/SN 和渤中 34-1/N 为已开发油田，测井、物探、测试资料齐全，因此，可以借助已开发油藏数据建立研究区断层侧向封闭能力定量评价体系。

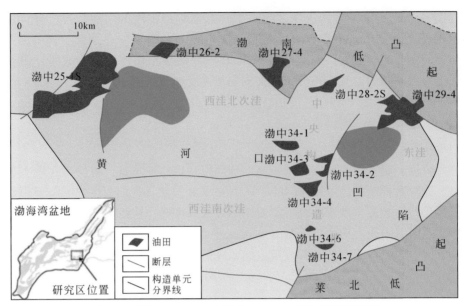

图 8.38　渤中 28-2S/N 和渤中 34-1/SN 构造位置示意图

　　依据上述确定的断层岩 SGR-压差断层侧向封闭性评价流程，首先利用渤中 28-2S/SN 和渤中 34-1/N 油田的断裂和地层地震解释资料构建研究区控圈断裂的三维地质模型，并且计算出控圈断裂断面上每一点的断距大小，同时应用测井和录井资料计算出被断裂所错断地层内的泥质含量。然后，利用 SGR 算法明确研究区内明化镇组下段地层内目标断裂断层岩 SGR 值，结合明化镇组下段地层内各砂岩组断层圈闭开发初期的油藏数据，厘定该套目的层内各套砂岩组内断圈所能封闭油柱高度，依据压差公式确定各砂岩组内与油柱高度相对应的控圈断裂所承受的压差。最后，统计研究区内明化镇组下段各砂岩组内控圈断裂的断层岩 SGR 值以及与其所封闭油柱高度相对应的压差数据，将二者投点至单对数坐标系中并拟合断层侧向封闭能力的包络线（图 8.39），该包络线对应的函数关系［式（8.10）］即渤中 28-2S/SN 和渤中 34-1/N 油田明化镇组下段地层内断层侧向封闭能力的评价公式。

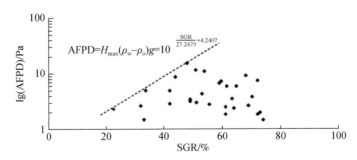

图 8.39　渤中 28-2S/SN 和渤中 34-1/N 地区明化镇组下段地层内断层岩 SGR 值与压差关系

$$AFPD = (\rho_w - \rho_o)gH_{max} = 10^{\frac{SGR}{27.2479}+4.2407} \tag{8.10}$$

式中，AFPD 为过断层压力差，MPa；ρ_w 为油藏中水的密度，kg/m³；ρ_o 为油藏中油的密度，kg/m³；g 为重力加速度，m/s²；H_{max} 为断层面某点可支撑的最大烃柱高度，m；SGR 为断层岩泥质含量，%。

按照上述确定的研究区明下段断层侧向封闭能力评价公式［式（8.10）］，便可对渤中 28-2S 区块已钻遇的 10 个小层和渤中 28-2SN 区块已钻遇的 6 个小层以及渤中 34-1/N 区块已钻遇的 3 个小层内控圈断层侧向封闭能力（所能封闭的烃柱高度）、圈闭油水界面及充注程度进行预测（表 8.6，表 8.7）。预测结果揭示，渤中 34-1/N 油田明下段断裂侧向所能封闭的平均油柱高度为 114.9m，圈闭平均预测充满程度为 95.5%；渤中 28-2S/SN 油田明下段断裂侧向所能封闭的平均油柱高度为 96.13m，圈闭平均预测充满程度为 82.1%（图 8.40）。这两个油田群内控圈断裂均具有较强的侧向封闭能力，但是渤中 34-1/N 区块控圈断层侧向封闭能力略强于渤中 28-2S/SN 区块控圈断裂的侧向封闭能力（图 8.40），这主要是由于渤中 28-2S/SN 区块含砂率要高于渤中 34-1/N 区块（图 8.41），即渤中 34-1/N 区块发育断裂，其断裂带内的泥岩物质高于渤中 28-2S/SN 区块，这造成了渤中 34-1/N 区块控圈断层侧向封闭能力略强于渤中 28-2S/SN 区块控圈断裂的侧向封闭能力。

表 8.6 渤中 28-2S/SN 主要砂体小层断层侧向封闭能力定量评价结果表

| 砂体名 | 构造高点/m | 圈闭溢出点/m | 构造幅度/m | 控圈断层侧向封闭性分析 | | | 最终预测油水界面/m | 最终预测油柱高度/m | 预测充满程度/% |
				断裂名	控圈范围/m	预测油水界面/m			
Nm1-1	−996.00	−1060.00	60.00	F836	−1015 ～ −996	−1095.80	−1070.20	74.20	100.00
				F860	−1020 ～ −1000	−1061.30			
				F819	−1040 ～ −996	−1431.40			
				F835	−1040 ～ −1032	−1070.20			
Nm1-3E	−1026.00	−1100.00	70.00	F836	−1035 ～ −1026	−1565.70	−1083.40	57.40	82.00
				F860	−1040 ～ −1026	−1091.10			
				F819	−1080 ～ −1026	−1534.60			
				F835	−1070 ～ −1055	−1083.40			
Nm2-1	−1126.00	−1250.00	36.00	F836	−1140 ～ −1132	−2104.20	−1218.60	92.60	100.00
				F860	−1150 ～ −1126	−1419.50			
				F819	−1200 ～ −1132	−1364.50			
				F835	−1250 ～ −1165	−1218.60			
Nm2-2	−1174.00	−1300.00	150.00	F836	−1180 ～ −1167	−2019.30	−1241.40	67.40	44.90
				F860	−1180 ～ −1170	−1242.80			
				F819	−2005 ～ −1165	−1363.00			
				F835	−1300 ～ −1200	−1241.40			
Nm2-3	−1184.00	−1300.00	150.00	F836	−1180 ～ −1170	−2019.60	−1220.50	36.50	24.30
				F860	−1190 ～ −1170	−1220.50			
				F819	−1260 ～ −1170	−1440.40			
				F835	−1290 ～ −1210	−1241.40			

砂体名	构造高点/m	圈闭溢出点/m	构造幅度/m	控圈断层侧向封闭性分析			最终预测油水界面/m	最终预测油柱高度/m	预测充满程度/%
				断裂名	控圈范围/m	预测油水界面/m			
Nm3-1	-1336.00	-1545.00	230.00	F836	-1340～-1336	-1417.80	-1367.10	31.10	13.50
				F860	-1340～-1336	-1439.70			
				F819	-1360～-1340	-1367.10			
				F835	-1420～-1360	-1497.10			
Nm0	-910.00	-980.00	70.00	F836	-925～-910	0.00	-994.50	84.50	100.00
				F860	-935～-925	-994.50			
				F819	-935～-920	-3490.60			
Nm2-4	-1220.00	-1270.00	50.00	F836	-1233～-1225	-1849.90	-1291.10	71.10	100.00
				F860	-1245～-1220	-1291.10			
				F819	-1240～-1225	-1445.60			
Nm2-5	-1225.00	-1290.00	65.00	F836	-1245～-1240	-1358.10	-1290.80	65.80	100.00
				F860	-1255～-1225	-1290.80			
				F819	-1255～-1245	-1565.30			
Nm2-6	-1250.00	-1300.00	50.00	F836	-1265～-1255	-1284.60	-1284.60	34.60	69.20
				F860	-1275～-1250	-1299.80			
				F819	-1275～-1260	-1444.60			
Nm2-3E	-1315.00	-1345.00	30.00	F1037	-1320～-1315	-1450.30	-1450.30	135.30	100.00
Nm3-1S	-1430.00	-1470.00	40.00	F836	-1470～-1430	-1633.90	-1596.90	166.90	100.00
				F860	-1470～-1430	-1596.90			
Nm3-1N	-1480.00	-1650.00	170.00	F836	-1650～-1500	-1581.30	-1581.30	101.30	59.60
Nm2-3S	-1265.00	-1310.00	45.00	F836	-1310～-1265	-1483.30	-1299.90	34.90	77.60
				F860	-1310～-1265	-1299.90			
Nm0-1S	-975.00	-1030.00	55.00	F836	-990～-975	-1177.60	-1058.90	83.90	100.00
				F860	-1030～-975	-1058.90			
Nm0-1N	-1030.00	-1140.00	110.00	F836	-1140～-1070	-1181.90	-1181.90	151.90	100.00
Nm1-1	-1060.00	-1125.00	65.00	F836	-1150～-1060	-1181.90	-1184.30	124.30	100.00
				F860	1110～-1060	-1198.60			
				F860	1210～-1115	-1184.30			
				F1037	-1125～-1095	-1725.60			
Nm1-3N	-1080.00	-1160.00	80.00	F836	-1110～-1080	-1182.30	-1168.70	88.70	100.00
				F860	-1160～-1080	-1168.70			
Nm1-3S	-1125.00	-1375.00	250.00	F836	1240～-1165	-1294.30	-1294.30	169.30	100.00

续表

砂体名	构造高点/m	圈闭溢出点/m	构造幅度/m	断裂名	控圈范围/m	预测油水界面/m	最终预测油水界面/m	最终预测油柱高度/m	预测充满程度/%
Nm2-1S	−1180.00	−1235.00	55.00	F836	−1210 ~ −1180	−1850.50	−1220.40	40.40	73.50
				F860	−1235 ~ −1180	−1220.40			
Nm2-1N	−1245.00	−1300.00	55.00	F836	−1300 ~ −1280	−1500.30	−1500.30	255.30	100.00
Nm2-1E	−1225.00	−1275.00	50.00	F1037	−1250 ~ −1235	−1355.20	−1355.20	130.20	100.00
Nm2-3N	−1335.00	−1600.00	265.00	F836	−1420 ~ −1370	−1448.40	−1448.40	113.40	42.80

表 8.7　渤中 34-1/N 区块主要砂体小层断层侧向封闭能力定量评价结果

砂体名	构造高点/m	圈闭溢出点/m	构造幅度/m	断裂名	控圈范围/m	预测油水界面/m	最终预测油柱高度/m	预测充满程度/%
Nm1-1N	−1140	−1200	60	F208	−1150 ~ −1120	−1337.8	197.8	100
Nm1-1ES	−1165	−1200	35	F1072	−1200 ~ −1165	−1240.2	75.2	100
Nm1-1EN	−1090	−1105	15	F1072	−1105 ~ −1090	−1133.2	43.2	100
Nm1-4N	−1200	−1265	65	F208	1245 ~ −1200	−1315.6	115.6	100
Nm1-4S	−1160	−1235	75	F172	−1180 ~ −1160	−1258.1	98.1	100
Nm2-1N	−1245	−1335	90	F198	−1335 ~ −1295	−1507.2	70.6	78.4
				F208	−1285 ~ −1245	−1315.6		
Nm2-1S	−1200	−1325	125	F172	−1300 ~ −1200	−1386.7	186.7	100
Nm2-1ES	−1285	−1405	120	F174	−1345 ~ −1285	−1475.7	190.7	100
Nm2-1EN	−1180	−1250	70	F1072	−1215 ~ −1185	−1236.5	56.5	80.7
				F1071	−1215 ~ −1180	−1646.1		

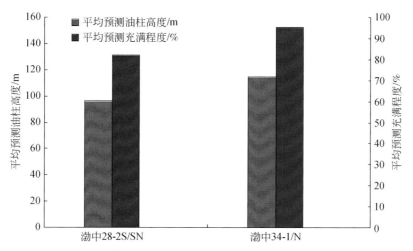

图 8.40　渤中 28-2S/SN 与渤中 34-1/N 封闭能力对比图

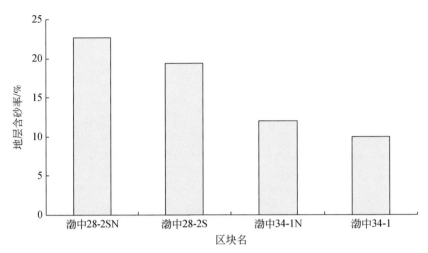

图 8.41　渤中 28-2S/SN 和渤中 34-1/N 区块地层含砂率对比图

　　基于上述研究区明下段的断层侧向封闭能力评价结果可知，渤中 28-2S 区块 Nm3-1 小层断圈所能封闭的油柱高度为 31.10m，对应的油水界面为−1367.10m。从图 8.42 中可以看出，油井皆是分布在预测范围之内，而水井则是分布在预测范围之外，这也证实了断层岩 SGR-压差法对于评价开发阶段勘探程度较高的研究区内断裂的侧向封闭能力时是可行的。

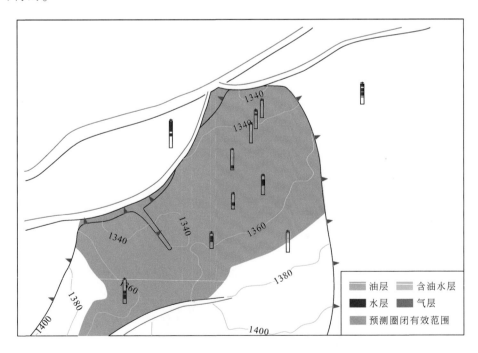

图 8.42　渤中 28-2S 区块 Nm3-1 小层圈闭预测有效范围

2. 基于断–储排替压力差定量评价断层侧向封闭性

当研究区地质资料相对丰富，取心井在全区范围内广泛分布且具有典型井岩心的排替压力测试数据时，这种情况下多基于断层岩与储层岩石的排替压力差定量评价断裂的侧向封闭性。

1）未考虑岩石各向异性对排替压力影响的评价方法

A. 成岩压力类比法

a. 方法原理

由断层侧向封闭机理可知，其在侧向上能否形成封闭，关键取决于断层岩排替压力与其所封闭储层岩石排替压力的相对大小，若前者大于等于后者，断层侧向封闭，可遮挡油气在相关圈闭内聚集成藏；若前者小于后者，断裂侧向开启，油气将穿过断裂继续运移直至遇到合适圈闭方能聚集成藏。

因此，与静止期被断裂破坏盖层垂向封闭性评价相类似，断层侧向封闭性的评价也是依据研究区典型岩样排替压力实测数据，建立其与相关属相间的函数关系，再结合断层岩与储层岩石埋深、泥质含量、成岩时间等参数，利用拟合关系确定断层岩与储层岩石的排替压力，通过对比二者间的相对大小分析断层侧向封闭与否及其封闭能力的强弱，断层岩所能封闭的烃柱高度可根据式（8.11）计算求得。

$$H_{\max} = \frac{P_{df} - P_{dr}}{(\rho_w - \rho_h)g} \tag{8.11}$$

式中，$H_{\max}$ 为断裂面某点可支撑的最大烃柱高度，m；P_{df} 为断层岩排替压力，MPa；P_{dr} 为对置盘储层岩石排替压力，MPa；ρ_w 为油气藏中水的密度，kg/m³；ρ_h 为烃类密度，kg/m³；g 为重力加速度，m/s²。

值得注意的是，静止期被断裂破坏盖层垂向封闭性评价与断层侧向封闭性评价间的差别仅在于目的储层不同，其中前者是被盖层遮挡的下伏储层岩石，而后者则是与断层岩相对置的储层岩石。

b. 应用实例

贝尔凹陷是海拉尔盆地贝尔湖拗陷内的一个二级构造单元，位于贝尔湖拗陷的南部，是盆地内最为开阔的一个凹陷，中国境内面积约为 3010km²。目前在贝西呼和诺仁构造带、贝中苏德尔特构造带、霍多莫尔构造带和贝中次凹均有油气发现。呼和诺仁构造带位于贝尔凹陷中部的贝西次凹带内，西接贝尔凹陷西部斜坡，东隔贝西向斜与苏德尔特构造带相望，北、东、南三面被贝西次凹环绕。该区自下而上发育三叠系布达特群（基岩），白垩系铜钵庙组、南屯组、大磨拐河组、伊敏组、青元岗组，古近系呼查山组及第四系地层。呼和 7 号圈闭是呼和诺仁构造带上的主体圈闭，该圈闭是在西部斜坡背景下，上倾方向由北东向早期发育的反向同生正断裂——B29 号断裂遮挡形成的东南倾没的继承性断鼻构造，该圈闭倾向为 155°，长轴长 10.2 km，短轴长 3.0 km，贝 302 井就位于该圈闭上，并在南屯组地层中发现了油气（图 8.43）。

在贝 302 井处，除大一段地层发生尖灭外，其余地层均有分布。目前，该井内发现的石油主要来自贝西洼槽中的南屯组源岩，受上覆大二段泥岩盖层遮挡，在下伏南屯组砂泥

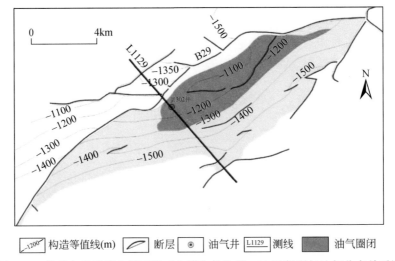

图8.43　海拉尔盆地贝尔湖凹陷呼和诺仁构造带 B29 号断裂与油气分布关系图

岩薄互层段储层内聚集成藏，其中泥岩单层厚度约为 0.5~7.9m，主要集中在 2~3m，而砂岩及砂砾岩单层厚度约为 0.5~11.6m，主要集中在 2~4m。

位于贝 302 井上倾方向、构成呼和 7 号圈闭西边界的 B29 号断裂是呼和诺仁断鼻构造带上一条重要的同生正断裂，呈北东向展布，延伸长度约为 13.4km；其断穿深部基底至浅部伊敏组地层，断距具有由下至上逐渐减小的变化趋势，T_1 反射层断距介于 10~55m，而基底断距可高达 80~1650m，断裂倾角介于 15°~50°，呈现出上陡下缓铲式分布的特点。由于贝 302 井区源岩、储层、盖层等成藏要素匹配良好，表明 B29 号断裂能否形成封闭，决定了呼和 7 号圈闭能否有效"存在"，同时该断层封闭能力的强弱，亦决定了呼和 7 号圈闭中所能封闭烃柱高度的高低。因此，对 B29 号断层封闭性及封闭能力的正确认识，是判断呼和 7 号圈闭有效程度的关键。

按照前文建立的研究方法及评价流程，首先依据 B29 号断裂内各点断层岩的埋深、倾角等数据利用式（4.3）计算其所受断面正应力，再结合式（4.3）确定具有与目标断层岩所受断面正应力相等静岩压力的沉积岩层埋深。然后，综合断裂断距及其两侧围岩层厚度、泥质含量数据确定目标断裂在三维空间内任意一点的断层岩 SGR 值（图8.44），并确定与断层岩对置储层岩石的泥质含量及埋深。之后，利用实测与数值模拟相结合的方法，建立研究区不同泥质含量岩石排替压力与埋藏深度间关系图版（图8.45），结合上述确定的断层岩 SGR 值、压实成岩埋深及储层岩石泥质含量、埋深，依据图版分别确定断层岩与储层岩石的排替压力（图8.46）。最后，比较断层岩与储层岩石排替压力的相对大小，评价断裂的侧向封闭性及封闭能力。

由图8.46及表8.8所示的评价结果可知，受断裂倾角影响，断层岩在埋深 1122~1234m 段内所承受的断面正应力主要介于 10.7~11.5MPa，相当于埋深为 462~496m 沉积地层所受静岩压力，断层岩成岩程度相对较低，依据图8.45所示图版求得的断层岩排替压力均小于 1.0MPa。受近物源沉积环境的控制，储层岩石中泥质含量相对较高，导致在相同条件下其排替压力相对较大，而断层岩与储层岩石排替压力差则相对较小。其中，与

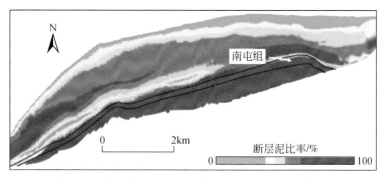

图 8.44　海拉尔盆地贝尔凹陷 B29 号断层 SGR 属性图

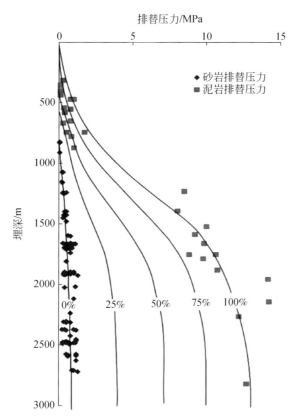

图 8.45　海拉尔盆地贝尔凹陷不同泥质含量岩石排替压力与埋深图版

1、2、3、6 号储层所对置的断层岩排替压力与储层岩石排替压力差介于 0.08 ~ 0.37MPa，尽管二者间差值不大，但也均表明断裂对上述 4 套储层具有一定的封闭能力，实际试油结果也揭示其均为含油层；除此之外，结合贝尔凹陷原油密度，利用式 (4.3) 计算得到 B29 号断裂所能封闭的最大烃柱高度为 209m，与呼和 7 号圈闭内已完成的 71 口开发井所揭示的油柱高度相一致，证明了该方法在评价断层侧向封闭性及封闭能力时的可行性与准确性。而与 4、5、7、8、9 号储层所对置的断层岩排替压力与储层岩石排替压力差介于

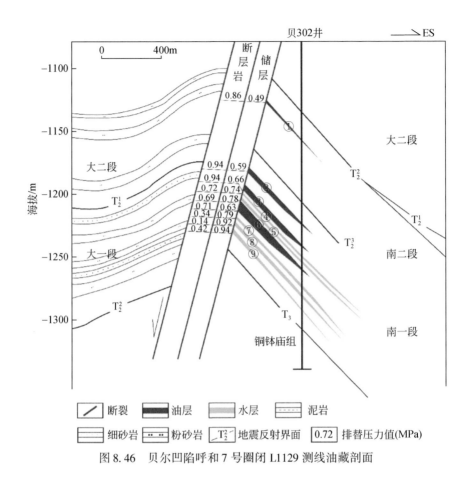

图 8.46　贝尔凹陷呼和 7 号圈闭 L1129 测线油藏剖面

–0.78 ~ –0.02MPa，均为负值表明断裂不具备侧向封闭能力，油气进入储层后通过断层岩发生散失，实际试油结论均为水层，评价结果与勘探成果具有较高的吻合程度；通过实际资料分析，上述 5 套储层泥质含量较高所导致的自身排替压力过大是其断裂侧向不封闭的重要原因。

表 8.8　贝尔凹陷呼和 7 号圈闭 L1129 测线处断层岩与储层岩石排替压力参数表

| 编号 | 埋深/m | 储层岩石 | | | | 断层岩 | | | | | 排替压力差/MPa | 封闭油柱高度/m |
		厚度/m	泥质含量/%	排替压力/MPa	流体性质	泥质含量/%	倾角/(°)	断面正应力/MPa	压实成岩埋深/m	排替压力/MPa		
1	1122	2.0	7.0	0.49	油	95.0	76	10.7	462.0	0.86	0.37	209
2	1171	8.5	8.4	0.59	油	97.0	44	11.1	481.1	0.94	0.35	198
3	1191	4.4	9.7	0.66	油	95.0	44	11.3	490.3	0.94	0.28	158
4	1198	3.4	9.3	0.74	水	89.9	44	11.3	490.3	0.72	–0.02	0
5	1203	1.0	10.7	0.78	水	77.0	44	11.3	494.0	0.69	–0.09	0
6	1205	11.6	8.1	0.63	油	78.6	44	11.4	494.0	0.71	0.08	45

续表

编号	埋深/m	储层岩石				断层岩						排替压力差/MPa	封闭油柱高度/m
		厚度/m	泥质含量/%	排替压力/MPa	流体性质	泥质含量/%	倾角/(°)	断面正应力/MPa	压实成岩埋深/m	排替压力/MPa			
7	1221	2.4	10.5	0.79	水	37.0	44	11.4	496.0	0.34	-0.45	0
8	1229	1.7	11.8	0.92	水	15.6	45	11.5	496.0	0.14	-0.78	0
9	1234	5.3	11.6	0.94	水	42.9	45	11.5	496.0	0.42	-0.52	0

B. 利用积分法考虑断层岩成岩时间的评价方法

a. 方法原理

上述方法虽然考虑了断裂所受断面正应力及断层岩泥质含量对断层侧向封闭性的控制作用，能从一定角度反映断裂的侧向封闭性及封闭能力，但在实际评价方法过程中，并没有考虑断层岩成岩时间对其排替压力的影响（断层岩成岩时间越长，断裂越容易形成侧向封闭）。仅单一的认为断层岩的成岩时间和与其具有相同埋深沉积岩石的成岩时间是相同的，而实际上断层岩的成岩时间要明显短于与其具有相同埋深沉积岩石的成岩时间，前者指的是从断裂停止活动至今的时间段，后者则指的是从沉积岩层沉积后开始至今的时间。故利用未考虑断层岩成岩时间的断层侧向封闭性定量评价方法计算得到的断层岩排替压力必然高于地下实际值，过高地估计了断裂的侧向封闭能力，给油气勘探带来了一定风险。

同时，在实际分析过程中，考虑到地层沉积是一个地层厚度逐渐增大的过程，故断层岩所受断面正应力及围岩所受静压压力是随成岩时间的增长而不断累加的量值，其成岩程度的加载也表现为一个累加的过程，即积分过程。

因此，对原始断-储排替压力差法进行改进，建立了考虑断层岩成岩时间的评价方法，使评价结果更符合地下实际，降低了断层相关圈闭的钻探风险，具体流程如下：

（1）排替压力与相关属性函数关系的建立：在实验室实测典型岩样排替压力及泥质含量的基础上，结合相应样品实际埋深，便可建立三者间的函数关系式［式（8.12）］。

$$P_d = f(V_{sh}, Z) \tag{8.12}$$

式中，P_d 为岩石排替压力，MPa；V_{sh} 为岩石泥质含量，%；Z 为岩石压实成岩埋深，m。

（2）断层岩成岩程度的确定：当断裂处于活动期时，上下两盘块体相互滑动削截，断裂带内碎屑充填物尚未发生成岩作用；而当断裂逐渐停止活动处于静止期时，断裂充填物才能在上覆沉积载荷的作用下开始压实成岩，所以断裂真正开始发生成岩作用的时间是在断裂最后一次停止活动后。以图 8.47 所示断裂为例，其在③号地层沉积初期停止活动，即断裂充填物从 t_3 沉积时期开始排出孔隙水并缓慢成岩，断裂所经历的成岩时间即 t_3 到现今的时间段。由于断裂带内的碎屑物质来源于断裂两侧的围岩，故其物质组成和结构与围岩具有一定的相似性；且依据动量守恒定律，较大的力作用较短的时间与较小的力作用较长的时间具有相同的效果。因此，在目标点断层岩 J 至地表的埋深范围内，围岩地层中一定存在一点 K，其与目标点 J 具有相同的泥质含量及成岩程度。

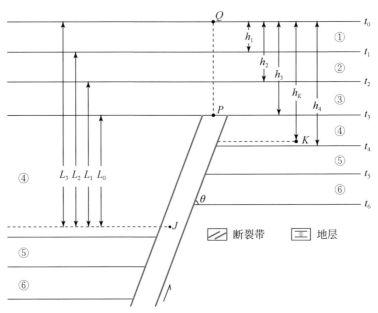

图 8.47　积分类比法求取断层岩排替压力模型

θ. 断层倾角；$t_0 \sim t_6$. 地层沉积时间；$L_0 \sim L_3$，$h_1 \sim h_4$，h_K. 沉积厚度

断层岩的压实成岩程度取决于其压实成岩的埋深，而埋深又要受到压实成岩压力和时间两方面的影响，且压实成岩压力是随成岩时间增长而不断变化的量，因此，断层岩的压实成岩程度可用其所受断面正应力在相应成岩时间范围内的积分值来表示。如图 8.47 所示，已知目标点断层岩 J 在 t_3 时期开始压实成岩，首先，根据该点的现今埋深及上覆①、②、③号地层的平均沉积速率 v_1 $[h_1/(t_1-t_0)]$、v_2 $[(h_2-h_1)/(t_2-t_1)]$、v_3 $[(h_3-h_2)/(t_3-t_2)]$，利用式（8.13）确定目标点 J 上覆地层厚度与成岩时间的关系；然后，综合断层岩所受断面正应力与埋深等相关参数间的关系 [式（8.14）]，建立断面正应力与成岩时间的断层岩成岩程度数学–地质模型（图 8.48）；最后，通过不同时间内断面正应力对相应成岩时间的积分来表征断层岩的压实成岩程度 [式（8.15）]，若研究区地层存在明显的抬升剥蚀，可将式（8.15）进一步完善为式（8.16）所表述形式。

$$L_i = \begin{cases} L_0 + v_3 \cdot t & (t_2 \leqslant t < t_3) \\ L_1 + v_2 \cdot t & (t_1 \leqslant t < t_2) \\ L_2 + v_1 \cdot t & (t_0 \leqslant t < t_1) \end{cases} \tag{8.13}$$

$$F_{fi} = (\rho_r - \rho_w)g \cdot L_i \cos\theta \tag{8.14}$$

$$Q_f = \int F_{fi} dt = \int_{t_2}^{t_3} F_{f3} dt + \int_{t_1}^{t_2} F_{f2} dt + \int_{t_0}^{t_1} F_{f1} dt \tag{8.15}$$

$$Q_f = \int_{t_2}^{t_3} F_{f3} dt + \int_{t_1}^{t_2} F_{f2} dt + \int_{t_0}^{t_1} F_{f1} dt - \int_{t_a}^{t_b} F_{fab} dt \tag{8.16}$$

式中，L_i 为 J 点断层岩上覆地层的沉积厚度，m；L_0 为 J 点距断裂上断点 P 的垂直距离，m；L_1 为 J 点距③号地层沉积顶面的垂直距离，m；L_2 为 J 点距②号地层沉积顶面的垂直距离，m；v_1 为①号地层平均沉积速率，m/Ma；v_2 为②号地层平均沉积速率，m/Ma；v_3 为③号地层平均沉积速率，m/Ma；t_0 为现今沉积时间，Ma；t_1 为①号地层初始沉积时间，Ma；t_2 为②号地层初始沉积时间，Ma；t_3 为③号地层初始沉积时间，Ma；F_{fi} 为 L_i 厚度的上覆岩层作用在 J 点的断面正应力，Pa；ρ_r 为上覆岩层骨架密度，kg/m³；ρ_w 为地层水密度，kg/m³；g 为重力加速度，m/s²；θ 为断裂倾角，(°)；Q_f 为断层岩成岩程度，Pa·Ma；t_a 为地层抬升剥蚀初始时间，Ma；t_b 为地层抬升剥蚀结束时间，Ma；F_{fab} 为已剥蚀地层在未剥蚀前作用在 J 点的断面正应力，Pa。

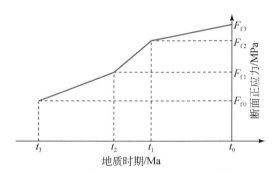

图 8.48　断层岩成岩程度数学–地质模型

（3）围岩成岩程度的确定：首先，根据不同围岩层经历的沉积时间及沉积厚度，厘定各层位的平均沉积速率 v_i。然后，建立以不同围岩层为初始沉积层时，从开始沉积到现今的时间段内，上覆岩层埋深 h_i（即图 8.47 中 K 点埋深）与沉积时间的函数关系［式（8.17）～式（8.20）］。

假设 B 点位于①号地层内，则有

$$h_1 = v_1 \cdot t \quad (t_0 \leqslant t < t_1) \tag{8.17}$$

假设 B 点位于②号地层内，则有

$$h_2 = \begin{cases} v_2 \cdot t & (t_1 \leqslant t < t_2) \\ v_2 \cdot (t_2 - t_1) + v_1 \cdot t & (t_0 \leqslant t < t_1) \end{cases} \tag{8.18}$$

假设 B 点位于③号地层内，则有

$$h_3 = \begin{cases} v_3 \cdot t & (t_2 \leqslant t < t_3) \\ v_3 \cdot (t_3 - t_2) + v_2 \cdot t & (t_1 \leqslant t < t_2) \\ v_3 \cdot (t_3 - t_2) + v_2 \cdot (t_2 - t_1) + v_1 \cdot t & (t_0 \leqslant t < t_1) \end{cases} \tag{8.19}$$

假设 B 点位于④号地层内，则有

$$h_4 = \begin{cases} v_4 \cdot t & (t_3 \leqslant t < t_4) \\ v_4 \cdot (t_4 - t_3) + v_3 \cdot t & (t_2 \leqslant t < t_3) \\ v_4 \cdot (t_4 - t_3) + v_3 \cdot (t_3 - t_2) + v_2 \cdot t & (t_1 \leqslant t < t_2) \\ v_4 \cdot (t_4 - t_3) + v_3 \cdot (t_3 - t_2) + v_2 \cdot (t_2 - t_1) + v_1 \cdot t & (t_0 \leqslant t < t_1) \end{cases} \tag{8.20}$$

最后，综合不同围岩层作为初始沉积层时其所承受的静岩压力［式（8.21）］与各围岩层经历的沉积时间，建立静岩压力与成岩时间的数学–地质模型（图 8.49），通过静岩压力对成岩时间的积分来表征围岩的压实成岩程度 [式（8.22）～式（8.25）]。其中，$t_0 \sim t_1$ 及 $0 \sim F_{r1}$ 间曲线包围的三角形面积，即 K 点位于①号地层底界面时，其沉积到现今所具有的成岩程度；同理，$t_0 \sim t_4$ 及 $0 \sim F_{r4}$ 间曲线包围面积，即 K 点位于④号地层底界面时，上覆①～④号地层沉积到现今对该点成岩程度的贡献。以此类推，即可得到围岩中相应层位不同埋深岩石的成岩程度。

$$F_{ri} = (\rho_r - \rho_w) g \cdot h_i \tag{8.21}$$

$$Q_{r1} = \int F_{r1} \mathrm{d}t = \int_{t_0}^{t_1} (\rho_r - \rho_w) g \cdot h_1 \mathrm{d}t = \int_{t_0}^{t_1} (\rho_r - \rho_w) g \cdot v_1 \cdot t \mathrm{d}t \tag{8.22}$$

$$Q_{r2} = \int F_{r2} \mathrm{d}t = \int_{t_0}^{t_2} (\rho_r - \rho w) g \cdot h_2 \mathrm{d}t$$

$$= \int_{t_1}^{t_2} (\rho_r - \rho_w) g \cdot v_2 \cdot t \mathrm{d}t + \int_{t_0}^{t_1} (\rho_r - \rho_w) g \cdot [v_2 \cdot (t_2 - t_1) + v_1 \cdot t] \mathrm{d}t \tag{8.23}$$

$$Q_{r3} = \int F_{r3} \mathrm{d}t = \int_{t_0}^{t_3} (\rho_r - \rho_w) g \cdot h_3 \mathrm{d}t \tag{8.24}$$

$$Q_{r4} = \int F_{r4} \mathrm{d}t = \int_{t_0}^{t_4} (\rho_r - \rho_w) g \cdot h_4 \mathrm{d}t \tag{8.25}$$

式中，h_1 为①号地层沉积厚度，m；h_2 为②号地层底界面至地表距离，m；h_3 为③号地层底界面至地表距离，m；h_4 为④号地层底界面至地表距离，m；F_{ri} 为 h_i 厚度的上覆岩层对围岩产生的静岩压力，Pa；Q_{r1} 为 K 点位于①号地层底界面时所具有的成岩程度，Pa·Ma；Q_{r2} 为 K 点位于②号地层底界面时所具有的成岩程度，Pa·Ma；Q_{r3} 为 K 点位于③号地层底界面时所具有的成岩程度，Pa·Ma；Q_{r4} 为 K 点位于④号地层底界面时所具有的成岩程度，Pa·Ma。

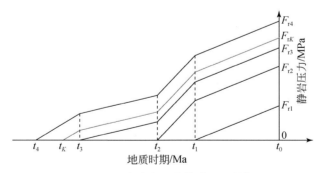

图 8.49　围岩成岩程度数学–地质模型

（4）**断层岩排替压力的确定**：由文献调研（史集建等，2012；胡欣蕾等，2018）及围岩排替压力数据与相关属性间函数关系 [式（8.12）] 可知，断层岩的排替压力可根据其泥质含量与压实成岩的埋深来确定，而断层岩的压实成岩埋深等同于与该点断层岩具有相同泥质含量和成岩程度的围岩埋深，因此要确定断层岩的排替压力其关键在于求取断层岩的压实成岩埋深。联立上述建立的断层岩与围岩成岩程度数学–地质模型（图8.48，图8.49，[式（8.13）～式（8.25）]），即可通过不同深度下围岩成岩程度与 J 点断层岩成岩程度的相对大小，分析在围岩中与断层岩具有相同成岩程度的 K 点埋深，此埋深就是断层岩的压实成岩埋深。

　　也就是说，通过比较上述不同围岩层底界面对应的成岩程度 Q_{ri} 与目标点断层岩 J 的成岩程度 Q_f 间的相对大小，若 $Q_{r3} < Q_f < Q_{r4}$，则与 J 点断层岩具有相同成岩程度的 K 点围岩位于④号地层内，即 $Q_{rK} = Q_f$，此时：

$$Q_{rK} = \int F_{rK} dt = \int_{t_0}^{t_K} (\rho_r - \rho_w) g \cdot h_K dt$$

$$= \int_{t_3}^{t_K} (\rho_r - \rho_w) g \cdot v_4 \cdot t dt + \int_{t_2}^{t_3} (\rho_r - \rho_w) g \cdot [v_4 \cdot (t_4 - t_3) + v_3 \cdot t] dt$$

$$+ \int_{t_1}^{t_2} (\rho_r - \rho_w) g \cdot [v_4 \cdot (t_4 - t_3) + v_3 \cdot (t_3 - t_2) + v_2 \cdot t] dt$$

$$+ \int_{t_0}^{t_1} (\rho_r - \rho_w) g \cdot [v_4 \cdot (t_4 - t_3) + v_3 \cdot (t_3 - t_2) + v_2 \cdot (t_2 - t_1) + v_1 \cdot t] dt$$

$$(8.26)$$

式中，Q_{rK} 为围岩中 K 点成岩程度，$Pa \cdot Ma$；t_K 为 K 点从初始沉积到现今的时间段，Ma；h_K 为 K 点埋深，m。

　　由于 h_K 可表现为 t_K 的函数［式（8.27）］，即可利用式（8.27）明确 K 点沉积后经历的成岩时间，那么就可以确定与目标点断层岩 J 具有相同成岩程度的 K 点围岩埋深，此埋深即 J 点断层岩的压实成岩埋深。

$$h_K = h_3 + v_4 (t_K - t_3) \tag{8.27}$$

　　将利用 SGR 算法得到的断层岩泥质含量与压实成岩埋深代入到式（8.12）中，即可确定目标点断层岩的排替压力。

　　（5）储层岩石排替压力的确定：依据目标断裂两侧典型井的测井数据，结合与断层对置储层实际埋藏深度，利用式（8.12）确定储层岩石排替压力。

　　（6）断层侧向封闭性定量评价：通过比较上述考虑成岩时间对成岩压力作用效果的断层岩与储层岩石排替压力的相对大小，便可对断层侧向封闭性及封闭能力进行定量评价，若断层岩排替压力大于等于储层岩石排替压力，断层侧向封闭，其所能封闭的烃柱高度可根据式（8.11）确定；反之断裂开启，不能遮挡油气聚集成藏。

　　b. 应用实例

　　F11 断裂是南堡凹陷南堡 1 号构造内重要的遮挡断裂，延伸长度约为 2.3km，断裂断距介于 20 ~ 200m，断裂倾角约为 40° ~ 60°（图 8.50，图 8.51），可与其附近断裂相互组合构成有效的断块型圈闭。如图 8.51 所示，F11 断裂在明化镇组沉积末期停止活动，而后断裂带内充填物在上覆沉积载荷等的作用下开始发生成岩作用，故断裂岩所经历的成岩时间约为 2.58Ma。

　　通过实验室实测南堡 1 号构造内 36 块典型岩石样品的排替压力、泥质含量数据，结合平均地温梯度（3.52℃/100m）及各岩样埋深等数据，建立了研究区岩石样品排替压力与其泥质含量、埋深之间的散点图（图 8.52），三者之间呈现出较好的指数关系，并得到式 8.28 用于厘定各岩样所具有的最大排替压力。

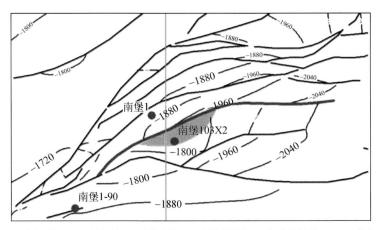

图 8.50　南堡凹陷 1 号构造 F11 断裂明化镇底面构造示意

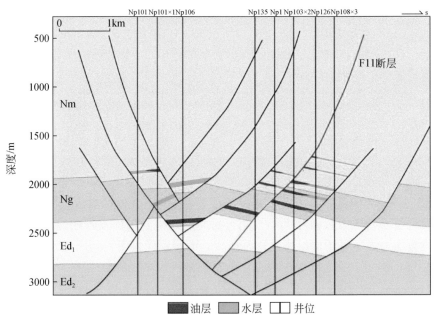

图 8.51　南堡 1 号构造 F11 断裂地质剖面（剖面位置见图 8.50）

$$P_{d} = 0.1538\left(\frac{V_{sh} \cdot Z}{100}\right)^{0.7034} \tag{8.28}$$

式中，P_{d} 为岩石排替压力，MPa；V_{sh} 为岩石泥质含量，%；Z 为岩石压实成岩埋深，m。

首先，利用 F11 断裂附近的钻井数据以及断裂的断距和埋深，根据式（8.1）计算得到 F11 断裂三维空间上各点的断层岩 SGR 值（图 8.53）。其次，按照上述提出的考虑成岩时间对成岩压力作用效果评价方法的计算流程，根据 F11 断裂最后停止活动时间和目标断

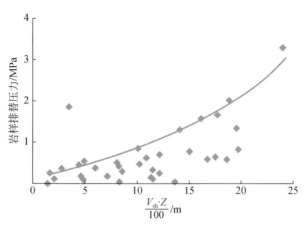

图 8.52　南堡 1 号构造岩石排替压力与其埋深、泥质含量之间关系

点 J 处、断裂上断点 P 处的埋深，以及断裂停止活动后上覆沉积地层的平均沉积速率和断层岩所受成岩时间，利用式（8.16）厘定目标断点的压实成岩程度。然后，根据不同层位围岩的沉积厚度和沉积时间，确定各层位沉积速率，利用式（8.17）～式（8.25）分别确定围岩中计算点位于不同层位底界面时的成岩程度。之后，通过对比断层岩与储层岩石成岩程度的相对大小，确定与目标点断层岩具有相同成岩程度围岩的层位，进而利用式（8.26）和式（8.27）确定 K 点的埋深（即 J 点断层岩的压实成岩埋深），将上述确定的目标点断层岩 SGR 值与压实成岩埋深代入式（8.28）中，便可以确定围岩中 K 点的排替压力，由于 K 点排替压力与 J 点排替压力相等，此排替压力即目标点断层岩 J 的排替压力。同时，根据与 J 点对置的储层岩石的埋深和泥质含量，利用式（8.28）计算各储层岩石的排替压力介于 $0.51 \sim 0.63\mathrm{MPa}$。最后，将断层岩和储层岩石在各点排替压力差的最小值作为断裂的封闭能力的评价标准，并利用式（8.11）厘定不同试油层段断层岩所能封闭的油气柱高度，计算结果如表 8.9 所示。

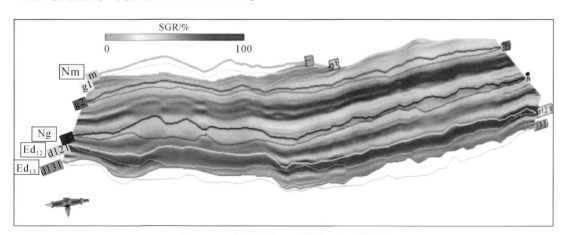

图 8.53　南堡凹陷 F11 断裂 SGR 属性图

表 8.9　南堡 1 号构造 F11 断裂侧向封闭性定量评价数据表

储层编号	储层属性			断裂属性			积分法考虑成岩时间评价结果		未考虑成岩时间评价结果		单一考虑成岩时间评价结果		试油结论	实际烃柱高度/m
	埋深/m	泥质含量/%	排替压力/MPa	SGR值/%	倾角/(°)	排替压力/MPa	断−储排替压力差/MPa	预测烃柱高度/m	断−储排替压力差/MPa	预测烃柱高度/m	断−储排替压力差/MPa	预测烃柱高度/m		
1	1688	33	0.51	74	54	0.61	0.10	77	−0.10	0	0.12	97	油	75
2	1745	33	0.52	73	55	0.62	0.09	71	−0.11	0	0.12	90	油	69
3	1853	34	0.56	81	56	0.68	0.12	93	−0.10	0	0.15	117	油	90
4	1948	34	0.58	82	57	0.70	0.12	96	−0.12	0	0.15	120	油	92
5	2250	33	0.63	80	39	0.84	0.21	168	0.03	20	0.24	188	油	162

　　由表 8.9 所示评价结果可知，利用上述考虑成岩时间对成岩压力作用效果方法得到的 F11 断裂在不同埋深处的断层岩排替压力约为 0.61～0.84MPa，与其对置储层岩石的排替压力约为 0.51～0.63MPa，比较二者间相对大小得到不同深度处断层岩排替压力均大于储层岩石排替压力，断−储排替压力差介于 0.091～0.213MPa。按照研究区地层中原油密度，预测烃柱高度与实际烃柱高度十分接近，误差范围仅为 2～6m。其中，5 号储层受断裂倾角较缓影响，上覆沉积载荷作用在断面上的正应力较大，在储层物性相近的条件下，导致断层岩排替压力及断−排替压力差明显大于其余几套储层，钻遇的实际烃柱高度也明显高于其余储层。

　　除此之外，将利用未考虑成岩时间（吕延防等，2008）和虽然考虑成岩时间、但未考虑其对成岩压力积分累加作用效果（吕延防等，2016）的两种评价方法的计算结果一同列入表 8.9 中，并同时与断层岩实际封闭的烃柱高度进行对比分析，比较不同方法评价结果与实际资料的吻合程度。在利用未考虑成岩时间的断−储排替压力差法对 F11 断裂的侧向封闭能力进行评价时，大大低估了断裂的封闭能力，目标 1～5 号储层仅有 5 号储层排替压力小于断层岩排替压力表现为侧向封闭，且封闭的油柱高度远远低于实际钻遇的油柱高度，可见未考虑成岩时间的断−储排替压力差法在评价断层侧向封闭性时，因忽略了断层岩与储层岩石成岩时间的差异而使断裂实际封闭能力被低估，同时也明确了成岩时间对成岩作用及断层封闭能力的控制作用。而在利用单一考虑成岩时间（未考虑成岩时间对成岩压力作用效果）的断−储排替压力差法计算 F11 断裂的侧向封闭能力时，发现计算结果与实际也存在较大偏差（表 8.9），这主要是由于在评价断层岩与储层岩石排替压力时，只是单一地把时间因素考虑在内，将上覆每一层地层的成岩时间均按照断层岩或储层岩石开始成岩到现今的时间来计算，而实际上不同层位，甚至不同深度的地层其沉积时间均是不同的，地层由下至上经历的成岩时间不断累加，如果仅用断层岩经历的成岩时间当作每一层地层对断层岩的成岩时间，便会较高程度地考虑了成岩时间对断层岩的影响，而忽略了断面所受的断面正应力是随着时间增长而不断增加的，不能仅仅用时间的长短表征压实成岩程度，岩石的压实成岩程度不是一个瞬时的量，而是一个随着成岩时间的增长不停地累积的变量，所以通过利用成岩压力对成岩时间的积分量再现断层岩受压实的成岩过程，合理地考虑了成岩时间对压实成岩的影响作用，得到的断层侧向封闭性评价结果与实际情况十分接近，由此可见，上述提出的在考虑成岩时间对成岩压力作用效果的前提下，用积分的方法表征断层侧向封闭能力更符合地下实际。

C. 考虑岩石各向异性对排替压力影响的评价方法

a. 方法原理

上述断层侧向封闭性的评价方法没有考虑岩石各向异性对排替压力的影响，因此，在实验室实测不同角度泥岩样品排替压力的基础上，结合岩石力学分解关系，综合考虑多个影响封闭能力的因素，建立一套定量评价断层侧向封闭性的方法，对正确认识断裂控藏规律和指导油气勘探具重要意义。具体流程如下：

（1）垂直岩层方向断层岩及储层岩石排替压力的确定：

通过对研究区典型岩样排替压力及泥质含量的测试，结合岩样实际埋藏深度，建立排替压力与泥质含量及埋深三者间函数关系［式（8.12）］；结合研究区地震及测井等实际资料，拟合得到垂直断裂方向断层岩的排替压力及垂直储层层面方向的储层岩石排替压力。

（2）油气运移方向断层岩排替压力的确定：

首先，根据上述不同角度泥岩样品排替压力测试对比结果，由于铅直方向上断层岩所受上覆沉积载荷作用在断面上的正应力最大，导致此方向上断层岩排替压力最大，而水平方向断层岩排替压力最小（图4.17，表4.1）。基于此，按照图8.54a中关系，对铅直、油气运移方向、垂直断裂方向的断层岩排替压力进行分解，建立断层侧向封闭条件下油气运移方向与垂直断裂方向断层岩排替压力间关系［式（8.29）］。

然后，根据上述已确定的垂直断裂方向断层岩排替压力，结合断裂及与其对置储层倾角，便可计算得到油气运移方向断层岩的排替压力。

（3）油气运移方向储层岩石排替压力的确定：

首先，同样考虑到储层岩石受基底及下伏岩层形态的影响，在铅直方向上所受到的静岩压力最大，故按照图8.54b中关系，对铅直、油气运移方向、垂直储层层面方向的储层岩石排替压力进行分解，建立断层侧向封闭条件下油气运移方向与垂直储层层面方向储层岩石排替压力间关系［式（8.30）］。

然后，根据上述已确定的垂直储层层面方向储层岩石排替压力，结合相应储层倾角，便可计算得到油气运移方向储层岩石的排替压力。

$$P_{df} = \frac{P_{dfv} \cdot \cos(90° - \sigma)}{\cos\theta} \tag{8.29}$$

$$P_{dr} = P_{drv} \cdot \tan\sigma \tag{8.30}$$

式中，P_{df} 为油气运移方向断层岩排替压力，MPa；P_{dfv} 为垂直断裂方向断层岩排替压力，MPa；σ 为储层倾角，（°）；θ 为断裂倾角，（°）；P_{dr} 为油气运移方向储层岩石排替压力，MPa；P_{drv} 为垂直储层层面方向储层岩石排替压力，MPa。

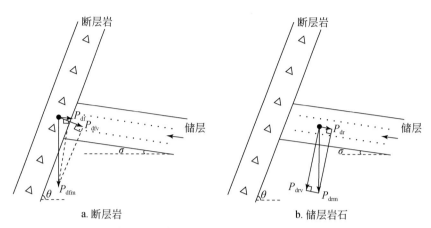

图 8.54　侧向封闭条件下不同方向岩石排替压力变化规律

θ. 断层倾角，(°)；σ. 储层倾角，(°)；P_{dfm}. 铅直方向断层岩石排替压力，MPa；P_{drm}. 铅直方向储层岩石排替压力，MPa；P_{dfv}. 断层方向断层岩排替压力，MPa；P_{df}. 油气运移方向断层岩排替压力，MPa；P_{drv}. 垂直储层方向储层岩石排替压力，MPa；P_{dr}. 油气运移方向储层岩石排替压力，MPa

（4）断层侧向封闭性定量评价：依据断层侧向封闭机理，比较上述确定的油气运移方向断层岩与储层岩石排替压力的相对大小。若油气运移方向断层岩排替压力大于等于储层岩石排替压力，断层侧向封闭，可遮挡油气聚集成藏，所能封闭的烃柱高度可用式（8.11）确定；若油气运移方向断层岩排替压力小于储层岩石排替压力，断裂侧向开启，表现为油气侧向运移的输导通道。

　　b. 应用实例

　　f-np5-3 断裂是南堡 5 号构造内发育的重要反向同生正断裂，横贯南堡 5 号构造东西向（图 8.55），为凹陷内早期伸展–中期走滑伸展–晚期张扭的断裂。f-np5-3 断裂在平面上呈 NEE 向展布，延伸长度约为 9.27km，断面北倾，断距为 0～100m，在剖面上呈上陡下缓铲式分布（图 8.56）。通过分析研究区断裂生长指数及断裂发育史特征，确定 f-np5-3 断裂的主要发育期为沙三段、东一段和东二段及明化镇组上段沉积时期，在明化镇组末期断裂逐渐停止活动，并在上覆沉积载荷的作用下缓慢排出孔隙水并压实成岩（图 8.57）。因此，断层岩的压实成岩时间即明化镇组沉积末期到现今的时间，故 T_f 为 1.81 Ma。

　　根据南堡凹陷 5 号构造内 62 块岩石样品（垂直岩层层面取样）排替压力的测试数据，建立如图 8.58 所示的岩石泥质含量与压实成岩埋深和岩石排替压力间的散点分布图，可知三者具有较好的指数关系。对全部岩石样品做外包络线数学拟合，得到式（8.31）用于计算断层岩与储层岩石在垂直岩层方向上所具有的最大排替压力值。

$$P_{\mathrm{dv}} = 0.7815 \left(\frac{V_{\mathrm{sh}} \cdot Z}{100} \right)^{0.1065} \tag{8.31}$$

式中，P_{dv} 为垂直岩层层面方向岩石排替压力，MPa；V_{sh} 为岩石泥质含量，%；Z 为岩石压实成岩埋深，m。

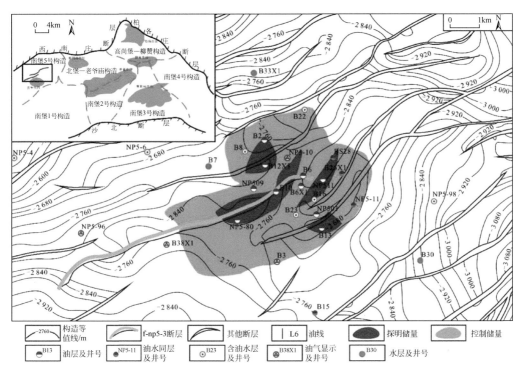

图 8.55　南堡凹陷 5 号构造东二段构造图

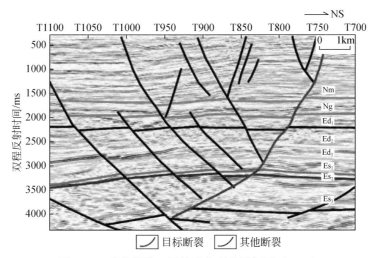

图 8.56　南堡凹陷 5 号构造典型地震剖面（L741）

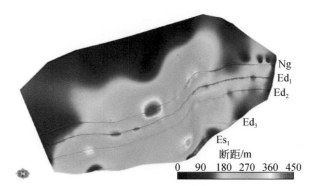

图 8.57　南堡凹陷 5 号构造 f-np5-3 断裂断层面断距属性图

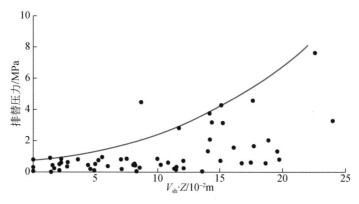

图 8.58　南堡凹陷 5 号构造岩样排替压力与相关属性函数关系

　　首先，选取目标断裂附近自然电位或自然伽马曲线较为完整的 B5 井、B10 井、NP511 井等 8 口井计算典型井上泥质含量，将其与研究区地震资料相结合建立断裂构造地质模型，计算得到 f-np5-3 断裂在三维空间上各点断层岩的 SGR 值与倾角属性（图 8.59）。然后，根据不同埋深条件下断层岩埋深、SGR 值、成岩时间、断面倾角及其两侧围岩沉积厚度、沉积时间等参数，利用式（8.13）～式（8.27）计算得到各深度处断层岩的压实成岩埋深，再结合储层倾角，分别利用式（8.31）及式（8.29）计算得到垂直断裂方向及油气运移方向的断层岩排替压力分别为 1.46～1.54MPa 及 0.45～0.48MPa。同时，依据与目标断层岩对置储层岩石的泥质含量、埋深，利用式（8.31）确定垂直储层层面方向储层岩石的排替压力约为 1.21～1.37MPa，再结合各储层倾角，利用式（8.30）计算求得油气运移方向储层岩石的排替压力，主要介于 0.21～0.24MPa。最后，通过对比不同埋深条件下油气运移方向断层岩与储层岩石排替压力的相对大小，依据断-储排替压力差评价 f-np5-3 断裂的侧向封闭性及封闭能力。

　　由表 8.10 所示评价结果可知，南堡凹陷 5 号构造内 B10 井上倾方向发育的 f-np5-3 断裂在不同储层段内储层及断裂属性差距不大，仅 3 号储层泥质含量为 63.7%，明显高于其余 5 套储层，但油气运移方向储层岩石排替压力仅较其余储层高 0.01～0.03MPa，且各层位断-储排替压力差相差亦不到 0.03MPa，油气运移方向断层岩排替压力均大于

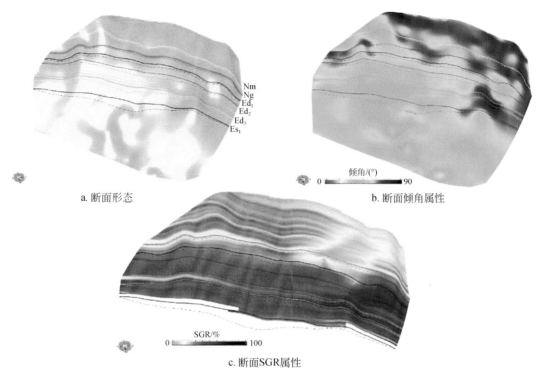

a. 断面形态　　　b. 断面倾角属性

倾角/(°)
0　　90

SGR/%
0　　100

c. 断面SGR属性

图 8.59　南堡凹陷 5 号构造 f-np5-3 断裂断面属性图

储层岩石排替压力，表明 f-np5-3 断裂在东一段—东三段侧向封闭，试油结论表现为含水油层、油水同层、气层及油层，评价结果与实际油气分布规律具有较高的吻合程度，也证明了上述建立的考虑岩石各向异性对排替压力影响的评价方法在厘定断层侧向封闭性时的合理性与准确性。对比垂直断裂方向与油气运移方向断层岩排替压力、垂直储层层面方向与油气运移方向储层岩石排替压力的相对大小，发现对于侧向封闭的断裂，其油气运移方向岩石的排替压力明显小于实验室实测得到的垂直岩层层面方向的排替压力，表明以往未考虑岩石各向异性对断层封闭性控制作用的方法，可能高估了断层岩及储层岩石的排替压力。

表 8.10　南堡凹陷 5 号构造 f-np5-3 断裂在 B10 井处侧向封闭性评价参数表

储层编号	埋深/m	储层属性				断裂属性				断-储排替压力差/MPa	试油结论
		泥质含量/%	倾角/(°)	垂直储层层面方向排替压力/MPa	油气运移方向排替压力/MPa	SGR值/%	倾角/(°)	垂直断裂方向排替压力/MPa	油气运移方向排替压力/MPa		
1	2435.0	27.2	10	1.22	0.22	56	56	1.46	0.45	0.24	油层
2	3114.6	43.8	10	1.32	0.23	42	56	1.52	0.47	0.24	含水油层
3	3060.8	63.7	10	1.37	0.24	45	56	1.52	0.47	0.23	气层

储层编号	埋深/m	储层属性				断裂属性				断–储排替压力差/MPa	试油结论
		泥质含量/%	倾角/(°)	垂直储层层面方向排替压力/MPa	油气运移方向排替压力/MPa	SGR值/%	倾角/(°)	垂直断裂方向排替压力/MPa	油气运移方向排替压力/MPa		
4	3155.5	27.0	10	1.25	0.22	48	56	1.53	0.47	0.25	含水油层
5	3248.2	28.0	10	1.26	0.22	49	56	1.54	0.48	0.26	油水同层
6	3288.9	18.9	10	1.21	0.21	52	56	1.53	0.48	0.26	油水同层

8.3　断层侧向封闭油气有效性及研究方法

对于断层型油气藏而言，其能否聚集油气和油气富集程度不再取决于盖层封闭油气有效性，而应取决于断层侧向封闭油气有效性，其应包括断层侧向封闭能力有效性和时间有效性，断层侧向封闭能力有效性和时间有效性越好，断裂所能封闭住的油气越多；反之则越少。由此可以看出，能否正确认识此问题，应是断层圈闭油气勘探成功与否的关键。

8.3.1　断层侧向封闭能力有效性和时间有效性及其影响因素

所谓断层封闭能力有效性是指断层岩排替压力与油气运移盘储层剩余压力大小之间的匹配关系，如果断层岩排替压力大于或等于油气运移盘储层剩余压力，那么断裂可以封闭住储层中的油气，断层侧向封闭能力有效性好，如图8.60a所示；相反，如果断层岩排替压力小于油气运移盘储层岩石排替压力，那么断裂不能封闭住油气运移盘储层中的油气，油气可在剩余压力的作用下通过断裂发生侧向运移散失，直至储层剩余压力等于断层岩排替压力为止，断层侧向封闭能力有效性差，如图8.60b所示。

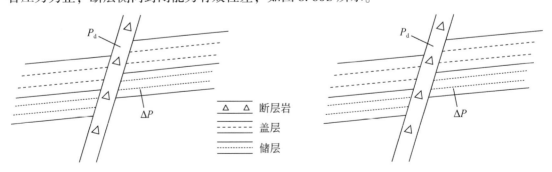

a. 断层封闭能力有效性好($P_d \geq \Delta P$)　　　　　　　　　b. 断层封闭能力有效性差($P_d < \Delta P$)

图 8.60　断层封闭能力有效性和时间有效性示意图

P_d. 断层岩排替压力；ΔP. 储层剩余压力

所谓断层侧向封闭时间有效性是指断层侧向封闭性形成时期与源岩排烃高峰期之间的匹配关系，如果断层侧向封闭性形成时期早于或与源岩排烃高峰期同期，那么断裂可以侧向封闭住源岩排出的大量油气，有利于油气聚集与保存，断层侧向封闭的时间有效性好，如图 8.61a 所示；相反，如果断层侧向封闭性形成时期晚于源岩排烃高峰期同期，那么断裂所能侧向封闭住的源岩生排烃量大小受到二者时间差大小的影响，二者时间差越小，断裂所能封闭住的源岩排烃量越大，断层侧向封闭时间有效性相对越好；反之则相对越差，如图 8.61b 所示。

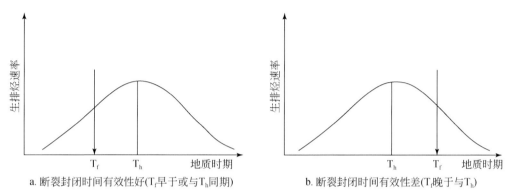

图 8.61　断层封闭能力有效性和时间有效性示意图

T_h. 源岩生排烃高峰期；T_f. 断裂封闭能力形成时期

8.3.2　断层侧向封闭能力有效性和时间有效性的研究方法

由于断层侧向封闭能力有效性和时间有效性所反映的断层封闭油气特征不同，其影响因素不同，研究方法也就不同。

要研究断层侧向封闭能力有效性，就必须确定断层岩排替压力和油气运移盘储层剩余压力。断层岩排替压力和油气运移盘储层剩余压力可按照前文中的研究方法求得，通过比较已确定的断层岩排替压力和油气运移盘储层剩余压力的相对大小，便可以对断层侧向封闭能力有效性进行研究。

要研究断层侧向封闭时间有效性，就必须确定出断层侧向封闭性形成时期和源岩排烃高峰期。断层侧向封闭性形成时期和源岩排烃高峰期的确定方法可详见本书第 4 章内容获得。通过比较已确定出的断层侧向封闭性形成时期与源岩排烃高峰期的相对早晚，便可以对断层侧向封闭时间有效性进行研究。

8.3.3　应用实例

以上述渤海湾盆地南堡 5 号构造 F1 断裂为例，利用上述方法研究其东二段侧向封闭油气能力有效性和时间有效性，并通过分析利用上述方法得到的评价结果与目前东二段已发现天然气分布间关系，验证该方法用于研究断层侧向封闭能力有效性和时间有效性的可行性。

依据 F1 断裂在 9 条测线处东二段泥岩盖层埋深、倾角、断裂停止活动时间、东二段围岩地层压实成岩时间、埋深等参数，由前文断层岩排替压力计算方法，求得 F1 断裂在 9 条测线处在东二段内断层岩排替压力为 0.863 ~ 1.919MPa。根据 F1 断裂在 9 条测线处东二段储层压力系数和埋深资料（表 8.11），按照前文储层剩余压力的计算方法，求得 F1 断裂在 9 条测线处东二段储层剩余压力为 –2.881 ~ 6.865MPa。

表 8.11　F1 断裂在 9 条测线处与东二段侧向封闭能力有效性计算表

测线号	东二段埋深/m	东二段储层压力系数	东二段储层剩余压力/MPa	断层岩压实成岩埋深之间/m	断层岩泥质含量/%	断层岩排替压力/MPa	断层侧向封闭能力有效性
L_1	2340.7	0.908	–2.153	1369.3	94.9	1.479	好
L_2	2670.5	0.964	–0.096	1562.2	98.9	1.919	好
L_3	2634.9	1.005	0.013	1541.4	90.5	1.898	好
L_4	2686.6	0.987	–0.635	1571.6	92.8	1.759	好
L_5	2628.8	1.056	1.472	1537.8	85.7	1.510	好
L_6	2648.7	1.218	5.774	1549.4	72.5	1.187	差
L_7	2459.6	1.220	5.411	1438.8	63.2	0.863	差
L_8	2626.1	1.057	1.497	1536.2	86.9	1.240	好
L_9	2562.3	1.048	1.230	1498.9	89.6	1.554	好

通过对比 F1 断裂在 9 条测线处东二段内断层岩排替压力与东二段储层剩余压力的相对大小（表 8.11）可以得到，F1 断裂在测线 L_1、L_2、L_3、L_4、L_5、L_8、L_9 处在东二段内断层岩排替压力大于东二段储层剩余压力，断层侧向封闭能力有效性较好，有利于油气在东二段储层内聚集与保存。而在测线 L_6、L_7 处 F1 断裂在东二段内断层岩排替压力小于东二段储层剩余压力，断层侧向封闭能力有效性差，不利于油气在东二段内聚集与保存。由图 4.28 可以看出，南堡 5 号构造 F1 断裂附近东二段内发现的天然气主要分布在测线 L_8 和 L_9 处，这主要是由于 F1 断裂在测线 L_8 和 L_9 处侧向封闭能力有效性好，构造圈闭发育造成的，而测线 L_1、L_2、L_3、L_4、L_5 处虽然断层侧向封闭能力有效性较好，但目前尚未钻遇天然气的主要原因是断层圈闭不发育。

通过地层古厚度恢复方法恢复不同地质时期 F1 断裂在东二段内断层岩和东二段储层岩古埋深，在假设断层岩和储层岩石泥质含量不变的条件下，便可以得到 F1 断裂在东二段内断层岩排替压力随时间变化关系和东二段储层岩石排替压力随时间变化关系，取二者相等处所对应的时期即断层岩封闭性形成时期，即馆陶组沉积早期。由前文可知，南堡凹陷沙三段或沙一段源岩在沙一段沉积中期开始向外排烃，在馆陶组沉积中期达到第一次排烃高峰期,在明化镇组沉积早期达到第二次排烃高峰期。由此看出,F1 断裂在东二段内断层岩封闭性形成时期晚于沙三段和沙一段源岩第一次排烃高峰期,不利于源岩第一次大量排出油气的聚集与保存。但 F1 断裂在东二段内断层岩侧向封闭性形成时期早于沙三段和沙一段源岩第二次排烃高峰期,有利于源岩第二次大量排出油气的聚集与保存,这可能是南堡 5 号构造目前能在东二段储层发现天然气的根本原因。

第9章 断裂再活动破坏油气藏机制及研究方法

油气勘探实践表明，油气藏形成后断裂再活动，既可以破坏油气藏，也可以使油气藏中的油气发生再分配，在上覆地层中形成次生油气藏。因此，正确认识断裂再活动破坏油气藏作用机制，建立一套研究方法，对于指导含油气盆地断裂发育地区上覆次生油气藏勘探具有重要意义。

9.1 断裂再活动破坏油气藏机制及条件

断裂再活动之所以破坏油气藏，是因为断裂再活动破坏了油气藏的盖层封闭性，使原来已封闭的断裂变成不封闭断层，油气沿断裂穿过盖层向外散失，使油气藏遭到破坏，如果断裂向上延伸至地表，油气藏中的油气沿断裂运移至地表完全散失，油气藏遭到完全破坏，如图9.1a所示。如果断裂向上未延至地表，油气藏中的油气沿断裂向上运移不能至地表散失，只能在上覆断层圈闭中聚集，形成次生油气藏，如图9.1b所示。如果下伏油气藏中的油气全部向上运移，那么油气会在上覆圈闭中聚集成藏，而下伏油气藏变成了古油气藏。如果下伏油气藏中仅一部分油气向上覆断层圈闭中运移，那么下伏断层圈闭和上覆断层圈闭皆可有油气聚集成藏。上覆油气藏与下伏油气藏为互补关系，下伏油气藏油气富集，上覆油气藏油气则不富集；反之上覆油气藏油气富集。

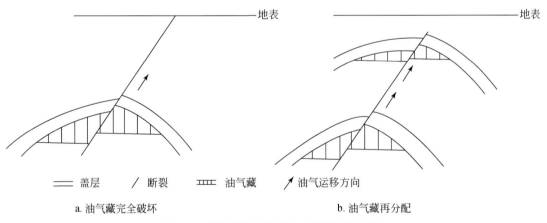

| ── 盖层 | ／ 断裂 | ⫿⫿ 油气藏 | ↗ 油气运移方向 |

a. 油气藏完全破坏　　　　　　　　　　　　　　b. 油气藏再分配

图9.1　断裂再活动破坏油气藏类型示意图

由上述分析可以看出，断裂再活动破坏油气藏的条件应是下伏油气藏的断盖配置不封闭。断裂再活动能否破坏盖层，主要取决于断裂在盖层内分段生长上下是否连接。如果断裂在盖层内分段生长上下连接，那么断裂将成为油气穿过盖层向上运移的输导通道，油气沿断裂可穿过盖层向上运移，断盖配置不封闭；反之，断盖配置封闭，如图9.2所示。断盖配置是否封闭的确定方法详见第 4 章第二节内容，根据断盖配置断接厚度与断裂在盖层内分段生长上下连接所需的最大断接厚度的相对大小，便可以判断断裂再活动是否破坏油气藏，如果断盖配置断接厚度大于或等于断裂在盖层内分段生长连接所需的最大断接厚度，断盖配置封闭，断裂再活动不能破坏油气藏；反之断裂破坏油气藏。

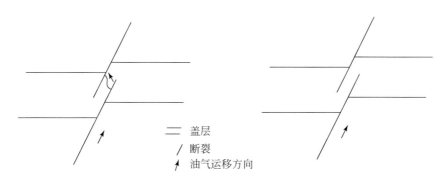

　　　　a. 断盖配置不封闭　　　　　　　　　　　b. 断盖配置封闭
　　（断裂在盖层内分段生长上下连接）　　　　（断裂在盖层内分段生长上下不连接）

图 9.2　断盖配置封闭与不封闭示意图

　　以南堡凹陷南堡 1 号构造为例，研究区可以 F1 断裂和 F2 断裂为界划分为 3 个区，F1 断裂上盘为南堡 1-1 断鼻，F1 断裂与 F2 断裂所夹区域为南堡 1-3 断块区，F2 断裂以南为南堡 1-5 鼻状构造区（图 9.3）。研究区目前已发现的油气主要分布在东营组和馆陶组。流体包裹体均一温度和井埋藏史及热史表明，南堡 1 号构造东营组和馆陶组油气成藏期是 25.5 ~ 24.6Ma 和 9.5 ~ 5Ma，分别对应时期为东营组沉积末期和明化镇组沉积中期。

　　东营组沉积末期下伏沙三段或沙一段—东三段源岩生成的油气沿断裂向上运移进入东营组储层中聚集成藏，在明化镇组沉积中期断裂再活动，东营组中已形成的油气藏能否被断裂再活动破坏，关键取决于断裂与馆陶组三段火山岩盖层配置是否封闭；如果此断盖配置封闭，东营组油气藏就不能被破坏；反之则被破坏。由油源断裂定义，南堡 1 号构造东营组和馆陶组油源断裂应为连接沙三段和沙一段源岩和东营组或馆陶组储层，且在油气成藏期——东营组沉积末期或明化镇组沉积中期活动的断裂。由图 9.4 可以看出，南堡 1 号构造共发育 7 条油源断裂。由钻井揭示结果可知，南堡 1 号构造馆陶组三段火山岩盖层发育，岩性主要为绿色、灰色玄武岩、玄武质泥岩，并与砾岩、砂岩及薄层泥岩互层，其层数和厚度在横向变化较大，致密玄武岩及玄武质泥岩累计厚度为 0 ~ 505m，一般单层厚度为 3 ~ 20m，最大单层厚度可达 176m。盖层厚度变化具有西厚东薄的特征，最大值位于西南部南堡 1-29 井附近，往东至南堡 1-23 井—南堡 1-8 井—南堡 1-6 井一线，馆陶组三段火山岩盖层厚度明显变薄，厚度变化在 40 ~ 120m。

　　由南堡 1 号构造馆陶组三段火山岩盖层厚度减去断裂断距得到的断盖配置断接厚度值，结合馆陶组三段火山岩盖层上下油气分布特征，可以得到断裂在馆陶组三段火山岩盖层内分段生长上下连接所需要的最大断接厚度约为 79 ~ 93m，如图 9.5 所示。

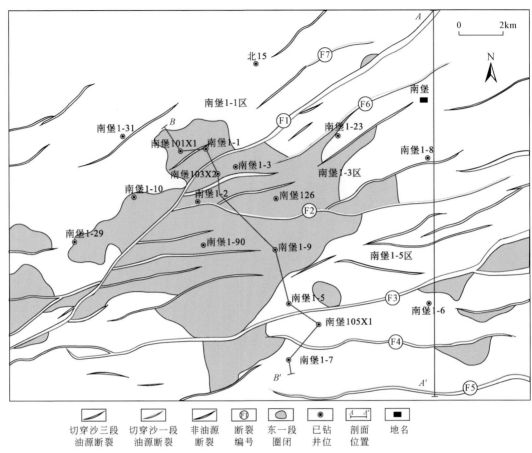

图 9.3　南堡 1 号构造中浅层构造及油源断裂分布

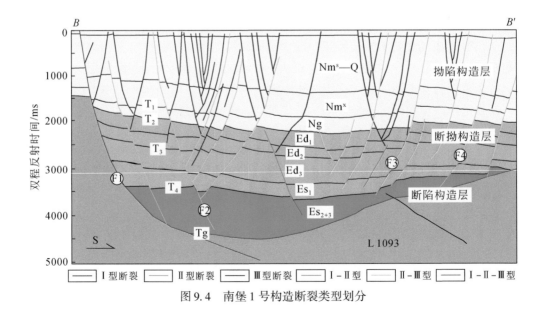

图 9.4　南堡 1 号构造断裂类型划分

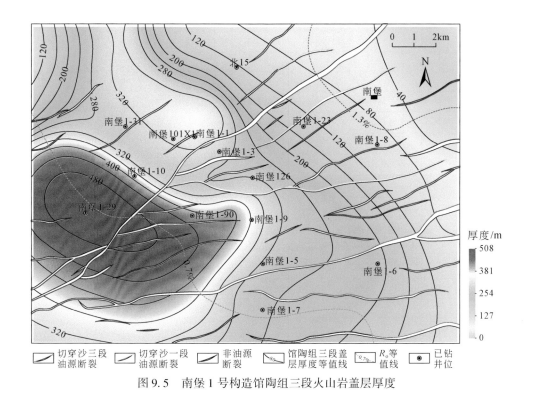

图 9.5 南堡 1 号构造馆陶组三段火山岩盖层厚度

由图 9.6 可以看出，南堡 1 号构造在南堡 1-1 鼻状构造区和南堡 1-3 断块区，断盖配置断接厚度小于断裂在馆陶组三段火山岩盖层内分段生长上下连接所需的最大断接厚度，断盖配置不封闭，断裂在明化镇组沉积中期再活动破坏了东营组油气藏，使东营组油气藏中的油气向上运移至馆陶组中。而在南堡 1-5 断鼻构造区断盖配置断接厚度大于断裂在馆陶组三段火山岩盖层内分段生长上下连接所需的最大断接厚度，断盖配置封闭，断裂在明化镇组沉积中期再活动不能破坏东营组油气藏，东营组油气藏中油气没有在上覆馆陶组中聚集分布，如图 9.6 所示。

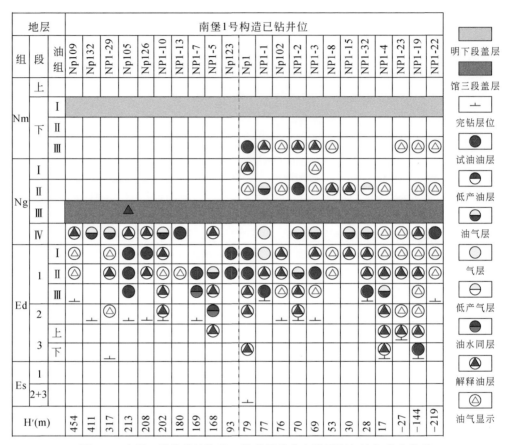

图 9.6　南堡 1 号构造馆陶组三段盖层残余有效厚度与油气分布关系

9.2　断裂再活动破坏油气藏区的预测方法

由上可知，要预测断裂再活动破坏油气藏区，就必须确定出油气藏分布区和断盖配置不封闭区，二者重合区即断裂再活动破坏油气藏区。

油气藏分布区可根据钻井揭示的油气显示资料，将工业油气流井分布区作为油气藏分布区，如图 9.7 所示。

断盖配置不封闭区可根据盖层厚度和其内断裂断距，计算断盖配置断接厚度，并将其标注在平面图上，将其小于断裂在盖层内分段生长上下连接所需的最大断接厚度的区域圈在一起，即断盖配置不封闭区。将上述油气藏分布区和断盖配置不封闭区叠合，便可以得到断裂再活动破坏油气藏区，即二者重合区，如图 9.7 所示。

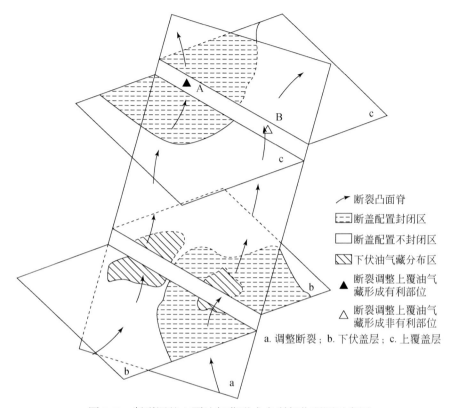

图 9.7　断裂调整上覆油气藏形成有利部位预测示意图

　　如海拉尔盆地贝尔凹陷东北地区的下白垩统南屯组储层，是油气的主要产层，油气主要来自其下南屯组一段下部的煤系源岩（图 7.31）。属于下生上储式生储盖组合，南屯组一段下部源岩生成的油气在伊敏组沉积末期沿断裂向上覆南屯组储层中运移和聚集。南屯组油气藏形成后，在伊敏组沉积末期——青元岗组沉积时期断裂再活动，破坏了南屯组油气藏，使南屯组油气藏中部分油气向上运移至大磨拐河组中，能否准确地预测出南屯组断裂再活动破坏油气藏区，对于指导大磨拐河组油气勘探至关重要。

　　由钻井揭示的贝尔凹陷东北地区南屯组油气藏分布可以看出，南屯组油气藏主要分布在苏德尔特潜山构造带中部、霍多莫尔鼻状构造带核部和贝西洼槽边部 5 个局部地区内。

　　由钻井和地震资料揭示，贝尔凹陷东北地区南屯组油层盖层最大厚度可达 300m，主要分布在苏德尔特潜山构造带西部和其北部的贝西洼槽内，次极值区主要分布在苏德尔特潜山构造带东部、霍多莫尔断鼻构造带西北部、南部和东部地区，南屯组泥岩盖层厚度最大可达 250m。由这些高值区向其四周延伸，南屯组泥岩盖层厚度逐渐减小，在苏德尔特潜山构造带南部，霍多莫尔鼻状构造带及其北部贝西洼槽 4 个局部地区南屯组泥岩盖层厚度达到最小，如图 9.8 所示。

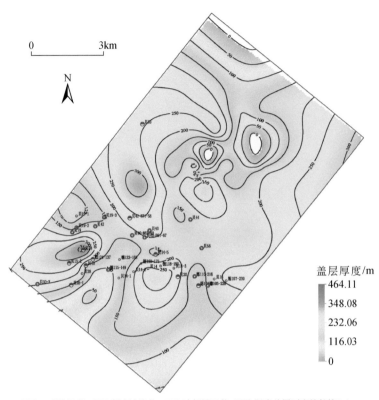

☐ 工业油流井　☐ 低产油流井　☐ 油气显示井　☐ 泥岩盖层厚度等值线(m)

图 9.8　贝尔凹陷东北地区南屯组泥岩盖层厚度分布图

　　由图 9.9 可以看出，贝尔凹陷东北地区南屯组泥岩盖层内断裂发育，主要为北东东向展布，少量为东西向和南北向展布。除少数几条断裂发育规模较大外，其余断裂发育规模相对较小。由贝尔凹陷东北地区 38 口井处断盖配置断接厚度和南屯组泥岩盖层上下油气分布，可得到断裂在南屯组泥岩盖层内分段生长上下连接所需的最大断接厚度约为 89 ~ 95m。由贝尔凹陷东北地区所有断盖配置断接厚度和上述所确定出的断裂在南屯组泥岩盖层内分段生长上下连接所需的最大断接厚度，便可以得到贝尔凹陷东北地区断盖配置不封闭区（图 9.9）。评价结果显示，贝尔凹陷东北地区断盖配置不封闭区主要分布在 15 条断裂处，其中规模相对较大的断裂有 3 条，其余 12 条断裂规模均较小。主要分布在贝尔凹陷东北地区的中部、南部和北部。

　　将上述贝尔凹陷东北地区南屯组油气藏分布与断盖配置不封闭区叠合，便可以得到其断裂再活动破坏油气藏区，如图 9.10 所示。由图 9.10 中可以看出，贝尔凹陷东北地区断裂再活动破坏南屯组油气藏区主要分布在苏德尔特潜山构造带中部、霍多莫尔断鼻构造带核部和贝西洼槽 5 个局部地区。目前贝尔凹陷东北地区大磨拐河组已发现的油气皆分布在断裂再活动破坏油气藏区内，这是因为只有位于断裂再活动破坏油气藏区内的大磨拐河组断层圈闭，才能从下伏南屯组油气藏通过断裂破坏获得油气进行运聚成藏；否则其他成藏条件再好，也无油气聚集成藏。

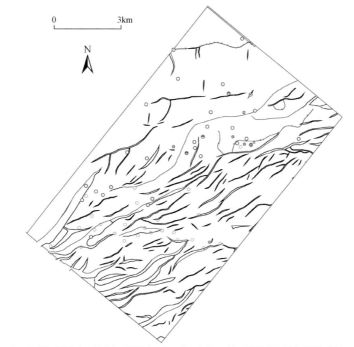

<图示说明> 南一段油气 □ 南二段油气 □ 南一段和南二段均有油气 □ 调整断裂 □ 非调整断裂

图9.9 贝尔凹陷东北地区南屯组断盖配置不封闭区分布图

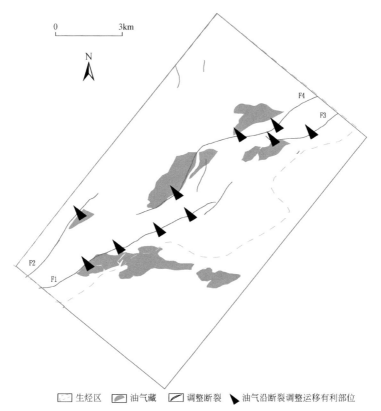

<图示说明> 生烃区 □ 油气藏 □ 调整断裂 ▶ 油气沿断裂调整运移有利部位

图9.10 贝尔凹陷东北地区南屯组油气藏、源岩区和油气沿断裂调整运移有利部位间关系分布区

9.3　断裂再活动形成次生油气藏有利部位的预测方法

　　油气藏遭到断裂再活动破坏后，油气藏中的油气将沿着断裂向上覆地层中运移，要形成次生油气藏，其断盖配置应是封闭的，才能使运移进入断层圈闭中的油气聚集保存形成油气藏，其模式如图 9.11 所示。因此，要预测断裂再活动形成次生油气藏的有利部位，就必须确定断层再活动破坏油气藏区、油气沿断裂向上运移有利部位和次生油气藏断盖配置封闭区，三者叠合处即断裂再活动形成次生油气藏有利部位。

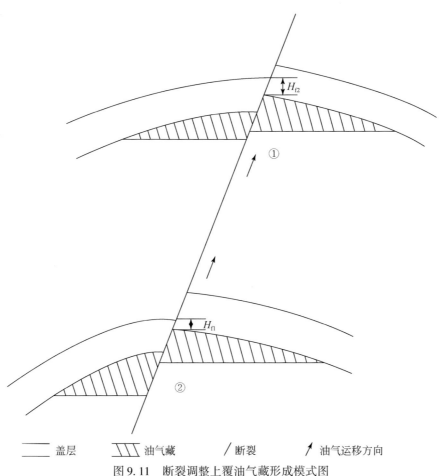

——盖层　　▨油气藏　　／断裂　　↗油气运移方向

图 9.11　断裂调整上覆油气藏形成模式图

H_{f1}、H_{f2}. 下部和上部断盖配置断接厚度；H_{fmin}. 断盖配置封油气所需的最小断接厚度；

①断裂调整上覆油气藏（$H_{f1} \geqslant H_{fmin}$）；②下伏油气藏（$H_{f1} < H_{fmin}$）

　　断裂再活动破坏油气藏区的预测方法详见本章 9.2 节内容，次生油气藏断盖配置封闭区也可参考本章第二节断盖配置不封闭的预测方法进行预测，只是不应把断盖断接厚度小于断裂在盖层内分段生长上下连接所需的最大断接厚度的区域叠合在一起，而是应把断盖配置断接厚度大于断裂在盖层内分段生长上下连接所需的最大断接厚度的区域叠合在一起即次生油气藏断盖配置封闭区。

　　油气沿断裂向上运移有利部位可以按照以下方法进行确定，首先根据断裂断穿层位，结合油气成藏期（可根据储层流体包裹体均一温度，结合埋藏史和热史求得）确定断裂类型，即连接油气藏、上覆次生油气藏和在油气藏形成后活动的断裂。其次是利用地震资料追索断裂断层的空间分布，利用断层面埋深，由式（6.7）计算断层面油气势能值，做断层面油气势能等值线分布图。最后，由断层面油气势能等值线法线汇聚特征，便可以得到油气沿断裂运移的有利部位，即断层面的凸面脊，如图 9.12 所示。

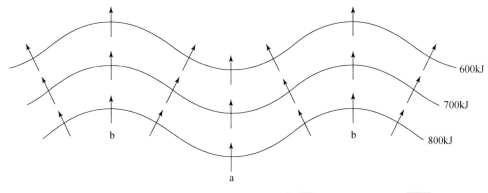

a. 凸面脊(油气沿断裂上调运移有利部位)　　b. 凹面脊　　$\boxed{600\text{kJ}}$ 油气势能等值线　　$\boxed{\nearrow}$ 油气运移方向

图 9.12　油气沿断裂调整运移有利部位示意图

　　将上述已确定的断裂再活动破坏油气藏区、油气沿断裂运移有利部位和上覆次生油气藏断盖配置封闭区叠合，三者的重合部位即断裂再活动形成次生油气藏有利部位。

　　如上述海拉尔盆地贝尔凹陷东北地区下白垩统的大磨拐河组目前已发现了大量油气，但油源对比结果表明，大磨拐河组油气不是直接来自下伏南屯组一段下部源岩，而是来自南屯组油气藏，其油气成藏期略晚于南屯组油气藏的形成时期（伊敏组沉积末期），为伊敏组沉积末期—青元岗组沉积时期。这主要是由于断裂在伊敏组沉积末期—青元岗组沉积时期再活动破坏了南屯组已形成的油气藏，使南屯组油气藏中的油气沿断裂向上运移，在大磨拐河组中聚集形成了次生油气藏。因此，能否准确地预测出大磨拐河组断裂再活动形成次生油气藏有利部位，对指导贝尔凹陷东北地区大磨拐河组油气藏勘探至关重要。

　　按照上述第二节中断裂再活动破坏油气藏区的预测方法，可以得到贝尔凹陷东北地区断裂再活动破坏南屯组油气藏区分布（图 9.10）。

　　贝尔凹陷东北地区大磨拐河组油气受上覆大磨拐河组发育的泥岩盖层遮挡，由钻井和地震资料可以得到，贝尔凹陷东北地区大磨拐河组泥岩盖层最大厚度可达到 1200m，主要分布在研究区西部的贝尔洼槽，由此向四周延伸，大磨拐河组泥岩盖层厚度逐渐减小，在贝尔凹陷东北地区东南边部减小至 100m 以下，如图 9.13 所示。由于贝尔凹陷东北地区大磨拐河组泥岩盖层厚度相对较大，断裂断距相对较小，虽遭到断裂破坏，但破坏程度较小，至今其上未见到油气显示，如图 9.14 所示，说明大磨拐河组断盖配置应是封闭的，有利于大磨拐河组次生油气藏的形成与保存。

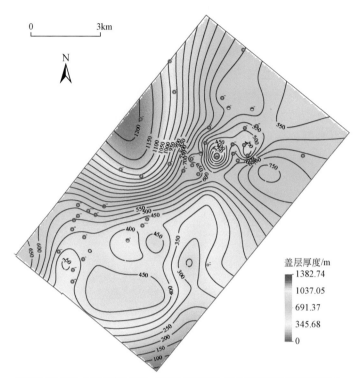

盖层厚度/m

1382.74
1037.05
691.37
345.68
0

▣ 工业油流井　◎ 低产油流井　▢ 油气显示井　〰 泥岩盖层厚度等值线(m)

图 9.13　贝尔凹陷东北地区大磨拐河组泥岩盖层厚度分布图

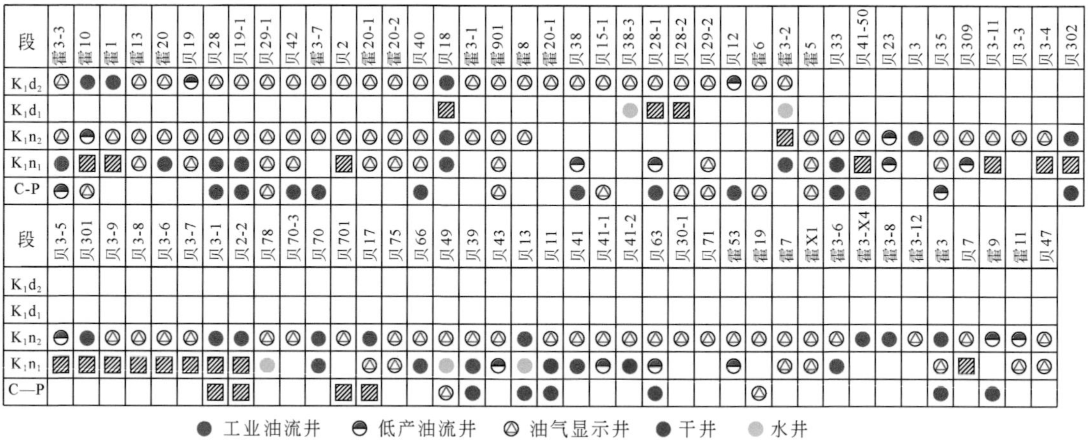

段	霍3-3	霍10	霍1	霍13	霍20	贝19	霍28	贝19-1	霍29-1	贝42	霍3-7	贝2	霍20-1	霍20-2	贝40	贝18	霍3-1	霍901	霍8	霍20-1	贝38	贝15-1	贝38-3	霍28-1	霍28-2	霍29-2	贝12	霍6	霍3-2	霍5	贝33	贝41-50	贝23	贝3	贝35	贝309	贝3-11	贝3-3	贝3-4	贝302
K_1d_2																																								
K_1d_1																																								
K_1n_2																																								
K_1n_1																																								
C-P																																								

段	贝3-5	贝301	贝3-9	贝3-8	贝3-6	贝3-7	贝3-1	贝2-2	贝78	贝70-3	贝70	贝701	贝17	贝75	贝66	贝49	贝39	贝43	贝13	贝11	贝41	贝41-1	贝41-2	贝63	贝30-1	贝71	贝53	霍19	霍7	霍X1	霍3-6	霍3-X4	霍3-8	贝3-12	霍3	霍7	霍9	霍11	贝47
K_1d_2																																							
K_1d_1																																							
K_1n_2																																							
K_1n_1																																							
C—P																																							

● 工业油流井　◒ 低产油流井　◬ 油气显示井　● 干井　● 水井

图 9.14　贝尔凹陷东北地区大磨拐河组泥岩盖层与油气分布关系图

利用三维地震资料追索，贝尔凹陷东北地区南屯组被破坏油气藏区内断裂（图 9.15）断层面空间分布，利用断层面埋深，由式（6.7）计算其油气势能值，由断层面油气势能等值线法线汇聚线便可以得到南屯组油气藏中油气沿断裂向上运移的有利部位，如图 9.15

所示。由图 9.15 可以看出，贝尔凹陷东北地区南屯组油气藏破坏区内断裂共发育 10 处油气运移有利部位，主要分布在 F1 断裂和 F3 断裂两条断裂上（共有 7 处油气沿断裂运移有利部位），F4 断裂发育 2 个油气运移有利部位，F2 断裂只发育一个油气运移有利部位，如图 9.15 所示。

将上述已确定出的贝尔凹陷东北地区断裂再活动破坏南屯组油气藏区、油气沿断裂运移有利部位和大磨拐河组次生油气藏断盖配置封闭区叠合，便可以得到大磨拐河组断裂再活动形成次生油气藏有利部位。由图 9.15 可以看出，贝尔凹陷东北地区大磨拐河组断裂再活动形成次生油气藏有利部位主要分布在苏德尔特潜山构造带中部、霍多莫尔鼻状构造带核部和贝西洼槽边部的 5 个局部地区。

评价结果揭示，贝尔凹陷东北地区大磨拐河组目前已发现的油气藏均分布在大磨拐河组断裂再活动形成次生油气藏有利部位及其附近，这是因为只有位于大磨拐河组断裂再活动形成次生油气藏有利部位及其附近的断层圈闭，才能通过断裂油气运移有利部位从下伏南屯组油气藏中获得大量油气，克服油气运聚途中的各种损耗，有利于大磨拐河组次生油气藏形成的缘故。

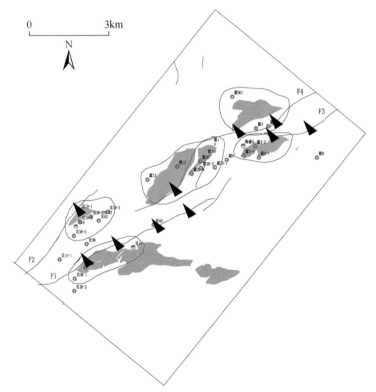

图 9.15　贝尔凹陷东北地区大磨拐河组断裂调整油气藏形成有利部位与油气分布关系图

参 考 文 献

白宝玲.2008.构造作用对烃源岩演化和分布的影响.海洋石油,28:26-30.

曹兰柱,莫午零,王建瑞,等.2012.从霸县凹陷的重大突破看廊固凹陷的勘探潜力.中国石油勘探,17:28-34.

曹中宏,张红臣,刘国勇,等.2015.南堡凹陷碳酸盐岩优质储层发育主控因素与分布预测.石油与天然气地质,36:103-110.

柴永波,李伟,刘超,等.2015.渤海海域古近纪断裂活动对烃源岩的控制作用.断块油气田,22:409-414.

达江,宋岩,赵孟军,等.2007.前陆盆地冲断推覆作用与烃源岩演化.天然气工业,27(3):17-19.

杜栩,郑洪印,焦秀琼.1995.异常压力与油气分布.地学前缘,2(3~4):137-148.

付广,陈章明,姜振学.1995.盖层物性封闭能力的研究方法.中国海上油气(地质),9(2):83-88.

付广,孙同文,吕延防.2014.南堡凹陷断砂配置侧向输导油气能力评价方法.中国矿业大学学报,43:79-87.

付广,王浩然.2018.利用地震资料预测油源断裂有利输导油气部位.石油地球物理勘探,53:161-168.

付晓飞,方德庆,吕延防,等.2005.从断裂带内部出发评价断层垂向封闭性的方法.地球科学:中国地质大学学报,30(3):328-336.

付晓飞,吕延防,付广,等.2004.逆掩断层垂向封闭性定量模拟实验及评价方法.地质科学,39(2):223-233.

付晓飞,孙兵,王海学,等.2015.断层分段生长定量表征及在油气成藏研究中的应用.中国矿业大学学报,44(2):271-281.

付晓飞,许鹏,魏长柱,等.2012.张性断裂带内部结构特征及油气运移和保存研究.地学前缘,19(6):200-212.

高长海,查明,葛盛权,等.2014.冀中富油凹陷弱构造带油气成藏主控因素及模式.石油与天然气地质,35:595-600.

龚再升,蔡东升,张功成.2007.郯庐断裂对渤海海域东部油气成藏的控制作用.石油学报,28(4):1-10.

巩磊,曾联波,苗凤彬,等.2012.分形几何方法在复杂裂缝系统描述中的应用.湖南科技大学学报(自然科学版),27:6-10.

郭凯,曾溅辉,金凤鸣,等.2015.冀中拗陷文安斜坡第三系油气有效输导体系研究.石油实验地质,37:179-186.

何建华,丁文龙,李瑞娜,等.2016.黄骅拗陷中区和北区沙河街组陆相页岩气形成条件及资源潜力.油气地质与采收率,23:22-30.

侯贵廷,钱祥麟,蔡东升.2001.渤海湾盆地中、新生代构造演化研究.北京大学学报(自然科学版),37(6):845-851.

胡欣蕾.2019.渤海湾盆地辛48及永66区块气驱油开发过程中断层岩临界渗漏条件定量研究.大庆:东北石油大学.

胡欣蕾，吕延防 . 2019. 基于 SGR 下限值法对断层侧向封闭性评价方法的改进 . 中国矿业大学学报，48：1330-1342.

胡欣蕾，吕延防，孙永河，等 . 2018. 泥岩盖层内断层垂向封闭能力综合定量评价：以南堡凹陷 5 号构造东二段泥岩盖层为例 . 吉林大学学报（地球科学版），48：705-718.

华保钦 . 1995. 构造应力场、地震泵和油气运移 . 沉积学报，13（2）：77-85.

黄加力 . 2017. 霸县凹陷沙河街组中深层储层特征及主控因素研究 . 成都：成都理工大学 .

贾茹，付晓飞，孟令东，等 . 2017. 断裂及其伴生微构造对不同类型储层的改造机理 . 石油学报，38：286-296.

贾智彬，侯读杰，孙德强，等 . 2016. 热水沉积判别标志及与烃源岩的耦合关系 . 天然气地球科学，27：1025-1034.

姜雪，吴克强，刘丽芳，等 . 2014. 构造活动对富生油凹陷烃源岩的定量控制——以中国近海古近系为例 . 石油学报，35：455-461.

姜雪，邹华耀，庄新兵，等 . 2010. 辽东湾地区烃源岩特征及其主控因素 . 中国石油大学学报（自然科学版），34：31-37.

蒋迪 . 2016. 冀中坳陷文安斜坡断裂构造特征及控藏作用 . 大庆：东北石油大学 .

金凤鸣，师玉雷，罗强，等 . 2012. 廊固凹陷烃源岩精细评价研究及应用 . 中国石油勘探，17：23-27.

李爱芬，刘艳霞，张化强，等 . 2011. 用逐步稳态替换法确定低渗油藏合理井距 . 中国石油大学学报（自然科学版），35：89-92.

李宏伟，邓宏文，陈富新 . 2000. 含油气盆地火山岩与油气关系浅论 . 地学前缘，(4)：410.

李强，田晓平，孙风涛，等 . 2019. 辽中凹陷南洼构造转换带发育特征及其对油气成藏的控制作用 . 油气地质与采收率，26：41-47.

刘佳宜，刘全有，朱东亚，等 . 2018. 深部流体在富有机质烃源岩形成中的作用 . 天然气地球科学，29：168-177.

刘峻桥，张桐，孙同文，等 . 2017. 油源断裂输导能力对油气分布的控制作用 . 特种油气藏，24：27-31.

刘哲 . 2010. 断层侧向封闭性评价方法及应用 . 大庆：大庆石油学院 .

吕延防，陈章明，付广，等 . 1993. 盖岩排替压力研究 . 大庆石油学院学报，17（4）：1-7.

吕延防，黄劲松，付广，等 . 2009. 砂泥岩薄互层段中断层封闭性的定量研究 . 石油学报，30：824-829.

吕延防，万军，沙子萱，等 . 2008. 被断裂破坏的盖层封闭能力评价方法及其应用 . 地质科学，43（1）：162-174.

吕延防，王伟，胡欣蕾，等 . 2016. 断层侧向封闭性定量评价方法 . 石油勘探与开发，43：310-316.

罗群 . 2002. 断裂控烃理论与油气勘探实践 . 地球科学，(6)：751-756.

罗群 . 2010. 断裂控烃理论的概念、原理、模式与意义 . 石油勘探与开发，37：316-324.

毛光周 . 2009. 铀对烃源岩生烃演化的影响 . 西安：西北大学 .

漆家福 . 2004. 渤海湾新生代盆地的两种构造系统及其成因解释 . 中国地质，31（1）：15-22.

邱楠生，苏向光，李兆影，等 . 2007. 郯庐断裂中段两侧拗陷的新生代构造-热演化特征 . 地球物理学报，(5)：1497-1507.

邱欣卫 . 2011. 鄂尔多斯盆地延长期富烃凹陷特征及其形成的动力学环境 . 西安：西北大学 .

饶华，李建民，孙夕平 . 2009. 利用分形理论预测潜山储层裂缝的分布 . 石油地球物理勘探，44：98-103.

史长林，纪友亮，陈斌，等 . 2009. 复杂断块油田断层封闭性判别——以大港油田 X 断块为例 . 天然气地球科学，20（1）：143-147.

史集建，李丽丽，付广，等 . 2012. 盖层内断层垂向封闭性定量评价方法及应用 . 吉林大学学报（地球科学版），42：162-170.

滕长宇，邹华耀，郝芳．2014. 渤海湾盆地构造差异演化与油气差异富集．中国科学：地球科学，44：579-590.

童亨茂．2010."不协调伸展"作用下裂陷盆地断层的形成演化模式．地质通报，29：1606-1613.

万桂梅，汤良杰，金文正，等．2007. 库车拗陷西部构造圈闭形成期与烃源岩生烃期匹配关系探讨．地质学报，81（2）：187-196.

万天丰．2004. 论中国大陆复杂和混杂的碰撞带构造．地学前缘，11（3）：207-220.

万文胜，杜军社，秦旭升，等．2007. 低渗透注水开发砂岩油藏合理井网井距的确定方法．新疆石油天然气，3（1）：56-59.

王海学，付晓飞，付广，等．2014a. 三肇凹陷断层垂向分段生长与扶杨油层油源断层的厘定．地球科学（中国地质大学学报），39：1639-1646.

王海学，李明辉，沈忠山，等．2014b. 断层分段生长定量判别标准的建立及其地质意义——以松辽盆地杏北开发区萨尔图油层为例．地质论评，60：1259-1264.

王海学，吕延防，付晓飞，等．2013. 裂陷盆地转换带形成演化及其控藏机理．地质科技情报，32：102-110.

王文青．2019. 烃源岩系辐射生氢模拟实验及其油气地质意义．西安．西北大学．

吴波，王荐，潘树林，等．2017. 基于高低频速度闭合技术的地层压力预测．石油物探，56：575-580.

吴智平，李伟，郑德顺，等．2004. 沾化凹陷中、新生代断裂发育及其形成机制分析．高校地质学报，10（3）：405-417.

熊斌辉．2009. 构造生烃．海洋石油，29：1-9.

徐长贵．2016. 渤海走滑转换带及其对大中型油气田形成的控制作用．地球科学，41：1548-1560.

许世红，钟建华，徐佑德，等．2007. 郯庐断裂带两侧拗陷、烃源岩及成烃演化的差异性．成都理工大学学报（自然科学版），34（5）：505-510.

杨承先．1993. 同向断裂与反向断裂．地震研究，（03）：299-305.

杨德相，蒋有录，赵志刚，等．2016. 冀中拗陷洼槽地质特征及其与油气分布关系．石油地球物理勘探，51：990-1001.

杨恺．2012. 廊固凹陷天然气成藏条件和控制因素研究．青岛：中国石油大学（华东）．

于学敏，何咏梅，姜文亚，等．2011. 黄骅拗陷歧口凹陷古近系烃源岩主要生烃特点．天然气地球科学，22：1001-1008.

于志超，刘立，孙晓明，等．2012. 歧口凹陷古近纪热流体活动的证据及其对储层物性的影响．吉林大学学报（地球科学版），42：1-13.

余海波，程秀申，漆家福，等．2018. 东濮凹陷古近纪断层活动性对洼陷演化及生烃的影响．油气地质与采收率，25：24-31.

曾联波，金之钧，李京昌，等．2001. 柴达木盆地北缘断裂构造分形特征与油气分布关系研究．地质科学，36（2）241-247.

张本浩，吴柏林，刘池阳，等．2011. 鄂尔多斯盆地延长组长7富铀烃源岩铀的赋存状态．西北地质，44：124-132.

张功成．2000. 渤海海域构造格局与富生烃凹陷分布．中国海上油气（地质），14（2）：22-28.

张吉，张烈辉，杨辉廷，等．2003. 断层封闭机理及其封闭性识别方法．河南石油，17（3）：7-9.

张军龙，蒙启安，张长厚，等．2009. 松辽盆地徐家围子断陷边界断层生长过程的定量分析．地学前缘，16（4）：87-96.

张丽娟，邬光辉，何曙，等．2016. 碳酸盐岩断层破碎带构造成岩作用——以塔中ⅰ号断裂带为例．岩石学报，32：922-934.

张民志，高山.1997. 松辽盆地北部黏土矿物的成岩演化类型. 矿物岩石，17（3）：40-43.

张文才，李贺，李会军，等.2008. 南堡凹陷高柳地区深层次生孔隙成因及分布特征. 石油勘探与开发，（3）：308-312.

张文佑.1959. 略谈地壳的垂直运动和水平运动问题. 地质科学，（6）：166-167.

张文正，杨华，解丽琴，等.2010. 湖底热水活动及其对优质烃源岩发育的影响——以鄂尔多斯盆地长7烃源岩为例. 石油勘探与开发，37：424-429.

张正涛，林畅松，李慧勇，等.2019. 渤海湾盆地沙垒田地区新近纪走滑断裂发育特征及其对油气富集的控制作用. 石油与天然气地质，40：778-788.

赵密福，刘泽容，信荃麟，等.2000. 惠民凹陷临南地区断层活动特征及控油作用. 石油勘探与开发，27（6）：9-11.

赵岩，刘池洋，张东东.2017. 烃源岩发育与生烃过程中无机元素的参加及其作用. 西北大学学报（自然科学版），47：245-252.

周心怀，张新涛，牛成民，等.2019. 渤海湾盆地南部走滑构造带发育特征及其控油气作用. 石油与天然气地质，40：215-222.

Acocella V，Gudmundsson A，Funiciello R. 2000. Interaction and linkage of extension fractures and normal faults：examples from rift zone of Iceland. Journal of Structural Geology，22（9）：1233-1246.

Antonellini M，Aydin A. 1995. Effect of faulting on fluid flow in porous sandstones：geometry and spatial distribution. AAPG Bulletin，79（5）：642-671.

Athy，L. F. 1930. Density，Porosity，and compaction of sedimentary rocks. AAPG Bulletin，14（1）：1-24.

Aydin A，Nur A. 1982. Evolution of pull-apart basins and their scale independence. Tectonics，1（1）：91-105.

Bailey W R，Underschultz J，Dewhurst D N，et al. 2006. Multi-Disciplinary approach to fault and top seal appraisal：pyrenees-macedon oil and gas fields，exmouth sub-basin，australian northwest shelf. Marine and Petroleum Geology，23：241-259.

Barnett J A M，Mortimer J，Rippon J H，et al. 1987. Displacement geometry in the volume containing a single normal fault. AAPG Bulletin，71（8）：925-937.

Blenkinsop，T. G. 2008. Relationships between faults，extension fractures and veins，and stress. Journal of Structural Geology，30（5）：622-632.

Bretan P，Yielding G，Jones H. 2003. Using calibrate shale gouge ratio to estimate hydrocarbon column heights. AAPG Bulletin，87（3）：397-413.

Caine J S，Evans J P，Forster C B. 1996. Fault zone architecture and permeability structure. Geology，24（11）：1025-1028.

Chapman T J，Meneilly A W. 1991. The displacement patterns associated with a reverse-reactivated，normal growth fault. Geological Society London Special Publications，56（1）：183-191.

Chester F M，Logan J M. 1986. Implications for mechanical properties of brittle faults from observations of the Punchbowl fault zone，California. Pure and Applied Geophysics，124（1）：79-106.

Childs C，Easton S J，Vendeville B C，et al. 1993. Kinematic analysis of faults in a physical model of growth faulting above a viscous salt analogue. Tectonophysics，228（3）：313-329.

Childs C，Manzocchi T，Walsh J J，et al. 2009. A geometric model of fault zone and fault rock thickness variations. Journal of Structure Geology，31：117-127.

Clausen J A，Gabrielsen R H，Johnsen E，et al. 2003. Fault architecture and clay smear distribution. Examples from field studies and drained ring-shear experiments. Norsk Geologisk Tidsskrift，83（2）：131-146.

Cloos H. 1931. Zur experimentellen Tektonik. Naturwissenschaften，19（11）：242-247.

Cowie P A, Scholz C H. 1992. Displacement-length scaling relationship for faults: data synthesis and discussion. Journal of Structural Geology, 14: 1149-1156.

Cox S F. 1995. Faulting processes at high fluid pressures: an example of fault valve behavior from the Wattle Gully Fault, Victoria, Australia. Journal of Geophysics Research, 100 (B7): 12841-12859.

David M D, Bruced D T. 2009. Four-dimensional analysis of the Sembo relay system, offshore Angola: Implications for fault growth in salt-detached settings. AAPG Bulletin, 93 (6): 763-794.

Faulkner D R, Lewis A C, Rutter E H. 2003. On the internal structure and mechanics of large strike-slip fault zones: field observations of the Carboneras fault in southeastern Spain. Tectonophysics, 367 (3-4): 235-251.

Fisher Q J, Knipe R J. 2001. The permeability of faults within siliciclastic petroleum reservoirs of the North Sea and Norwegian Continental Shelf. Marine & Petroleum Geology, 18 (10): 1063-1081.

Flodin E, Aydin A. 2004. Faults with asymmetric damage zones in sandstone, Valley of Fire State Park, southern Nevada. Journal of Structural Geology, 26 (5): 983-988.

Forster C B, Evans J P. 1991. Hydrogeology of thrust faults and crystalline thrust sheets: Results of combined field and modeling studies. Geophysical Research Letters, 18 (5): 979-982.

Fossen H, Schultz R A, Shipton Z K, et al. 2007. Deformation bands in sandstone: A review. Journal of the Geological Society, 164: 755-769.

Fossen H. 2010. Deformation bands formed during soft-sediment deformation: Observations from SE Utah. Marine and Petroleum Geology, 27 (1): 215-222.

Foxford K A, Walsh J J, Watterson J, et al. 1998. Structure and content of the moab fault zone, utah, USA, and its implications for fault seal prediction. Geological Society London Special Publications, 147 (1): 87-103.

Fristad T, Groth A, Yielding G, et al. 1997. Quantitative fault seal prediction: a case study from Oseberg Syd. In: Moller-Pedersen P, Koestler A G (eds) . Hydrocarbon Seals: Importance for Exploration and Production. Singapore: Elsevier, 7: 107-124.

Gauthier B D M, Lake S D. 1993. Probabilistic modeling of faults below the limit of seismic resolution in Pelican Field, North sea, offshore United Kingdom. AAPG Bulletin, 77 (5): 761-777.

Gibson R G. 1998. Physical character and fluid-flow properties of sandstone-derived fault zones. In: Coward M P, Daltaban T S, Johnson H (eds) . Structural Geology in Reservoir Characterization. Geological Society London Special Publications, 127: 83-97.

Hesthammer J, Johansen T E S, Watts L. 2000. Spatial relationships within fault damage zones in sandstone. Marine & Petroleum Geology, 17 (8): 873-893.

Hills E. 1941. Outlines of structural Geology. Nature, 147 (3): 270.

Hindle A D. 1997. Petroleum migration pathways and charge concentration: a three-dimensional model. AAPG Bulletin, 81 (9): 1451-1481.

Hooper E C D. 2010. Fluid Migration along Growth Faults in Compacting Sediments. Journal of Petroleum Geology, 14 (S1): 161-180.

Jafari A, Babadagli T. 2012. Estimation of equivalent fracture network permeability using fractal and statistical network properties. Journal of Petroleum Science and Engineering, 92-93: 110-123.

Johansen T E S, Fossen H, Kluge R. 2005. The impact of syn-faulting porosity reduction on damage zone architecture in porous sandstone: An outcrop example from the moab fault, utah. Journal of Structural Geology, 27 (8): 1469-1485.

Kim Y S, Sanderson D J. 2005. The relation between displacement and length of faults: A review. Earth-Science Review, 68 (3/4): 317-334.

King G. 1983. The accommodation of large strains in the upper lithosphere of the earth and other solids by self-similar fault systems: the geometrical origin of b-value. Pure and Applied Geophysics, 121 (5): 761-815.

Lindsay N G, Murphy F C, Walsh J J et al. 2009. Outcrop studies of shale smears on fault surface: the geological modelling of hydrocarbon reservoirs and outcrop analogues. England: Blackwell Publishing Ltd.

Luca M, Isabelle M, Manon J, et al. 2006. Fracture analysis in the South-Western corinth rift (Greece) and implications on fault hydraulic behavior. Tectonophysics, 426.

Maerten L, Gillespie P, Daniel J. 2006. Three-dimensional geomechanical modeling for constraint of subseismic fault simulation. AAPG Bulletin, 90 (9): 1337-1358.

Manzocchi T, Walsh J J, Nicol A. 2006. Displacement accumulation from earthquakes on isolated normal faults. Journal of Structural Geology, 28 (9): 1685-1693.

Mitchell T M, Faulkner D R. 2009. The nature and origin of off-fault damage surrounding strike-slip fault zones with a wide range of displacements: Afield study from the Atacama fault zone, northern Chile. Journal of Structural Geology, 31: 802-816.

Noelle E O. 1997. Scaling and connectivity of joint systems in sandstones from western norway. Journal of Structural Geology, 19 (10): 1257-1271.

Odling N E. 1997. Scaling and connectivity of joint systems in sandstonesfrom western Norway. Journal of Structural Geology, 19 (10): 1257-1271.

Ortega O J, Marrett R A, Loubach S E. 2006. A scale-independent approach to fracture intensity and average spacing measurement. AAPG Bulletin, 90 (2): 193-208.

Peacock D C P, Sanderson D J. 1991. Displacements, segment linkage and relay ramps in normal fault zones. Journal of Structural Geology, 13 (6): 721-733.

Peacock D C P, Sanderson D J. 1994. Geometry and development of relay ramps in normal fault systems. The American Association of Petroleum Geologist Bulletin, 78 (2): 147-165.

Peacock D C P. 1991. Displacements and segment linkage in strike-slip fault zones. Journal of Structure Geology, 13 (9): 1025-1035.

Peacock D C P. 2002. Propagation, interaction and linkage in normal fault systems. Earth-Science Reviews, 58 (1/2): 121-142.

Rippon J H. 1985. Countoured patterns of throw and shade of normal faults in the Coal Measures (Westphalian) of north-east Derbyshire. Proceedings of the Yorkshire Geological Society, 45: 147-161.

Rowan M G, Hart B S, Nelson S, et al. 1998. Three-dimensional geometry and evolution of a salt-related growth-fault array: Eugene Island 330 field, offshore Louisiana, Gulf of Mexico. Marine and Petroleum Geology, 15 (4): 309-328.

Schlische R W. 1995. Geometry and origin of fault-related folds in extensional setting. AAPG Bulletin, 79 (11): 1661-1678.

Seebeck, Hannu, Nicol, et al. 2014. Structure and Kinematics of the Taupo Rift, New Zealand. Tectonics, 33 (6): 1178-1199.

Segall P, Pollard D D. 1980. Mechanics of discontinuous faults. Journal of Geophysical Research: Solid Earth, 85 (B8): 4337-4350.

Soliva R, Benedicto A, Schultz R A, et al. 2008. Displacement and interaction of normal fault segments branched at depth: Implications for fault growth and potential earthquake rupture size. Journal of Structural Geology,

30 (10): 1288-1299.

Soliva R, Benedicto A. 2004. A linkage criterion for segmented normal faults. Journal of Structural Geology, 26 (12): 2251-2267.

Strijker G, Bertotti G, Luthi S M. 2012. Multi-scale fracture network analysis from an outcrop analogue: A case study from the Cambro-Ordovician clastic succession in Petra, Jordan. Marine and Petroleum Geology, 38 (1): 104-116.

Swanson M T. 2005. Geometry and kinematics of adhesive wear in brittle strike-slip fault zones. Journal of Structural Geology, 27 (5): 871-887.

Taylor W L, Pollard D D. 2000. Estimation of in situ permeability of deformation bands in porous sandstone, valley of fire, nevada. Water Resources Research, 36 (9): 2595-2606.

Trudgill B, Cartwright J. 1994. Relay-ramp forms and normal- fault linkages, Canyonlands National Park, Utah. Geological Society of America Bulletin, 106 (9): 1143-1157.

Walsh J J, Watterson J. 1988. Analysis of the relationship between displacements and dimensions of faults. Journal of Structural Geology, 10: 239-247.

Watterson J. 1986. Fault dimensions, displacements and growth. Pure and Applied Geophysics, 124: 365-373.

Wilson J E, Chester J S, Chester F M. 2003. Microfracture analysis of fault growth and wear processes, Punchbowl Fault, San Andreas System, California. Journal of Structural Geology, 25 (11): 1855-1873.

Yielding G, Freeman B, Needham T. 1997. Quantitative fault seal prediction. AAPG Bulletin, 87 : 897-917.

Yielding G. 2002. Shale gouge ratio- calibration by geohistory. In: Koestler A G, Hunsdale R. Hydrocarbon Seal Quantification. NPF Special Publication, 11: 1-15.

Zolnai G. 1991. Continental wrench-tectonics and hydrocarbon habitat. Gsw Books, 161: Ⅰ - Ⅱ.

Çiftçi N B, Langhi L, Strand J, et al. 2014. Efficiency of a Faulted Regional Top Seal, Lakes Entrance Formation, Gippsland Basin, SE Australia. Petroleum Geoscience, 20: 241-256.